工业和信息化普通高等教育“十二五”规划教材

21世纪高等教育计算机规划教材

COMPUTER

Java语言程序设计

Java Programming Language

■ 相洁 呼克佑　主编

■ 林福平 孙静宇 朱晓军 高保禄　副主编

人 民 邮 电 出 版 社

北 京

图书在版编目（CIP）数据

Java语言程序设计 / 相洁，呼克佑主编. -- 北京 : 人民邮电出版社，2013.8（2024.7重印）
21世纪高等教育计算机规划教材
ISBN 978-7-115-31940-1

Ⅰ. ①J… Ⅱ. ①相… ②呼… Ⅲ. ①JAVA语言—程序设计—高等学校—教材 Ⅳ. ①TP312

中国版本图书馆CIP数据核字(2013)第122365号

内 容 提 要

本书作为Java语言程序设计课程的教材，系统、全面地介绍了有关Java开发所涉及的各类知识。全书共分13章，内容包括Java的Eclipse开发工具、Java语言基础、流程控制、数组与字符串、Java面向对象程序设计、异常处理、多线程编程、GUI图形用户界面编程、输入输出和文件操作、工具类、数据库编程应用、网络编程、JSP与Serverlet等。书中每章内容都与实例紧密结合，有助于学生理解知识、应用知识，达到学以致用的目的。

本书内容详尽，循序渐进。其中所有例程全部在JDK7.0环境下调试通过，便于读者学习与推广应用。各章配有大量习题，便于读者思考和复习。

本书为任课老师提供配套教学资源，包括所有例程源代码、制作精良的电子课件及课后作业参考答案等。

本书可作为高等院校计算机专业学生和非计算机专业学生学习Java程序设计的教材，同时也适合Java爱好者和初、中级的程序开发人员参考使用。

◆ 主　　编　相　洁　呼克佑
　副 主 编　林福平　孙静宇　朱晓军　高保禄
　责任编辑　邹文波
　责任印制　彭志环　焦志炜

◆ 人民邮电出版社出版发行　　北京市丰台区成寿寺路11号
　邮编　100164　　电子邮件　315@ptpress.com.cn
　网址　http://www.ptpress.com.cn
　北京七彩京通数码快印有限公司印刷

◆ 开本：787×1092　1/16
　印张：20.25　　2013年8月第1版
　字数：534千字　　2024年7月北京第10次印刷

定价：42.00元

读者服务热线：(010)81055256　印装质量热线：(010)81055316
反盗版热线：(010)81055315

前言

Java是当今较主流的程序设计语言之一，许多企业都指明选用Java作为开发语言，一些软件企业招聘员工时会将Java编程能力作为主要考查内容之一，教育部考试中心也将“Java语言程序设计”列入了全国计算机等级考试项目，由此可见业界对Java的重视程度。

编者在长期的教学实践过程中发现，一方面学生在Java学习过程中缺少实践能力的培养，而教师在教学过程中缺少立体化配套的教学资源；另一方面，Java技术更新较快，目前Java教材在JDK以及开发环境等方面更新较慢。基于这些问题，本教材在编写过程中注重以下原则。

（1）理论知识与实践训练相结合。

本教材力求突出理论与实践紧密结合的特点，结合实例讲解理论，使理论来源于实践，又进一步指导实践。通过合理的章节安排和精心选择的案例讲解，突出重点、强调实用，使读者能循序渐进地掌握Java基本理论；每章均配有综合应用，便于知识点融会贯通，提高读者利用所学知识解决实际问题的能力。本书在每一章的后面还提供了大量的习题，方便读者巩固本章所学内容，及时验证自己的学习效果。

（2）采用最新的开发环境与平台。

Java技术更新较快，目前大多数的教材仍选用JDK 6.0甚至更低的版本。本教材重点介绍JDK 7.0和Eclipse 4.2，本书的全部案例均在最新的JDK 7.0和Eclipse 4.2环境下调试通过。

（3）注重教材的立体化配套。

本教材将陆续配套习题集、学生上机实验指导、标准试题库等辅助教学资源，以方便教学。

本书语言通俗，既有理论的概括与探讨，又有实际的经验方法总结；既可作为高等院校计算机相关专业“Java语言程序设计”课程的教材或教学参考书，也可作为软件开发人员的学习和使用参考书。

全书共包括13章。第1章主要介绍Java的基本概念、特点和运行机制。第2章介绍Java的开发环境，重点介绍JDK 7.0和Eclipse 4.2的安装与配置。第3章、第4章介绍Java的基本数据类型、运算符与表达式、流程控制、数组与字符串。第5章重点介绍Java面向对象的基本概念，包括类、对象、接口、泛型、继承等内容。第6章讲述异常处理。第7章讲解多线程技术，特别是线程的同步与通信。第8章以Swing包为基础，讲解图形用户界面的构成和事件处理方法。第9章讲述输入/输出技术，重点讲解各类常用的输入、输出流以及节点流和处理流。第10章介绍常用工具类，包括集合类、向量、堆栈、队列等。第11章介绍网络编程的基本技术，重点介绍基于Socket的网络编程技术。第12章介绍数据库编程技术。第13章介绍Servlet和JSP基本知识。以上内容既涵盖了Java的基本核心与精髓，又注重软件开发技术的先进性和全面性。

本书由相洁、呼克佑主编，作者均为太原理工大学计算机科学与技术学院或山西大学商务学院的优秀教师，他们的教学经验丰富，实践能力强。其中，第 1 章和第 5 章由相洁编写，第 2 章和第 3 章由林福平编写，第 4 章由景琪编写，第 6 章和第 9 章由呼克佑编写，第 7 章和第 8 章由孙静宇编写，第 10 章和第 11 章由朱晓军编写，第 12 章和第 13 章由高保禄编写。

本书为任课老师提供配套教学资源，包括所有例程源代码、制作精良的电子课件及课后作业参考答案等，读者可与人民邮电出版社或作者联系免费索取。

由于编者水平有限，书中难免有疏漏、欠妥之处，敬请读者批评指正。编者的联系邮箱：xiangjie@tyut.edu.cn。

编　者

2013 年 4 月

目　录

第 12 章 JDBC 与数据库访问 ……275

第 13 章 Java Web 开发技术 ……294

第 1 章 概述

本章主要内容：

- Java 语言的发展历程
- Java 语言的特点
- Java 平台的类型
- Java 语言的基本学习方法

计算机软件的开发需要使用程序设计语言编写程序。随着程序设计技术的不断提高，程序设计语言也从早期的面向机器语言（如机器语言、汇编语言）、面向过程语言（如 C 语言、Pascal 语言等）逐渐发展到面向对象语言（如 C++、Java 语言等）。其中 Java 语言是一种简单、分布式、安全、健壮、结构中立、跨平台、可移植的性能优异的面向对象编程语言。自 Sun Microsystems 公司于 1995 年推出 Java 程序设计语言和 Java 平台（即 Java SE、Java EE、Java ME）以来，Java 语言已被广泛应用，同时拥有全球最大的开发者专业社群，引发带动了 Java 产业的发展壮大，在全球云计算和移动互联网的产业环境下，Java 语言更具备了显著优势和广阔前景。

1.1 Java 语言

1.1.1 Java 语言发展历程简介

1991 年，Patrick Naughton 与 James Gosling 带领的 Sun 公司的工程师小组需要设计一种小型的计算机语言，主要用于机顶盒、手机、PDA（Personal Digital Assistant，个人数字助理）、烤面包机等消费类电子设备。由于这些设备的处理能力和内存都很有限，所以语言必须非常小且能够生成非常紧凑的代码。另外，由于不同的厂商会选择不同的 CPU，因此这种语言的关键是不能与任何特定的体系结构捆绑在一起。代码短小、紧凑且与平台无关等要求促使项目组采用 JVM（Java Virtual Machine，Java 虚拟机）实现跨平台运行。JVM 是使用软件模拟硬件功能实现的“虚拟”计算机，任何一台安装了 JVM 的机器上均可以运行 Java 字节码程序，这样就不要修改 Java 源代码，实现了跨平台的要求。

起初，项目组开发人员以 C++为基础，将其做功能上的修改。但是相对于消费类电子产品来说，C++语言过于庞大和复杂，且安全性问题也不令人满意。项目组只能开发一种全新的语言，该语言吸收了 C/C++语言的优点，抛弃了 C/C++语言的不足，并将其命名为 Oak。但后来发现 Oak 是一种已有计算机语言的名字，于是将其改名为 Java。

自从 1995 年 Java 第一次出现以来，Java 语言在版本的命名上有一些不连续。Java 语言的第一个版本称为 Java 1.0，其后的 Java 1.1 弥补了其中大部分明显的缺陷，并为 GUI 编程增加了新的事件处理模型。1998 年，Sun 发布了 Java 1.2 版，并在 Java 1.2 发布三天之后，Sun 公司市场部将其名称改为更加吸引人的“Java2 标准版软件开发工具箱 1.2 版”——J2SE。除了 J2SE 之外，Sun 还推出了其他两个版本：一个是用于手机等嵌入式设备的“微型版”J2ME；另一个是用于服务器端处理的“企业版”J2EE。之后，标准版的 1.3 和 1.4 版本对最初的 Java2 版本做出了某些改进，扩展了标准类库，提高了系统性能。5.0 版是自 1.1 版以来第一个对 Java 语言做出重大改进的版本（这一版本原来被命名为 1.5 版，在 2004 年的 JavaOne 会议之后，版本数字升至 5.0）。之后，Java 语言的版本陆续发布了 Java 6.0.x 和 Java 7.0.x。表 1-1 总结了 Java 语言的命名历史，该表的版本号只适用于 J2SE 和 J2EE。目前，Sun 公司已被 oracle 公司购买。

表 1-1　　Java 命名历史

实际版本号	建议名称
1.0	Java 语言 1.0
1.1.x	Java 语言 1.1
1.2.x	Java 2 平台
1.3.x	Java 2 平台 1.3.x
1.4.x	Java 2 平台 1.4.x
5.0.x	Java 2 平台 5.0.x
6.0.x	Java 2 平台 6.0.x
7.0.x	Java 2 平台 7.0.x

本书只强调核心 Java 语法（即从 Java 出现以来一直稳定的语言特征），其中大部分章节和具体版本无关。由于本书的例程主要基于 Java 7.0.x 开发，可能会影响相关章节的示例代码。

1.1.2　Java 语言的特点

1. 平台无关性

无论哪种编程语言编写的程序最终都需要操作系统和处理器来完成程序的运行，平台无关性是指软件的运行不因操作系统、处理器的变化导致程序无法运行或出现运行错误。

如图 1-1 所示，以 C++程序为例，C++编译器针对源程序所在平台进行编译、连接，然后生成机器指令，这样就无法保证 C++编译器产生的可执行文件在所有平台上都被正确执行。如果更换了平台，可能需要修改源程序，并针对新的平台重新编译源程序。

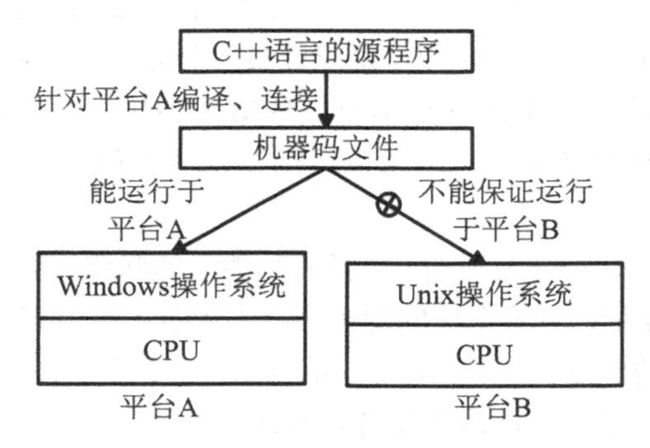

图 1-1　C++生成的机器码文件依赖平台

相反，Java 源代码不会针对一个特定平台进行编译，而是生成一种字节码中间文件（class 文件），这种文件是平台无关且体系结构中立的。也就是说，无论一个 Java 程序是在 Windows、Solaris、Linux，还是其他具有 Java 编译器的操作系统下编译，作为编译结果的字节码文件都是相同的，都可以在任何具有 JVM（Java 虚拟机）的计算机上运行。JVM 能够识别这些字节码文件，并且将字节码文件进行转换，使之能够在不同平台上运行。任何操作系统只要安装了 JVM，就可以解释并执行这种与体系结构无关的字节码文件，实现跨平台运行。Java 运行机制如图 1-2 所示。

跨平台特性保证了 Java 语言的可移植性，任何 Java 源程序都可以移植到其他平台上。除此之外，Java 语言的数据类型与机器无关，原始数据类型存储方式是固定的，避开了移植时可能产生的问题。例如，在任何机器上，Java 语言的整型都是 32 位的，而 C++中整型的存储依赖于目标计算机。另外 Java 语言的字符串采用标准的 Unicode 格式保存，也保证了它的可移植性。

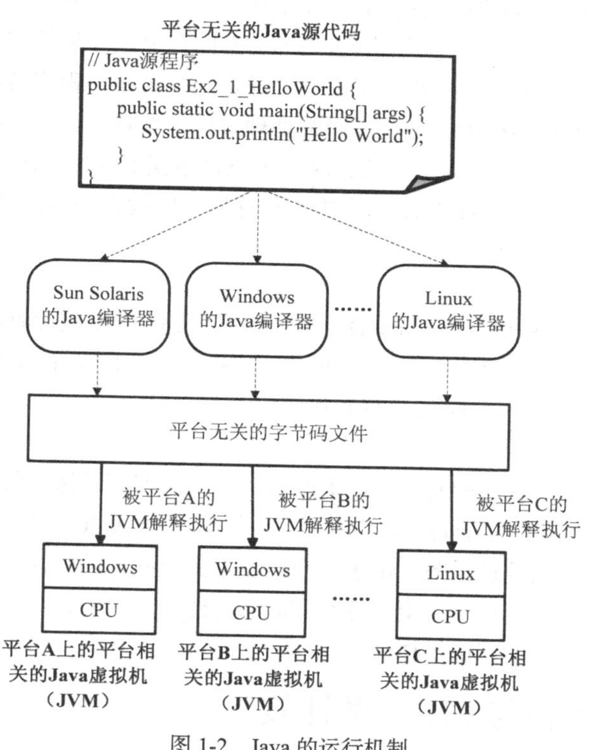

图 1-2　Java 的运行机制

2. 面向对象

在 Java 之前使用较为广泛的面向对象语言之一是 C++，它实际上是在非面向对象语言 C 语言的基础上进行了面向对象内容的扩展。与之相反，Java 语言吸取了 C++面向对象的概念，将数据封装于类中，是完全面向对象的。除了很少的基本数据类型，所有的数据都作为对象呈现，所有的 GUI 构建都是对象。与 C++不同，Java 语言中的所有函数都必须和对象相关（这些函数被称为类方法），即使用于启动应用程序的主函数也不再是孤立的，必须捆绑在类中。

3. 简单性

Java 语言自身小巧玲珑，对硬件的要求很低，只需要理解一些基本的概念，就可以编写适合于不同情况的应用程序。在 Java 语言中略去了运算符重载、多重继承等概念，并实现了垃圾自动收集，大大简化了程序设计者的内存管理工作。

4. 安全性

Java 语言舍弃了 C++的指针对存储器地址的直接操作，程序运行时，内存由操作系统分配，这样可以避免病毒通过指针侵入系统，也避免了指针操作中易产生的错误。Java 对程序提供了安全管理器，防止程序的非法访问。

5. 分布性

Java 语言的分布性包括操作分布和数据分布，其中操作分布是指在多个不同的主机上布置相关操作，而数据分布是将数据分别存放在多个不同的主机上，这些主机是网络中的不同成员。

Java 语言是面向网络的语言，提供丰富的类库来处理 TCP/IP 协议，用户可以通过 URL 地址在网络上很方便地访问其他对象。

6. 健壮性

Java 语言在编译和运行程序时，都要对可能出现的问题进行检查，以消除错误的产生。它提供自动垃圾收集进行内存管理，防止了内容丢失等动态内存分配导致的问题。Java 不支持指针，从而防止了对内存的非法访问。Java 提供了完善的异常处理机制，程序员可以把一组可能产生运行异常的代码放在异常处理结构中，简化了异常处理过程，增强了程序的健壮性。另外，Java 也去掉了许多 C 语言中容易产生错误的语法，减少了隐含错误的发生。例如，C/C++语言中，“if（x=3）”是合法的判断语句，但在 Java 语言中，将这里可能隐含的错误进行了改进，只允许“if（x==3）”这样的判断语句存在。

7. 解释型

C/C++语言都是针对 CPU 芯片进行编译，生成机器代码，所以该代码的运行就和特定的 CPU 有关。不同于 C/C++语言，Java 语言不针对 CPU 进行编译，而是把程序编译成很接近机器码的“中间代码”（即字节码文件），由 JVM 解释和执行。

8. 多线程

多线程技术允许同一个程序中有两个以上的执行线路，即同时做两件以上的事情。Java 语言支持多线程，允许多个线程共存于同一块内存中，且共享资源。CPU 为每个线程轮流分配时间片，每个线程在分配的时间片内处理任务。由于用户感觉不到时间片的轮流分配，从而认为几个任务是在同时执行的，使得软件更加具有交互性和实时响应能力。另外，Java 语言提供了线程中的同步机制，保证了对共享数据的正确操作。

1.1.3 Java 语言与 C/C++的比较

Java 语言的风格与 C/C++非常类似，对于变量声明、参数传递、操作符、流控制等语法，Java 均使用了与 C/C++相同的传统，使得熟悉 C/C++的程序员能很方便地进行 Java 编程。但是，由于 C++兼容 C 语言，影响了其面向对象的彻底性。Java 语言则是完全面向对象的语言，它句法更清晰，规模更小，更易学。它在对多种程序设计语言进行了深入细致研究的基础上，摒弃了其他语言的不足之处，并从根本上解决了 C/C++的固有缺陷。

1. 指针

Java 语言不支持指针，且增添了自动的内存管理功能，从而有效地防止了 C++语言中指针操作失误（如内存泄漏等）。但也不是说 Java 没有指针，虚拟机内部还是使用了指针，只是程序员不能使用而已，这样提高了 Java 程序的安全性。

2. 多重继承

C++支持多重继承，它允许一个类继承多个父类。多重继承的现象在现实世界中普遍存在，功能很强，但其使用复杂，而且会引起许多麻烦，编译程序也不容易实现。Java 语言不支持多重继承，但允许一个类继承多个接口（extends + implement），也能实现多重继承的功能，且避免了 C++中的多重继承实现方式带来的诸多不便。

3. 数据类型及类

Java 语言是完全面向对象的语言，所有函数和变量都必须是类的一部分，除了基本数据类型之外，其余的都作为类对象，而 C++允许将函数和变量定义为全局的。此外，Java 语言中取消了 C/C++中的结构和联合，消除了不必要的麻烦。

4. 自动内存管理

Java 程序中所有的对象都是用 new 操作符建立在内存堆栈上，自动进行无用内存回收操作，不需要程序员进行删除。而 C++中必须由程序员释放内存资源，增加了程序设计者的负担，且增加了程序的风险。Java 语言中当一个对象不再被用到时，垃圾回收器将给它加上标签以示删除。

5. 操作符重载

为了保证语言尽可能简单，Java 语言不支持操作符重载。操作符重载被认为是 C++的突出特征，Java 语言中虽然可以通过类方法重载来实现类似功能，但仍然不如操作符重载方便。

6. 预处理功能

Java 语言不支持预处理功能。C/C++在编译过程中都有一个预编译阶段，为开发人员提供了方便，但增加了编译的复杂性。Java 虚拟机没有预处理器，但它提供的引入语句（import）与 C++预处理器的功能类似。

7. Java 语言不支持全局变量和函数

作为一个比 C++更纯的面向对象的语言，Java 语言中所有的变量和函数都应包括在类中。

8. 字符串

Java 语言中字符串是用类对象（String 和 StringBuffer）来实现的，这些类是 Java 语言的核心，使得 Java 语言的字符串处理比 C++更方便。

9. goto 语句

引用 goto 语句容易引起程序结构混乱，因此结构化编程不建议采用 goto 语句。Java 语言虽然指定 goto 作为关键字，但不支持 goto 语句，使程序简洁易读。

10. 类型转换

在 C 和 C++中有时出现数据类型的隐含转换，这就涉及了自动强制类型转换问题。例如，在 C++中可将一浮点值赋予整型变量，并去掉其尾数。Java 不支持 C++中的自动强制类型转换，如果需要，必须由程序显式进行强制类型转换。

1.1.4 Java 平台

JDK（Java 的开发平台）是开发人员用来构建 Java 应用程序的软件包，它包括 Java 虚拟机（JVM）、Java 编译器（Javac）、Java 归档文件（JAR）、Java 文档（Javadoc）等。目前，Java 的运行平台主要分为下列 3 个版本。

1. Java 标准版

Java 标准版即 Java SE，曾被称为 J2SE。Java SE 提供了标准的 JDK 开发平台，利用该平台可以开发桌面应用程序、低端的服务器应用程序以及 Java Applet 程序。学习 Java 应当从 Java SE 开始，本书主要介绍 Java SE。

2. Java 微型版

Java 微型版即 Java ME，曾被称为 J2ME。Java ME 是一种很小的 Java 运行环境，用于嵌入式的消费产品中，例如手机、平板电脑和各种轻量智能设备等。

3. Java 企业版

Java 企业版即 Java EE，曾被称为 J2EE，可以构建企业级的服务应用。Java EE 平台包含了 Java SE，并增加了附加类库，以便支持目录管理、交易管理和企业级消息处理等功能。

所谓的 JRE（Java 运行环境）是 JDK 的子集，包括 JVM、运行时类库和执行 Java 字节码所需要的 Java 应用程序启动器，但省略了 Java 编译器等开发工具。如果只需要运行 Java 而不需要开发 Java 程序，则不需要完全安装 JDK，只选择安装 JRE 即可。

JDK 是与具体的操作系统和 CPU 有关系的，JDK 的官方网站上提供了 Windows、Solaris、Linux 等操作系统的 JDK。读者应根据自己的需要选取合适的 JDK，本书主要介绍 Windows 系列。JDK 的下载与安装详见本书第 2 章的介绍。

1.2 面向对象的基本概念

面向对象的程序设计以对象为中心思考问题，以要解决的问题中所涉及的各种对象为主体，思维方式符合人们日常的思维习惯。相比传统的面向过程的程序设计方法，面向对象技术能够降低解决问题的难度和复杂性，提高代码的复用度和编程的效率，并且提高代码的可维护性。

1.2.1 对象与类

1. 对象

世界是由各种各样的对象（Object）组成的，客观世界中任何一个事物均可以看成是对象。例如，一支英雄牌钢笔、一支中华牌铅笔、一辆黑色的凤凰牌的自行车、一只大黄狗、一个名叫小刚的学生、一门课程、一个字符串等。世界上既存在着许多类型相同的对象，也存在着许多类型不相同的对象。例如，一辆自行车和一辆汽车是类型不同的两个对象，而张三的自行车和李四的自行车可以看成是类型相同的两个对象。

对象是有状态（数据）和行为（功能）等内容的。例如，要说明一个学生，需要提供姓名、学号、出生日期、专业、兴趣爱好等，这些用于描述对象的数据元素称为对象属性；而学生的行为包括注册、选课、考试等，这些表示对象可能产生的操作称为对象的行为（或操作、方法）。

2. 类

类（Class）是同一类型对象的抽象，对象是类的实例化。例如，黄色的钢笔、蓝色钢笔、黑色钢笔等可以抽象出钢笔类，小刚、小红等可以抽象为学生类。类定义了每个属于该类的对象的数据结构（即类的属性或成员变量）以及由这些对象执行的操作或方法（即类的成员方法或操作）。例如，人作为一个研究对象，其特征包含年龄、身高、体重等，这些特征都可以看作对象的属性。而人的行为动作作为对象的动态特性可以看成是对象的成员方法，如吃、睡等。由此可以构建一个 Person 类，其包含的成员变量和成员方法可用图 1-3 来描述。

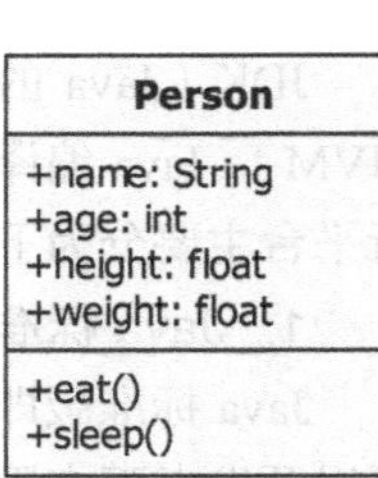

图 1-3 Preson 类图

与现实世界类似，类中定义的成员变量和成员方法是有不同访问权限的，另外，类之间存在一些关系（如继承关系）。

1.2.2 面向对象的三个特性

1. 封装

面向对象编程的核心思想之一就是将数据和对数据的操作封装在一起。通过抽象，从具体的实例中抽取共同的性质形成一般的概念（即类）。

2. 继承

继承体现了一种先进的编程模式。子类可以继承父类的属性和功能，即继承了父类所具有的数据和数据上的操作，可以增加子类独有的数据和数据上的操作，也可以修改父类的数据和数据上的操作。

3. 多态

多态是面向对象编程的又一重要特征。现实生活中经常出现多态的现象，例如，班主任要求全班同学打扫卫生，而同学们在执行打扫卫生任务时，有人扫地、有人洒水、有人擦玻璃，虽然任务是统一的，但是不同的同学在实现过程中却完成了不同形式的打扫卫生。这样老师就可以直接通过标准的命令——打扫卫生来动员，而不需要命令张三扫地，李四擦玻璃。从软件的角度看，多态是指操作名称相同，但实现的功能不同。如计算面积可以统一使用 area()方法，但是根据操作接受的参数的不同，可以实现计算圆的面积、长方形的面积等。Java 语言中使用方法覆盖、方法重载、接口等技术实现这种多态性，具体内容详见本书 5.3 节。

1.3 Java 语言基本学习方法

“读、写、查”是最好的程序设计的学习方法，Java 语言也不例外。

“读”是 Java 学习的第一步，通过阅读已有的 Java 例程，一方面可以帮助读者理解和掌握 Java 程序的基本结构和语法；另一方面，读者在 Java 程序设计过程中，经常需要参考已有例程中的部分代码来解决实际问题，这时就要求程序员有非常过硬的“读程序”的基本功。

最好的程序设计学习方法就是写代码，通过不断的写代码，才能真正提高解决问题的实践能力。在 Java 学习过程中，可以通过几种不同形式的“写”来提高 Java 实际编程能力。

（1）默写例程。

写程序的第一阶段可以采用默写例程的方法检验是否已经掌握相关知识。初学 java 语言时，由于对 Java 的基本语法的使用不熟悉，在默写过程中可能会出现一些错误，通过排查错误，分析这些错误产生的原因，以后的程序编写中就不会再出现类似的错误了。

（2）改写程序。

改写程序是在程序已有功能的基础上，实现更多功能，或用其他方法实现类似的功能，来提高实际编程能力。例如，“Hello World”例程只简单实现了输出 Hello World 的功能，试着将程序改写一下，让程序接受用户的输入，并输出用户所输入的内容，这样，就在程序中实现了输入功能。

有些时候，还可以通过破坏例程来学习相关的知识。把例程运行成功后，就开始破坏它，不断地根据自己心里面的疑问来重新改写程序，看看能不能运行，运行出来是什么样子，是否可以得到预期的结果。这样虽然比较费时间，但是通过反复破坏几次之后，就可以彻底掌握相关知识，这对于知识点的深刻掌握是非常有利的。

【例 1-1】修改 Hello World。

以最简单的 Hello World 程序为例，其源代码如下。

```
public class HelloWorld {

    public static void main(String[] args) {
        System.out.println("Hello World");
    }
}
```

为什么 main 方法一定要这样来定义 public static void main(String[] args)？其中包含哪些知识点呢？这时就可以利用程序改写的方法来理解这些语法现象。试着将 main 改个名字运行一下，看报什么错误，然后根据出错信息进行分析；再试着把 main 的 public 修饰符取掉，看报什么错误；去掉 static 还能不能运行等……通过把 Hello World 程序反复修改多次，不断运行，分析运行结果，最后就彻底明白为什么 main 方法是这样定义的了。

（3）主动编写程序。

Java 语言提供了丰富的类库，可以通过编写一些测试小程序来帮助学习相关的类。当学习了一个类以后，就可以写个简单的例子程序来运行一下，看看有什么结果，然后再多调用几个类的方法，看看运行结果，这样可以非常直观地学会类，而且记忆非常深刻。

最后，要熟练掌握 Java 语言的基础语法，实际开发中经常使用的技术要牢牢掌握。通过不断地编写 Java 程序，不断地解决实际问题，才能成为一名优秀的 Java 程序设计人员。在解决具体问题过程中，要主动运用并增强“查”的基本功，学会利用 JDK 文档和丰富的 Java 资源来快速解决编程过程中出现的问题。有关 JDK 文档的下载、使用方法以及较完善的网上 Java 资源详见本书 2.5 节的相关内容。

本章小结

Java 语言从 1991 年推出以来，其版本已经从 Java 1.0 发展到了 Java 7.0.x，并提供了 3 种不同的开发平台（即 Java EE、Java SE 和 Java ME），适用于不同的开发环境与规模的 Java 应用程序。由于其具有跨平台、简单、可靠、支持网络编程等优点，Java 语言已经成为一种主流的面向对象编程语言。

本章只涉及 Java 和面向对象的一些基本概念和学习 Java 的基本方法，有关 Java 开发环境的配置，以及 Java 程序的简单剖析将在本书第 2 章介绍。

习　题

1. Java 语言有哪些特点？
2. 为什么说 Java 是结构中立的，而且具有跨平台特性？
3. 简述 Java 的 3 种主要平台，它们各适合开发哪种应用？
4. 什么是 JDK、JRE、JVM，简述三者之间的关系。
5. 在 Internet 上搜索 Java 学习方法的介绍，思考如何学好、用好 Java，提高自己的实践能力。

第 2 章 Java 程序开发运行环境

本章主要内容：

- Java 开发运行环境的安装
- Java 简单编程
- Java 集成开发环境 Eclipse 和 NetBeans 的安装与使用
- 集成开发环境中的 Java 编程实例
- Java 核心 API 文档
- Java 基本输入输出编程实例
- Java 编程规范

开发或运行与 Java 有关的软件，就需要建立 Java 的开发或运行环境。首先需要安装 JDK（Java Development Kit），JDK 中包含有 JVM（Java Virtual Machine，Java 虚拟机），其用来解释执行 Java 程序，所以 JDK 是开发或运行 Java 有关的软件不可缺少的。同时选用合适的 IDE（Integrated Development Environment，集成开发环境）也十分重要，它有编辑、编译、调试和运行程序等功能供程序员使用，好的集成开发环境有助于提高软件开发的效率和质量。使用集成开发环境开发 Java 的程序或软件，需要有 JDK 的支撑。

实际的软件开发项目中，往往选用成熟稳定的开发工具和平台。软件项目组中往往选用统一的软件开发工具和平台，便于相互交流和提高，也便于必要时相互支援。

选用集成开发环境时，应该优先考虑人们常用的、有前景的集成开发环境，同时考虑是否有必要的插件扩展其功能。免费、开源的集成开发环境是优先考虑的对象；商业性的集成开发环境往往功能齐全、使用方便，并且有相应的服务支持。

2.1 Java 开发运行环境的安装

Java 的开发运行环境有 JDK 和 JRE（Java Runtime Environment）两种，二者均包含有 Java 虚拟机。JDK 是面向 Java 开发人员提供的开发运行环境，包括类库（Java API）和编译程序等；JRE 则面向广大的 Java 程序的使用者。JDK 有多种版本，本书选用目前最新版本，并选用标准版 V1.7.0.5。不同的操作系统平台下，JDK 都有相应的版本，同时还有 64 位和 32 位之分。本书则以 32 位为例，介绍 JDK 的下载、安装以及使用。

建立 Java 开发运行环境的过程包括软件下载、软件安装、环境变量设置和编程测试。

下载和安装 JDK 软件之前，需要做好文件夹使用计划，使软件、文档与源程序等存放有序，便于有效地管理和使用。本书假设使用的操作系统平台是 Windows，这种情况下则在特定逻辑磁盘（例如 E 盘）的根目录下建立文件夹“JavaDev”，并在此文件夹下建立“10 Downloads”文件夹用于存放下载的软件，建立“20 Doc”文件夹用于存放各种文档资料，建立“30 JavaSrc”文件夹用于存放编写的程序等，详情见图 2-1。

需要注意的是，有些版本的操作系统不支持文件夹名中包含空格，这时如果创建文件夹则需要去除空格。使用数字开始的文件夹名是为了保证文件夹的显示顺序。

图 2-1 Java 编程开发文件夹使用计划

Java 平台有标准版（Java SE）和企业版（Java EE）之分。软件开发者通常可以选择标准版，但是企业版也是必要的，以便应对各种各样的应用需求。实际上，集成开发环境往往提供包含有 Java EE 的版本。

本章介绍的软件安装有关的内容是在 64 位 Windows 7 操作系统下进行的，安装的软件均为 32 位 JDK。同时，所有软件采用默认路径安装。如果使用不同版本的操作系统，或指定路径安装软件，那么选择或输入路径时，路径名会有所不同。安装软件时，应该根据需要和实际情况进行必要的调整，而不是照抄本节内容。例如，由于在 64 位的 Windows 7 下默认安装 32 位 JDK，安装软件的文件夹为“C:\Program Files (x86)\Java”（64 位 JDK 安装目录为“C:\Program Files\Java”），每个人实际情况也许会有所不同，但是安装过程基本相同。

2.1.1 下载 JDK

通常从官方网站（Oracle Technology Network）下载 JDK，下载的 URL 是:http://www.oracle.com/technetwork/java/javase/downloads/index.html。下载的软件放入“E:\JavaDvp\10 Downloads”文件夹中，版本是 1.7，文件名是“jdk-7u5-windows-i586.exe”（若有更新版本，请下载最新版）。

2.1.2 安装 JDK

用鼠标双击“10 Downloads”文件夹中的安装文件“jdk-7u5-windows-i586.exe”执行安装程序，则显示图 2-2 界面，单击【下一步】按钮则显示图 2-3 对话框，再次单击【下一步】按钮则显示图 2-4 对话框。

在图 2-3 或图 2-4 对话框中，可以按默认路径安装 JDK，也可以选择更改 JDK 安装路径，单击【更改】按钮则显示图 2-5 对话框，这时可以在文件夹名称栏中输入指定的安装路径，然后单击【确定】按钮设置安装路径并返回到上一界面。

在图 2-4 对话框中，单击【下一步】按钮则开始安装 JDK。至此 JDK 安装已经完成，同时显示图 2-6 对话框，单击【继续】按钮则继续安装 JavaFX。即使不安装 JavaFX 也可以开发和运行 Java 程序、之后的安装过程不做详细介绍。

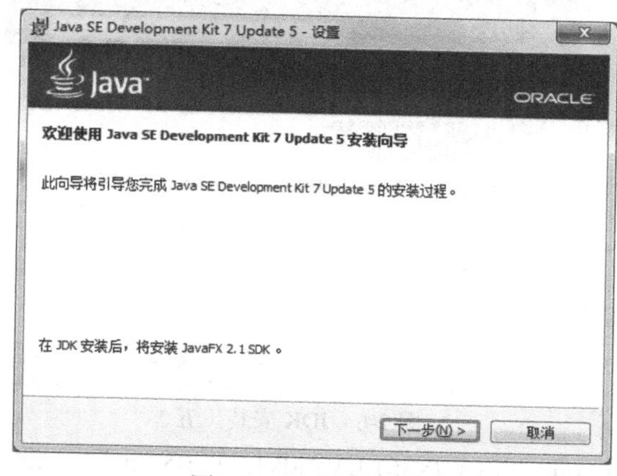

图 2-2　JDK 安装（一）

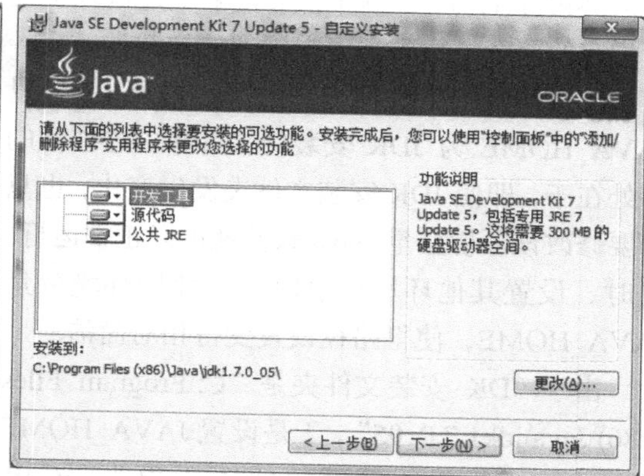

图 2-3　JDK 安装（二）

JavaFX 可以用于开发富客户端的 Web 应用软件，JavaFX script 是一种脚本语言，有关详细内容参照相关资料。如果不做 JavaFX 有关的应用开发，则不需要安装 JavaFX。

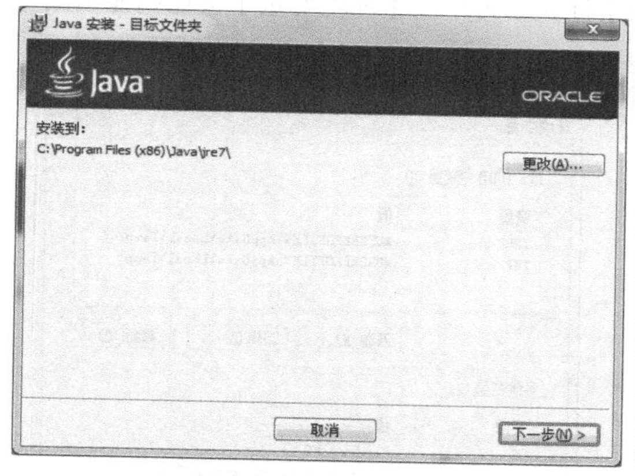

图 2-4　JDK 安装（三）

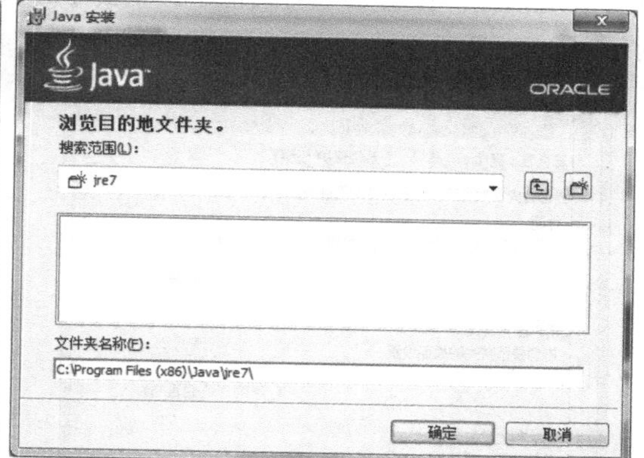

图 2-5　JDK 安装（四）

安装过程中，JDK 安装文件夹是"C:\Program Files (x86)\Java\jdk1.7.0_05\"。以下介绍若干最主要的可执行程序的功能，这些程序在 bin 文件夹中。

1. javac.exe：Java 语言编译器，用于编译 Java 语言源程序（扩展名为.java）为字节码（扩展名为.class）文件。

2. java.exe：Java 语言解释器，用于执行 Java 字节码文件。

3. javadoc.exe：Java 语言文档生成器，用于将 Java 语言源程序中的注释提取成（HTML, HyperText Markup Language）超文本语言格式的文档。

由于以上介绍的是缺省安装，各个对话框中的内容以及选项就不做详细介绍。如有必要，可以根据实际编程或软件开发的需要，调整有关选项。

2.1.3　配置环境变量

JDK 安装完成之后，还需要配置相关的环境变量才能保证 Java 程序的编译和运行能够正常进行。需要设置的环境变量有 PATH 和 CLASSPATH，有了环境变量 PATH，操作系统命令才能够找到 Java 的编译和运行程序；有了环境变量 CLASSPATH，Java 虚拟机才能够通过该环境变量指定的路径，找到程序中用到的加载类。

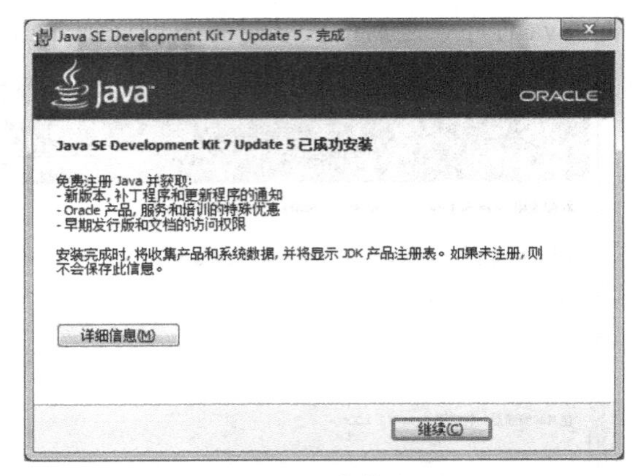

图 2-6　JDK 安装（五）

设置环境变量时，通常设置环境变量 JAVA_HOME 为 JDK 安装的文件夹。这样做的好处在于，即使 JDK 安装文件夹发生变化，也只需要修改该环境变量,Java 软件就可以正常运行。同时，设置其他环境变量时可以使用环境变量 JAVA_HOME，使得路径设置变得相对简洁。

由于 JDK 安装文件夹是“C:\Program Files (x86)\Java\jdk1.7.0_05”，于是设置 JAVA_HOME 的值为该文件夹，设置 PATH 的值为“C:\Program Files (x86)\Java\jdk1.7.0_05\bin”，设置 CLASSPATH 的值为“C:\Program Files (x86)\Java\jdk1.7.0_05\lib”。虽然不同的 Windows 操作系统版本的环境变量的设置会有所不同，但是其过程基本相同。

首先打开【控制面板】-【系统和安全】-【系统】-【高级系统设置】（系统属性），则显示图 2-7 对话框。在图 2-7 对话框中，单击【高级】标签，再单击【环境变量】按钮则显示图 2-8 对话框。

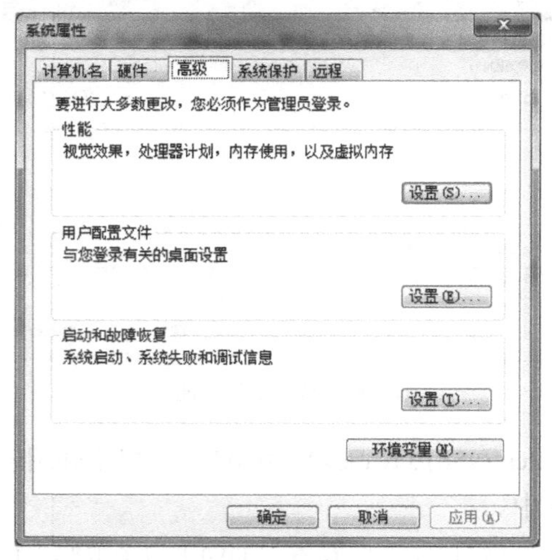

图 2-7　系统属性

图 2-8　环境变量

设置环境变量有两种，一是用户变量；二是系统变量。如果设置系统变量则对所有的用户有效，如果设置用户变量则只对当前用户有效。如果系统需要安装多种版本的 JDK，则选择设置用户变量比较合适。因为不论是设置用户变量还是系统变量，操作过程都一样，这里以设置用户变量为例加以介绍。

在图 2-8 对话框中，单击【新建】按钮则显示图 2-9 对话框，变量名输入“JAVA_HOME”，变量值输入“C:\Program Files (x86)\Java\jdk1.7.0_05”，再单击【确定】按钮，完成该环境变量的设置。环境变量 JAVA_HOME 设置完成之后，环境变量 PATH 和 CLASSPATH 则可以使用 JAVA_HOME 来设置。

如图 2-10 所示，采用同样的方法设置环境变量 PATH，变量名输入“PATH”，变量值输入“%JAVA_HOME%\bin”，再单击【确定】按钮，完成环境变量 PATH 的设置。需要注意的是如果 PATH 变量已经存在则使用编辑功能修改其值，在原有的值之后加上分号(;)和新的变量值“%JAVA_HOME%\bin”。

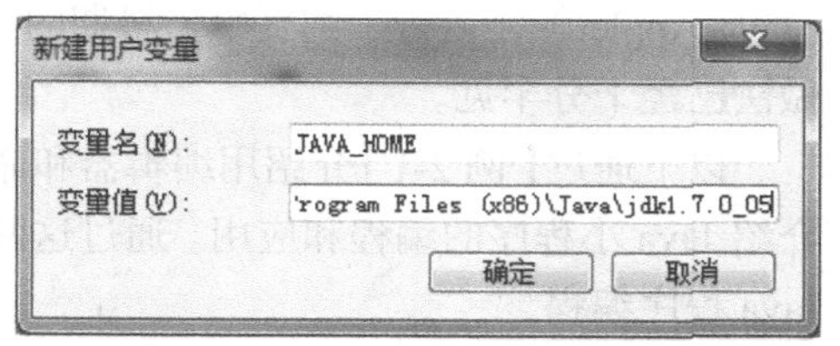

图 2-9　新建用户变量 JAVA_HOME

如图 2-11 所示，采用同样的方法设置环境变量 CLASSPATH，变量名输入“CLASSPATH”，变量值输入“.; %JAVA_HOME%\lib”，注意不可以缺少“.”，否则 Java 程序执行时会发生异常。“.”表示本地文件夹，放在前面会优先在本地文件夹中查找有关文件。

图 2-10　新建用户变量 PATH

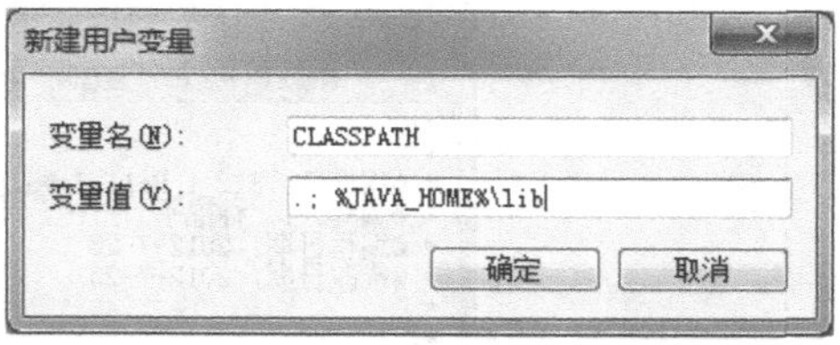

图 2-11　新建用户变量 CLASSPATH

环境变量设置完成之后，可以测试一下 JDK 安装和环境变量设置是否成功。进入 DOS 窗口，输入如下两个命令。

```
java -version
javac -version
```

如果出现图 2-12 内容，说明 JDK 安装和环境变量设置已经成功。

环境变量是否设置成功，可以用 DOS 命令“PATH”、“SET”和“SET JAVA_HOME”等命令来验证。

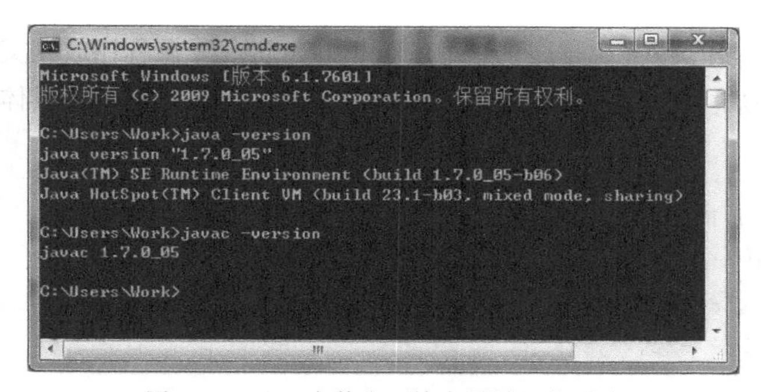

图 2-12　JDK 安装和环境变量设置的测试

2.2　编写运行 Java 程序

现代软件的开发几乎都使用集成开发环境进行编程和调试（DEBUG），但是使用简单的编辑器（例如记事本等）编辑程序，通过命令行（例如 DOS 命令窗口）编译和运行 Java 程序，也是学习编程过程中的一个必要的步骤。集成开发环境在实现复杂的功能时，往往是通过调用命令行程序来实现的。

Java 程序有两类，一是 Java 应用程序（Java Application），可以独立运行；二是 Java 小程序（Java Applet），运行于网页中。早期的 Web 应用软件有用 Java 小程序来开发的，但是现在这种做法已经十分罕见。

以下通过【例 2-1】介绍用编辑器和命令行程序编写执行 Java 应用程序的过程，通过【例 2-2】介绍 Java 小程序的编程和应用。通过这两个例子可以知道，使用简单的编辑器也可以进行简单的 Java 程序编程。

以下使用记事本编辑器来编写 Java 程序。实际上，也可以选用免费、开源的属性文本编辑器。属性文本编辑器可以把 Java 等语言的关键字（或称保留字）以高亮（或特定颜色）显示，不同的语法成分也以不同的颜色显示，增强了程序的可读性。

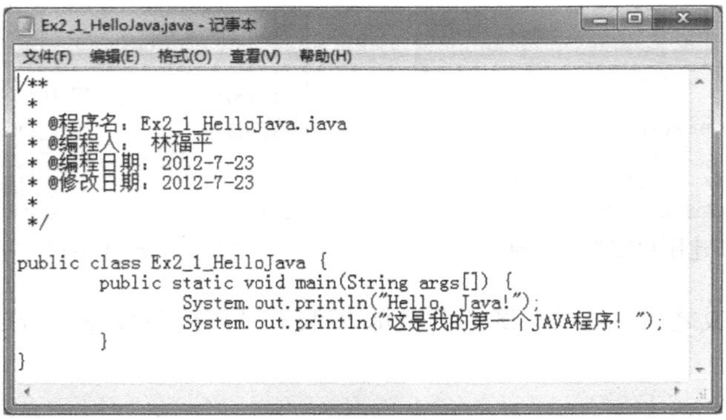

Ex2_1_HelloJava.java - 记事本
文件(F) 编辑(E) 格式(O) 查看(V) 帮助(H)

```
/**
 *
 * @程序名: Ex2_1_HelloJava.java
 * @编程人:  林福平
 * @编程日期: 2012-7-23
 * @修改日期: 2012-7-23
 *
 */

public class Ex2_1_HelloJava {
        public static void main(String args[]) {
                System.out.println("Hello, Java!");
                System.out.println("这是我的第一个JAVA程序! ");
        }
}
```

图 2-13　用记事本编辑 Java 源程序 Ex2_1_HelloJava.java

【例 2-1】编写一个 Java 程序，输出一行“Hello Java!”，同时输出一行“这是我的第一个 JAVA 程序！”。

（1）编辑程序。

如图 2-13 所示，编辑 Java 源程序“Ex2_1_HelloJava.java”，源程序放在文件夹“E:\JavaDev\30 JavaSrc\”中。本书为了节省篇幅，程序列表中略去文档注释以及空行，具体内容如下。

```
/**
 *
 * @程序名: Ex2_1_HelloJava.java
 * @编程人:  林福平
 * @编程日期: 2012-7-23
 * @修改日期: 2012-7-23
 *
 */
public class Ex2_1_HelloJava {
        public static void main(String[] args) {
            System.out.println("Hello, Java!");
            System.out.println("这是我的第一个 JAVA 程序! ");
        }
}
```

（2）程序分析。

类注释（文档注释）用/** … */括起来，给出了程序名、编程人、编程日期和修改日期的信息。需要注意一般注释（非文档注释）用/* … */括起来，也可以作为类注释。

类名是 Ex2_1_HelloJava，其修饰词是 public，声明该类可以被任意的类引用。通常公用类名与容纳该类的文件名是相同的，以便于 Java 虚拟机找到该文件并执行相应程序。

Java 应用程序中至少有一个 main()方法，并且如程序中那样进行声明，修饰词有 public 和 static，类型是 void。Java 程序是从指定的 main()方法开始执行的。

方法 System.out.println()的功能是输出一行字符串，其中 System 是 Java 系统内部定义的一个系统类；out 是 System 类的一个域或称为对象成员；println()是 out 的方法，用于向系统标准输出设备输出给定的字符串并换行。

（3）编译运行。

首先进入 DOS 窗口，将工作文件夹改为“E:\JavaDev\30 JavaSrc”。然后对 Java 程序“Ex2_1_HelloJava.java”进行编译生成文件“Ex2_1_HelloJava.class”，可以用 dir 命令查看结果。最后，用 Java 程序执行所编写的 Java 应用程序。

执行以下的一系列命令后，得到的结果如图 2-14 所示，其输出结果与例 2-1 要求一致。其中 DOS 的“e:”命令是选择逻辑磁盘 e 盘；“cd”命令是将工作文件夹改变为其后给定的文件夹名；“dir”命令用于显示当前文件夹下的所有子文件夹和文件。

```
e:
cd E:\JavaDev\30 JavaSrc
javac Ex2_1_HelloJava.java
dir
java Ex2_1_HelloJava
```

【例 2-2】编写一个 Java 小程序，输出“第一个 Java Applet 程序！”。同时将该程序嵌入 HTML 文件中，通过浏览器解释执行该程序。

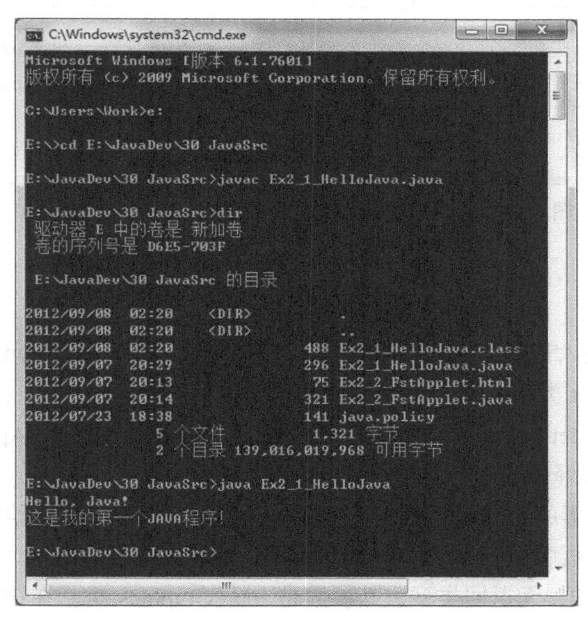

图 2-14　Java 应用程序的编译和运行

（1）编辑程序。

如图 2-15 所示，用记事本编辑 Java 源程序“E:\JavaDev\30 JavaSrc\ Ex2_2_FstApplet.java”，源程序如下。

```
import java.awt.Graphics;
import java.applet.Applet;
public class Ex2_2_FstApplet extends Applet {
    public void paint(Graphics g) {
        g.drawString("第一个 Java Applet 程序! ", 10, 10);
    }
}
```

```
Ex2_2_FstApplet.java - 记事本
文件(F) 编辑(E) 格式(O) 查看(V) 帮助(H)
import java.awt.Graphics;
import java.applet.Applet;

/**
 *
 * @程序名: Ex2_2_FstApplet.java
 * @编程人: 林福平
 * @编程日期: 2012-7-23
 * @修改日期: 2012-7-23
 *
 */

public class Ex2_2_FstApplet extends Applet {
        public void paint(Graphics g) {
                g.drawString("第一个Java Applet程序! ", 10, 10);
        }
```

图 2-15　用记事本编辑 Java 源程序 Ex2_2_FstApplet.java

编写了 Java 小程序之后，为了能够让浏览器解释执行 Java 小程序，需要编写相应的 HTML 文件。如图 2-16 所示，编辑 HTML 文件“E:\JavaDev\30 JavaSrc\ Ex2_2_FstApplet.html”，文件内容如下。

```
<html> <applet code=Ex2_2_FstApplet.class width=300 height=100/> </html>
```

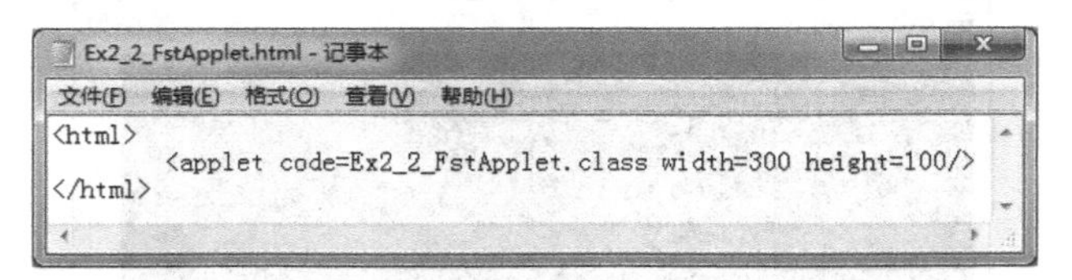

```
Ex2_2_FstApplet.html - 记事本
文件(F) 编辑(E) 格式(O) 查看(V) 帮助(H)
<html>
        <applet code=Ex2_2_FstApplet.class width=300 height=100/>
</html>
```

图 2-16　用记事本编辑 HTML 文件 Ex2_2_FstApplet.html

（2）程序分析。

先分析 Java 小程序，内容如下。

import 语句用于引入包或类。程序中引入公用包的类，包括 java.awt 包中的 Graphics 类和 java.applet 包中的 Applet 类。

主类 Ex2_2_FstApplet 继承了 Applet 类（由关键字 extends 指定）。Applet 小程序不能单独运行，可以在具有 Java 解释器的浏览器中运行。

Graphics 是有关图形的基类，相当于一个图形子窗口，可以在其中绘图或显示文字等，并嵌入到操作系统窗口或网页中显示。

paint()方法是公共的，无返回类型，其参数是一个 Graphics 类。在该方法中编写绘图或显示文字等的程序。

drawstring()方法用于将字符串对象输出到窗口，坐标是以左上角为原点，坐标单位是像素。程序中是将字符串显示到（10, 10）的位置。

然后分析 HTML 文件：该文件是一个最为简单 HTML 文件，通过 applet 标签将 Applet 小程序嵌入 HTML；浏览器遇到 applet 标签时执行 Java 小程序，在浏览器页面上显示执行的结果。

（3）编译运行。

如图 2-17 所示，对 Java 小程序进行编译，则生成文件 “Ex2_2_FstApplet.class”，使用的 javac 命令如下：

```
javac Ex2_2_FstApplet.java
```

浏览器 URL 中输入 “E:\JavaDev\30 JavaSrc\Ex2_2_FstApplet.html” 就可以看到该程序的运行结果，如图 2-18 所示。

```
C:\Windows\system32\cmd.exe
Microsoft Windows [版本 6.1.7601]
版权所有 (c) 2009 Microsoft Corporation。保留所有权利。

C:\Users\Work>e:

E:\>cd E:\JavaDev\30 JavaSrc

E:\JavaDev\30 JavaSrc>javac Ex2_2_FstApplet.java

E:\JavaDev\30 JavaSrc>dir
 驱动器 E 中的卷是 新加卷
 卷的序列号是 D6E5-703F

 E:\JavaDev\30 JavaSrc 的目录

2012/09/08  02:42    <DIR>          .
2012/09/08  02:42    <DIR>          ..
2012/09/08  02:20               488 Ex2_1_HelloJava.class
2012/09/07  20:29               296 Ex2_1_HelloJava.java
2012/09/08  02:42               399 Ex2_2_FstApplet.class
2012/09/07  20:13                75 Ex2_2_FstApplet.html
2012/09/07  20:14               321 Ex2_2_FstApplet.java
2012/07/23  18:38               141 java.policy
               6 个文件          1,720 字节
               2 个目录 138,735,710,208 可用字节

E:\JavaDev\30 JavaSrc>
```

图 2-17　Java 小程序的编译

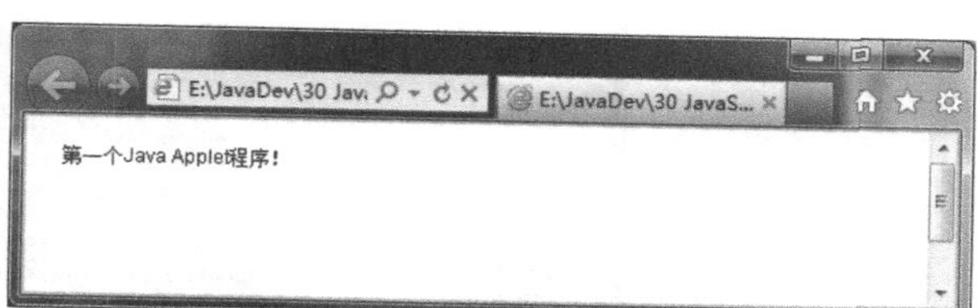

图 2-18　浏览器中 Java 小程序的运行结果

2.3　Java 集成开发环境

计算机编程以及软件开发是一个复杂的过程，一般包括程序编辑、编译、调试和运行。程序出现逻辑错误需要修改时，尤其是大型程序，往往难以通过阅读程序判断错误所在，一般采用设置断点和单步执行的方法，通过查看程序变量值进行错误定位和修改错误。显然，对于大型的程序，使用简单的文本编辑器难以胜任编辑、编译、调试和运行的整个过程，尤其是调试和运行。

集成开发环境包括代码编辑器、编译器、调试器和图形用户界面工具，集成了代码编写、分析、编译、调试等一体化的功能，可以大幅提高编程以及软件开发的效率。一般来说，集成开发环境不仅能够开发 Java 语言程序，还能够通过增加插件开发多种语言程序。

本节介绍常用的 Eclipse 和 NetBeans 这两种免费、开源的集成开发环境。

2.3.1　Eclipse

Eclipse 是一个免费、开源、基于 Java 的可扩展开发平台，可以通过插件（软件组件）扩展附加功能，能够支持 Java、C/C++（CDT）和 PHP 等语言的开发。Eclipse 具有丰富的插件可以进行各种各样的开发，并且能够方便地得到这些插件并加入到 Eclipse 中。Eclipse 支持 Java 语言程序开发中的项目管理、程序编辑、编译、调试、运行等操作。

1．下载

目前 Eclipse 的最新版本是 4.2，按照用途的不同，有多种版本可以选择，其官方网站下载地址为：http://www.eclipse.org/downloads/packages/release/juno/r。

如果进行 Java 软件有关的开发则应该选择“Eclipse IDE for Java EE Developers”。但是作为一般的 Java 编程开发，选择下载 32 位版的“Eclipse IDE for Java Developers”。下载的文件放在指定文件夹中，其文件名是“eclipse-java-juno-win32.zip”。

2．安装运行

Eclipse 是免安装软件，上述文件解压缩后放在“E:\JavaDev”文件夹下即可运行。解压缩后会生成一个 eclipse 文件夹，同时还需要在“E:\JavaDev”文件夹下建立 workspace 文件夹用于存放 Java 程序项目，如图 2-19 所示。

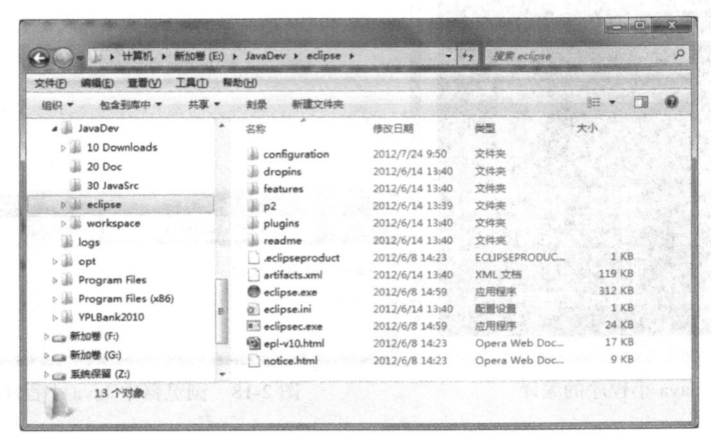

图 2-19　eclipse 文件夹的内容

双击 eclipse 文件夹中的可执行文件 eclipse.exe 则开始运行 Eclipse，如图 2-20 所示显示初始运行画面，这时 workspace 指定为“E:\JavaDev\workspace”，单击【OK】按钮进入 Eclipse 主界面。图 2-21 所示是 Eclipse 的主界面，这里不详细介绍界面中的各个部分功能。

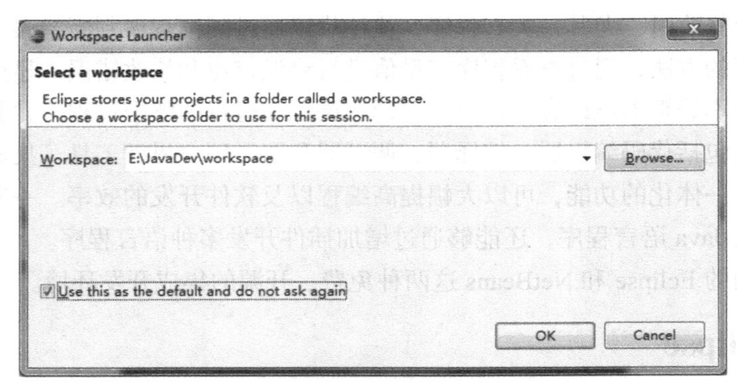

图 2-20　Eclipse 初始运行界面

2.3.2　Eclipse 的 Java 编程实例

本小节通过实例介绍使用集成开发环境 Eclipse 开发 Java 程序的过程以及相关的操作细节。

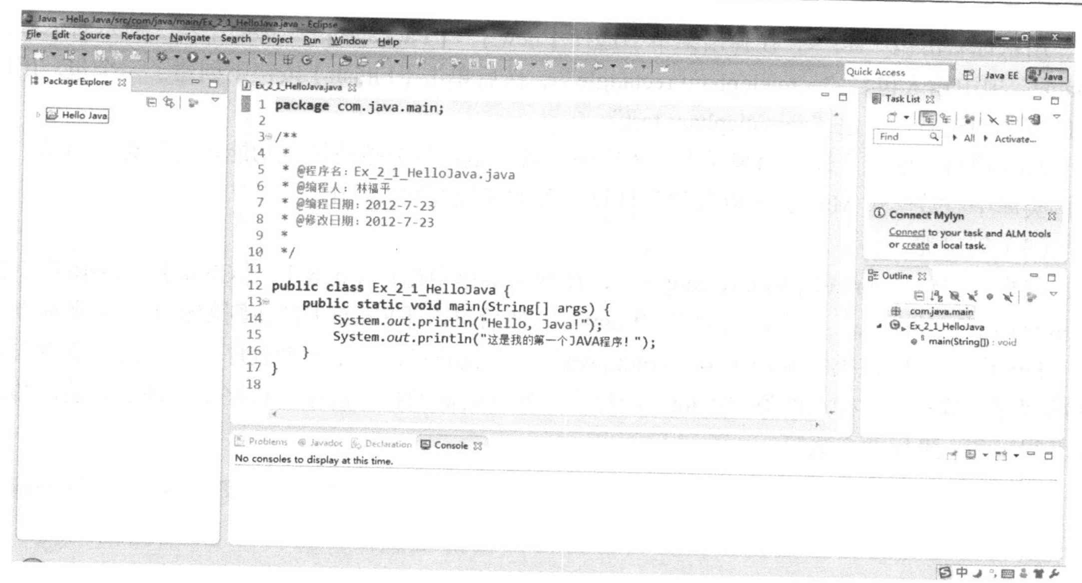

图 2-21　eclipse 主界面

【例 2-3】用 Java 语言编写一个二维坐标系中的矩形类。该类能够计算矩形的周长、面积和对角线长，同时对于给定的坐标点能够判断该点是否在该矩形内。使用两个坐标点对矩形进行初始化，或者使用两个坐标点的 x 和 y 的值对矩形初始化。构造一个测试类，用于计算矩形的周长、面积和对角线长等。

问题分析和解决方案：（1）使用矩形对角的两个坐标点表示矩形；（2）编写一个坐标点类；（3）矩形类中编写 3 个方法分别用于计算周长、面积和对角线长；（4）数学计算时使用 Java 库函数；（5）测试类中编写 main()方法，声明一个矩形类的对象并初始化，计算该矩形的周长、面积和对角线长等。

运行 Eclipse 并按照以下步骤编写和调试运行矩阵类有关的程序。

（1）建立项目。

在 Eclipse 的主界面中，选择菜单【File】-【New】-【Java Project】，则显示图 2-22 对话框。在该对话框中，项目名（Project name）中输入“Ex2_3_Rectangle”（按照本书约定命名），JRE 选择 JavaSE-1.7，然后单击【Finish】按钮。

这时，在 Eclipse 主界面的“Package Explorer”子窗口中可以看到该项目，打开它可以看到其下已经有一个叫“src”的包。

（2）创建包。

编程时所有 Java 的包都放在“src”之下。创建两个包，一个包用于容纳矩形类以及相关的类，另外一个包用于容纳测试类。

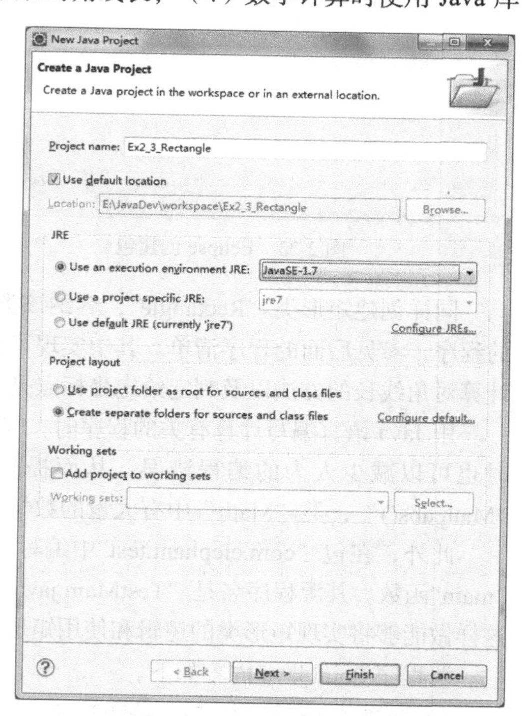

图 2-22　Eclipse 建立项目

用鼠标右击包“src”，在弹出菜单中选择【new】-【Package】，显示图 2-23 所示对话框，“name”项中输入包名“com.elephant.rectangle”，然后单击【Finish】按钮则创建了一个包。用同样的方法创建另一个包“com.elephant.test”。

Java 项目中的包，通常用来对大型程序中的各个组成部分按逻辑或功能进行分类。例如，公用的类库中有数学包 Math，所以与数学计算有关的函数都纳入其中。

（3）创建类。

鼠标右击包“com.elephant.rectangle”，在弹出菜单中选择【new】-【Class】，显示图 2-24 所示对话框，“name”项中输入类名“Point”，然后单击【Finish】按钮则创建了一个坐标点的类“Point”，容纳该类的源程序是“Point.java”，生成的只是一个原型程序，需要进一步编写具体的程序。编写的坐标点的类“Point”的程序，参见后面的程序清单。程序中实现了构造函数以及获得 x 和 y 坐标的方法等。

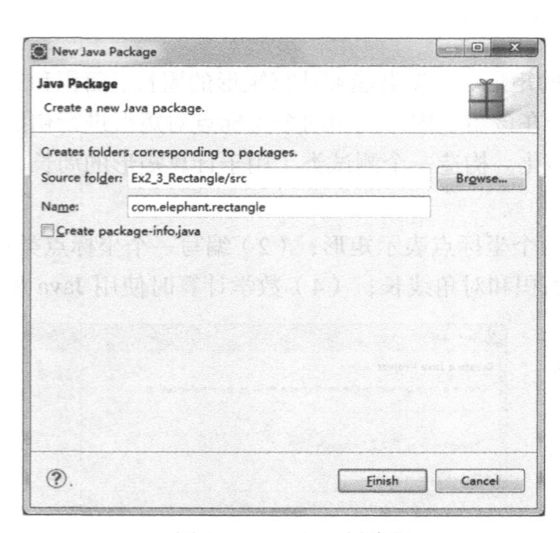

图 2-23　Eclipse 创建包

图 2-24　Eclipse 创建类

同样创建矩形类“Rectangle”，容纳该类的源程序是“Rectangle.java”。然后，详细编写该类的程序，参见后面的程序清单。其中实现了两个构造方法、计算周长的方法、计算面积的方法、计算对角线长的方法以及判定给定坐标点是否在矩形内的方法。

用 Java 语言编写计算有关的程序时，应该尽量使用现有的类库。这样可以提高编程效率，同时也可以减少人为的编程错误，从而提高程序的正确性。例如，计算绝对值时，使用函数“Math.abs()”，类“Math”中有大量的数学计算函数可以供编程时使用。

此外，在包“com.elephant.test”中编写一个测试类“TestMain”，该类包含项目的开始执行的“main”函数。其源程序名是“TestMain.java”，参见后面的程序清单。之所以使用两个包，是因为这样做能够将实现矩形类的逻辑和使用矩形类的逻辑分开来，这样使得程序逻辑清晰且易于理解。

源程序 Point.java 内容如下。

```
package com.elephant.rectangle;
public class Point {
```

```
    double x, y;
    public Point(double x, double y) { this.x = x; this.y = y; }
    /* 类初始化时，创建一个原点实例 */
    public static Point origin = new Point(0, 0);
    /* 用+运算符得到坐标点的字符串 */
   @Override
    public String toString() { return "(" + x + "," + y + ")"; }
    /* 获得坐标的 x 值 */
    public double getX() {
        return x;
    }
    /* 获得坐标的 y 值 */
    public double getY() {
        return y;
    }
}
```

源程序 Rectangle.java 内容如下。

```
package com.elephant.rectangle;
public class Rectangle {
    Point point1, point2;
    /* 构造函数之一：用两个坐标点进行矩阵的初始化 */
    public Rectangle(Point p1, Point p2) {
        this.point1 = new Point(p1.getX(), p1.getY());
        this.point2 = new Point(p2.getX(), p2.getY());
    }
    /* 构造函数之二：用两个坐标点的值进行矩阵的初始化 */
    public Rectangle(double x1, double y1, double x2, double y2) {
        this.point1 = new Point(x1, y1);
        this.point2 = new Point(x2, y2);
    }
    /* 计算矩形的周长 */
    public double getCircumference() {
        return 2 * Math.abs(point1.getX() - point2.getX())
            + 2 * Math.abs(point1.getY() - point2.getY());
    }
    /* 计算矩形的面积 */
    public double getArea() {
        return Math.abs(point1.getX() - point2.getX())
            * Math.abs(point1.getY() - point2.getY());
    }
    /* 计算矩形的对角线长 */
    public double getDiagonal() {
        double width = Math.abs(point1.getX() - point2.getX());
        double height = Math.abs(point1.getY() - point2.getY());
        return Math.sqrt(width * width + height * height);
    }
    /* 判定一个坐标点是否在矩形之内 */
    public Boolean isInner(Point p) {
        if((Math.min(point1.getX(), point2.getX()) <= p.getX())
            && (p.getX() <= Math.max(point1.getX(), point2.getX()))
            && (Math.min(point1.getY(), point2.getY()) <= p.getY())
            && (p.getY() <= Math.max(point1.getY(), point2.getY())))
```

```
                return true;
            else
                return false;
        }
    }
```

源程序 TestMain.java 内容如下。

```
    package com.elephant.test;
    import com.elephant.rectangle.Point;
    import com.elephant.rectangle.Rectangle;
    public class TestMain {
        public static void main(String[] args) {
            Point p1 = new Point(-1, -1);
            Point p2 = new Point(2, 3);
            System.out.println("p1 的坐标: " + p1.toString());
            System.out.println("p2 的坐标: " + p2.toString());
            Rectangle r = new Rectangle(p1, p2);
            System.out.println("矩形的周长: " + r.getCircumference());
            System.out.println("矩形的面积: " + r.getArea());
            System.out.println("矩形的对角线长: " + r.getDiagonal());
            if(r.isInner(Point.origin))
                  System.out.println("原点在矩形中");
            Point p3 = new Point(-1.5, -1.5);
            if(r.isInner(p3))
                  System.out.println(p3.toString() + "在矩形中");
            else
                System.out.println(p3.toString() + "不在矩形中");
        }
    }
```

源程序 TestMain.java 中用到不同包中的类时，需要用 import 语句引入，还可以通过修改该程序中的各个坐标点值，计算不同矩形的周长、面积和对角线长等。

（4）调试运行。

Eclipse 中运行编写好的程序有 4 种方法：其一是鼠标右击项目“Ex2_3_Rectangle”，然后选择弹出菜单【Run As】-【Java Application】；其二是先单击项目“Ex2_3_Rectangle”，然后选择菜单【Run】-【Run As】-【Java Application】；其三是调试运行，选择菜单【Run】-【Debug As】-【Java Application】；其四是选择快捷键运行或调试运行程序。上述源程序运行结果如下。

```
p1 的坐标：(-1.0,-1.0)
p2 的坐标：(2.0,3.0)
矩形的周长：14.0
矩形的面积：12.0
矩形的对角线长：5.0
原点在矩形中
(-1.5,-1.5)不在矩形中
```

程序一次性编写运行成功的概率通常是比较低的。程序在调试运行过程中，首先要排除编译错误即语法错误，Eclipse 会实时指出程序的语法错误；其次是排除程序的逻辑错误，可以使用设置断点、单步运行、监视变量值和调试运行等手段。详细的方法和过程请参考 Eclipse 的帮助文件或有关资料。

Java 程序的执行顺序是从指定的 main()方法开始执行，main()方法中通常调用类实例（对象）的方法，方法中继续调用其他的方法等，直到执行完 main()方法最后一个语句或出现异常中途结束程序的执行。

Java 应用程序是从 main()方法开始执行的，所以至少要有一个 main()方法，否则该程序无法被执行（因为不知道从哪里开始执行）。main()方法包含在类中，所以有可能所有类中写了若干个 main()方法，这时则需要指定从哪个 main()方法开始执行，Eclipse 具有指定由哪个 main()方法开始执行的功能。

使用 Eclipse 编写 Java 程序，程序调试正确之后如果想将其生成 exe 可执行程序，用得比较多的做法是安装 FatJar 插件，基于项目生成 Jar 文件（可以用 Java 命令程序运行它），然后再使用类似 Launch4j 软件从 Jar 文件打包生成 exe 可执行程序。

2.3.3　NetBeans

NetBeans 是免费、开源的集成开发环境和应用平台，使用 Java、PHP 和 C/C++等计算机语言可以开发桌面、移动和 Web 应用程序等。NetBeans 可以运行于 Windows、Mac、Linux 和 Solaris 等操作系统平台，同时也支持包括中文简体和英文在内的多国语言。NetBeans 有丰富的插件可以扩展其附加功能。

1．下载

NetBeans 按照不同的用途有多种版本，其官方网站下载地址为：http://netbeans.org/downloads/index.html。

进行大型 Java 应用软件开发应该选择“Java EE”版，一般的 Java 编程开发则可以选择“Java SE”版。下载时选择语言为“简体中文”、平台为“Windows”。下载的文件放在指定文件夹中，其文件名是“netbeans-7.2-ml-javase-windows.exe”（若有最新版本，请用最新版）。

2．安装运行

安装 NetBeans 只需双击安装文件“E:\JavaDev\ netbeans-7.2-ml-javase-windows.exe”，这时显示图 2-25 对话框，单击【下一步】按钮显示图 2-26 对话框并选择“我接受许可协议中的条款”，继续单击【下一步】按钮显示图 2-27 对话框。

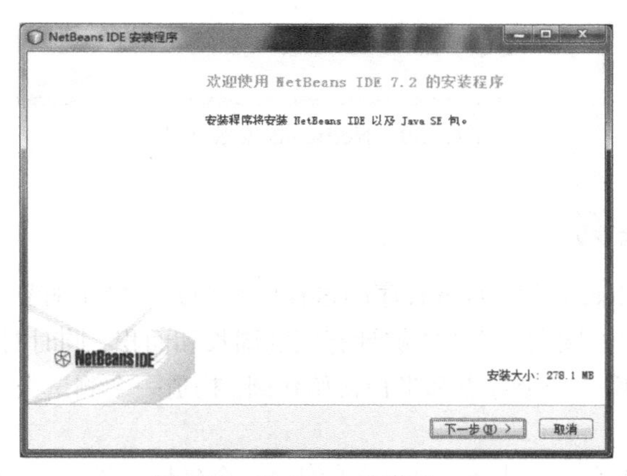

图 2-25　NetBeans 安装（一）

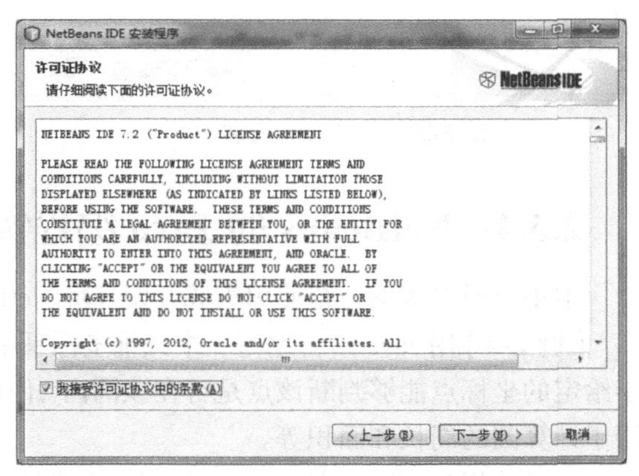

图 2-26　NetBeans 安装（二）

在图 2-27 对话框中，选择“不安装 JUnit”，并单击【下一步】按钮显示图 2-28 对话框。

在图 2-28 对话框中，选择安装文件夹和 JDK。输入或选择适当的安装位置，这里默认安装文件夹为“C:\Program Files (x86)\NetBeans 7.2”；输入或选择适当的 JDK 的安装文件夹，这里自动显示之前的 JDK 安装文件夹即“C:\Program Files (x86)\Java\jdk1.7.0_05”，继续单击【下一步】按钮显示图 2-29 对话框。

在图 2-29 对话框中，单击【安装】按钮则开始安装 NetBeans 软件，安装完毕后显示图 2-30 对话框。在图 2-30 对话框中，单击【完成】按钮则 NetBeans 软件的安装全部完成。

这时可以选择操作系统【开始】菜单的“NetBeans IDE 7.2”，或者双击桌面的“NetBeans IDE 7.2”快捷图标启动 NetBeans。如果显示图 2-31 所示的 NetBeans 主界面则说明安装已经成功。

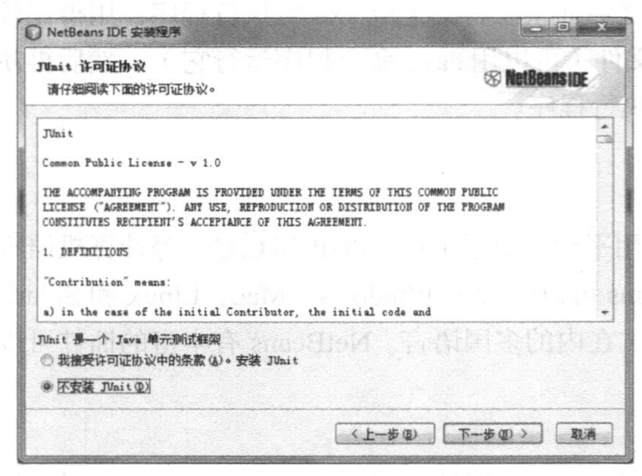

图 2-27　NetBeans 安装（三）

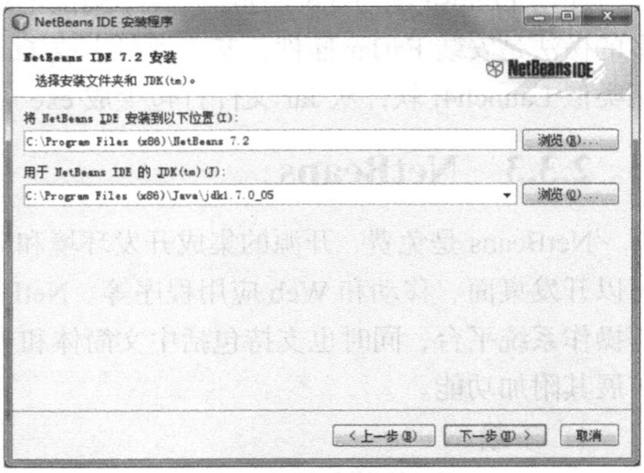

图 2-28　NetBeans 安装（四）

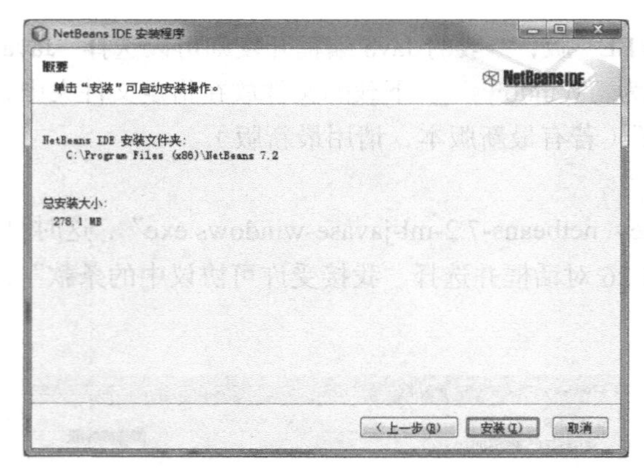

图 2-29　NetBeans 安装（五）

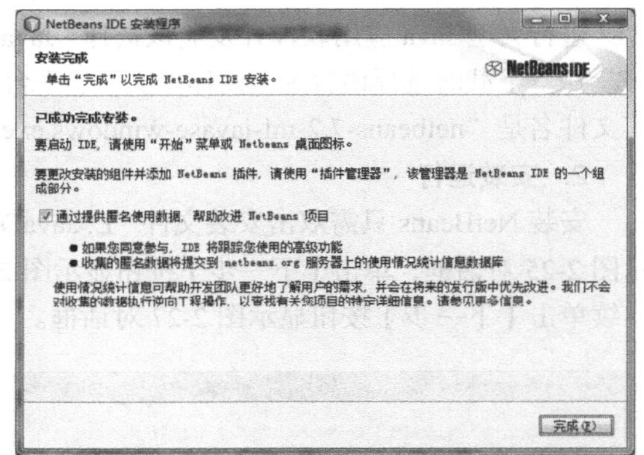

图 2-30　NetBeans 安装（六）

2.3.4　NetBeans 的 Java 编程实例

本小节通过实例介绍使用集成开发环境 NetBeans 开发 Java 程序的过程以及相关的操作细节。

【例 2-4】用 Java 语言编写一个二维坐标系中的圆类。该类能够计算圆的周长和面积，同时对于给定的坐标点能够判断该点是否在该圆内。使用一个坐标点和半径初始化圆。构造一个测试类，用于计算圆的周长和面积等。

问题分析和解决方案：（1）使用一个坐标点和半径表示圆；（2）编写一个坐标点类；（3）圆类中编写 2 个方法分别用于计算周长和面积；（4）数学计算时使用 Java 库函数；（5）测试类中编写 main()方法，声明一个圆类的对象并初始化，计算该圆的周长和面积等。

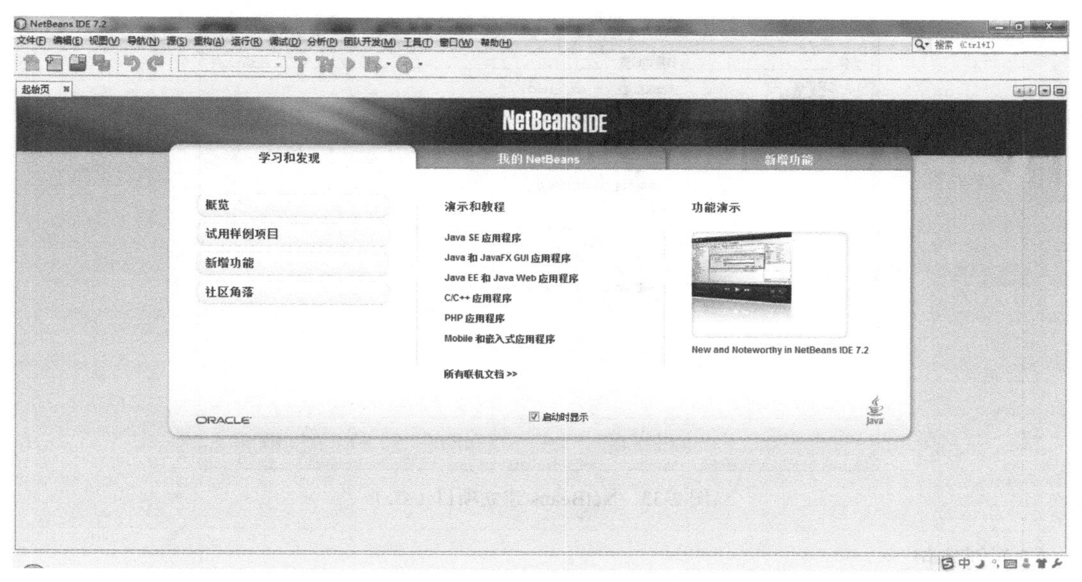

图 2-31　NetBeans 主界面

编写 Java 程序前需要为 NetBeans 建立工作文件夹，以便统一管理开发项目。在文件夹“E:\JavaDev”下，建立子文件夹“netbeansws”用于存放 NetBeans 的项目。

运行 NetBeans 并按照以下步骤编写和调试运行矩阵类有关的程序。

（1）建立项目。

选择菜单【文件】-【新建项目】则显示图 2-32 对话框。在该对话框中，“类别“选择“Java”，“项目“选择“Java 应用程序”，然后单击【下一步】按钮，显示图 2-33 对话框。

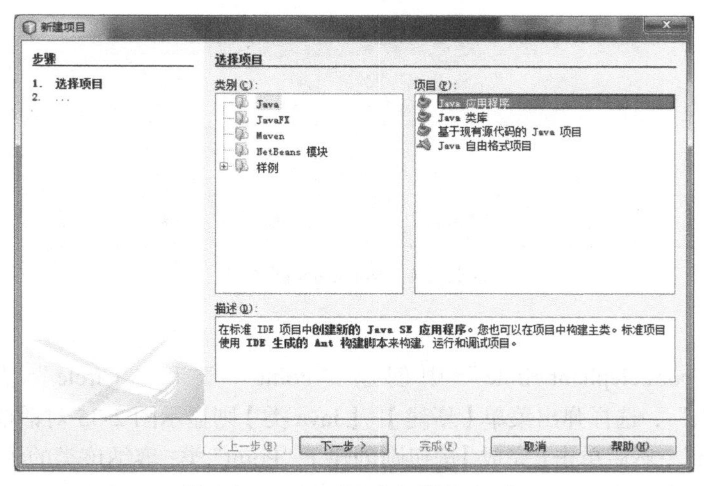

图 2-32　NetBeans 建立项目（一）

在图 2-33 对话框中，“项目名称”输入“Ex2_4_Circle”，“项目位置”选择输入“E:\JavaDev\netbeansws”，“创建主类”选择输入“com.elephant.test.TestMain”，是包含包名的类名，然后单击【完成】按钮。这样就建立了一个项目“Ex2_4_Circle”，该项目下有“源包”和“库”。与此同时也创建了一个包“com.elephant.test”，在该包中建立了一个类“TestMain”，容纳该类的源程序是“TestMain.java”。

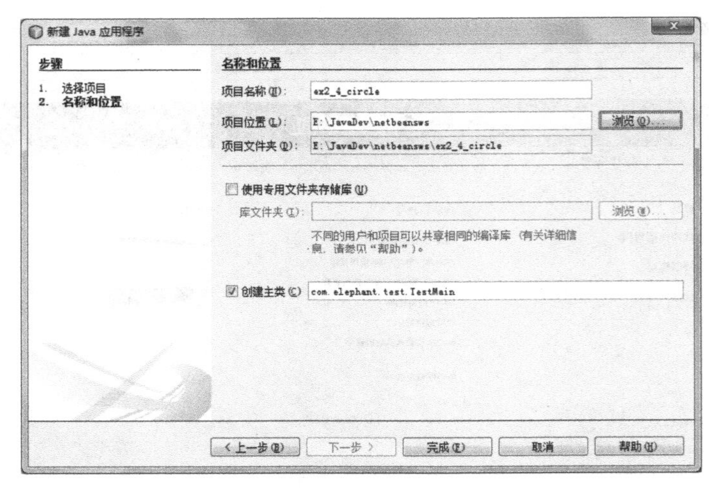

图 2-33　NetBeans 建立项目（二）

（2）创建包。

用鼠标右击该项目下的“源包”，选择菜单【新建】-【Java 包】则显示图 2-34 对话框。在该对话框中，“包名”输入“com.elephant.circle”，然后单击【完成】按钮则创建了一个包。

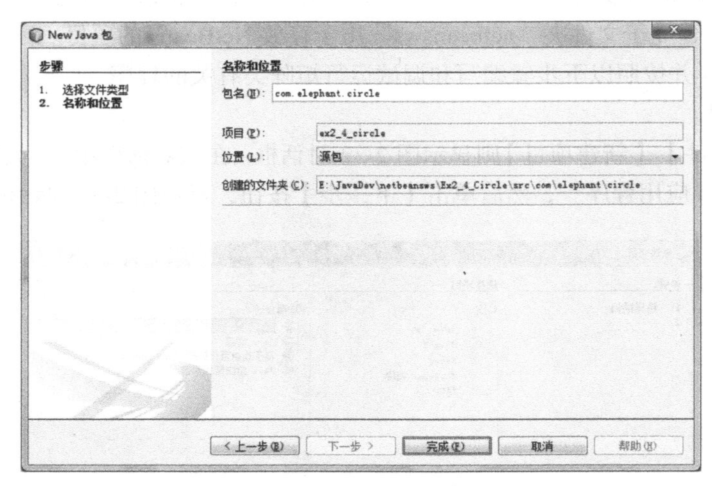

图 2-34　NetBeans 创建包

（3）创建类。

需要在包“com.elephant.circle”中创建“Point”类和“Circle”类。鼠标右击包“com.elephant.circle”，选择弹出菜单【新建】-【Java 类】则显示图 2-35 对话框。在该对话框中，“类名”输入“Point”，然后单击【完成】按钮则创建了“Point”类，容纳该类的源程序是 Point.java。该程序的代码与【例 2-3】中的同名程序完全相同，复制后粘贴在此即可。

用同样的方法可以创建“Circle”类和“TestMain”类，分别容纳该类的源程序是 Circle.java 和 TestMain.java。编写 Circle.java 源程序如下。

```
package com.elephant.circle;
public class Circle {
    Point center;
    double radius;
```

```
    /* 构造函数：用圆心坐标和半径初始化 */
    public Circle(Point p, double r) {
        this.center = new Point(p.getX(), p.getY());
        this.radius = r;
    }
    /* 计算圆的周长 */
    public double getPerimeter() {return 2 * Math.PI * radius;}
    /* 计算圆的面积 */
    public double getArea() {return Math.PI * radius * radius;}
    /* 判定一个坐标点是否在圆之内 */
    public Boolean isInner(Point p) {
        double deltaX = Math.abs(center.getX()-p.getX());
        double deltaY = Math.abs(center.getY()-p.getY());
        double distance = Math.sqrt(deltaX * deltaX + deltaY * deltaY);
     if(distance < radius)
            return true;
        else
            return false;
     }
}
```

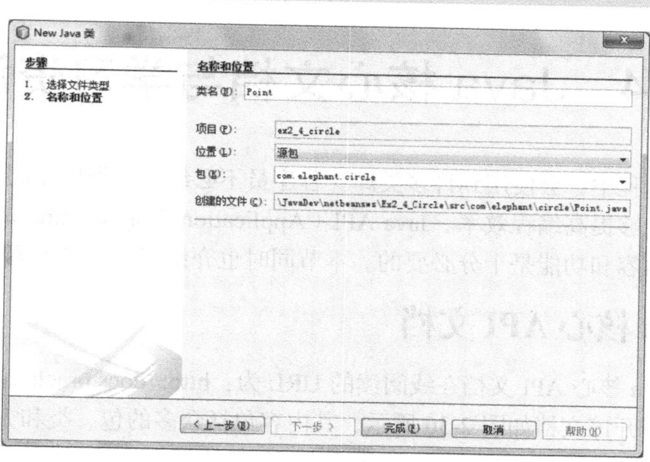

图 2-35　NetBeans 创建类

编写测试类“TestMain”，源程序是 TestMain.java，内容如下。

```
package com.elephant.test;
import com.elephant.circle.Circle;
import com.elephant.circle.Point;
public class TestMain {
    public static void main(String[] args) {
            Point p = new Point(1, 1);
            double r = 1.5;
            System.out.println("圆心的坐标：" + p.toString());
            Circle c = new Circle(p, r);
            System.out.println("圆的周长：" + c.getPerimeter());
            System.out.println("圆的面积：" + c.getArea());
            if(c.isInner(Point.origin)) {
                 System.out.println("原点在圆中");
    }
```

```
            Point p2 = new Point(-0.5, -0.5);
            if(c.isInner(p2)) {
                System.out.println(p2.toString() + "在圆中");}
            else
                System.out.println(p2.toString() + "不在圆中");
        }
    }
```

（4）调试运行。

集成开发环境 Netbeans 中运行编写好的程序有多种方法，这里不做详细介绍。可以单击快捷键【运行项目】开始运行程序，以下是程序运行结果：

```
圆心的坐标：(1.0,1.0)
圆的周长：9.42477796076938
圆的面积：7.0685834705770345
原点在圆中
(-0.5,-0.5)不在圆中
```

同样，Netbeans 具有设置断点、单步运行、监视变量值和调试运行等功能。详细功能与用法参见有关资料或 Netbeans 的帮助文件。

2.4 Java 核心文档与学习资源

学习编写程序过程中，会使用到许多类库。程序员不必编写与类库相同功能的程序，使用已有类库中的功能，能够提高编程效率。Java API（Application Programming Interface）是运行库的集合，充分了解其内容和功能是十分必要的。本节同时也介绍了若干学习资源网站。

2.4.1 Java 核心 API 文档

JDK1.7 版的 Java 核心 API 文档在线阅读的 URL 为：http://docs.oracle.com/javase/7/docs/api/，目前只有英文版。打开该文档如图 2-36 所示，其内容包括众多的包、类和方法的详细文档。

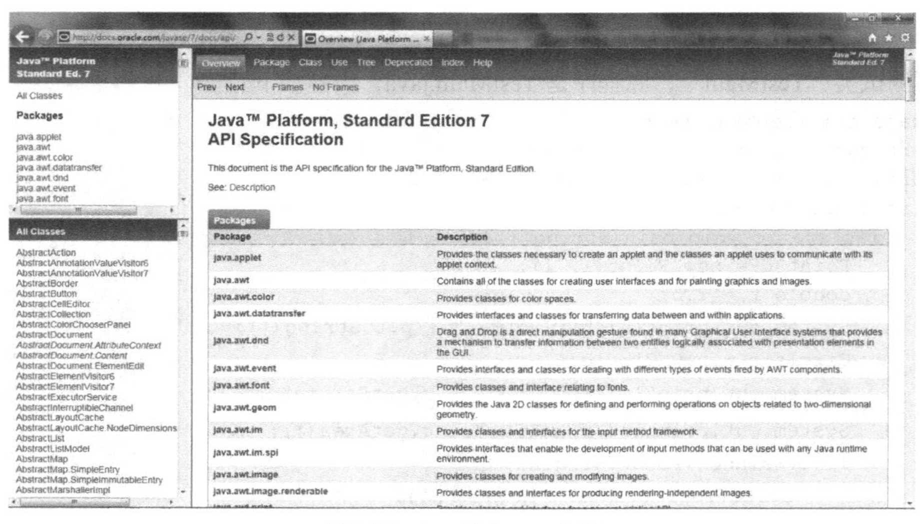

图 2-36　Java 核心 API 文档

这里简单介绍该文档的使用。如果需要查找某个包的内容，先单击选择栏中的"Packages"，在类选择栏中显示所有的类（All Classes），由于类是按字母顺序显示的，可以容易地找到想要查找的类。如果单击选择栏中的包名则在另外一个目录窗口中显示该包中包含的接口、类和例外处理类。

单击类名时，主显示窗口会显示该类有关的详细文档，包括类继承关系、类变量和类方法等。如果希望阅读中文版的核心 API 文档，可以从网络下载有关文档，参见图 2-37。

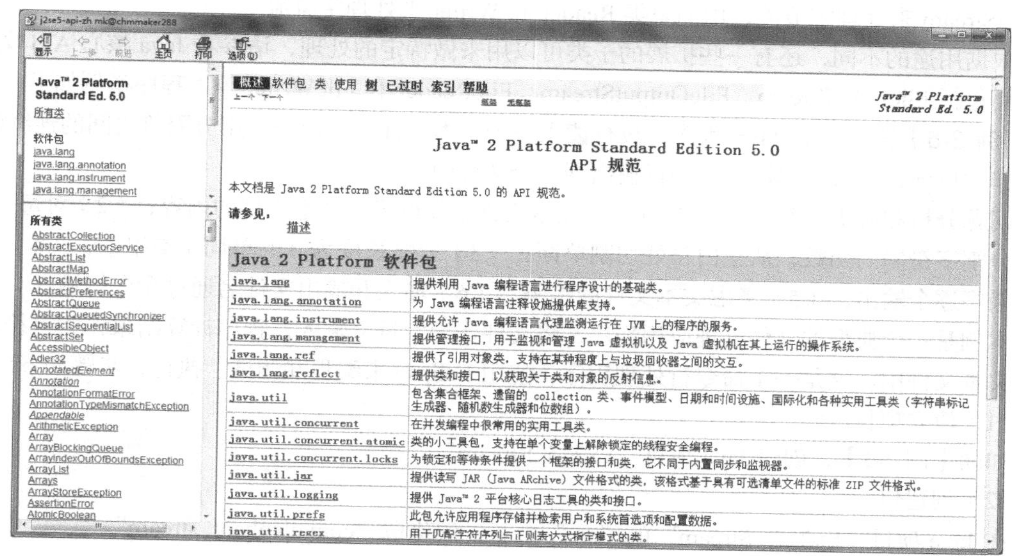

图 2-37　中文版 Java 核心 API 文档

2.4.2　Java 学习资源

为了更好地学习和研究 Java 编程以及 Java 有关的软件开发，还需要学会从网络中查找学习资源。一些网站提供了丰富的 Java 学习资源，有关 Java 学习的若干网址如表 2-1 所示。

表 2-1　若干 Java 学习资源网站

网站/网址名称	网　址
Java SE Technical Documentation	http://docs.oracle.com/javase/index.html
Java World	http://www.javaworld.com/
中国 IT 实验室-Java 频道	http://java.chinaitlab.com/
中文 JAVA 技术网	http://www.cn-java.com/www1/
51CTO-JAVA 频道	http://developer.51cto.com/java/
ITPUB-Java 频道	http://tech.it168.com/java/index.shtml
Java 开源大全	http://www.open-open.com/

2.5　Java 基本输入输出编程实例

一般而言，每个程序都会有输入和输出。通常一个没有输入的程序每次运行总是输出相同的结果，是没有意义的。程序允许输入数据才能实现各种计算，输出不同的结果。计算机系统把不同的输入源和输出源（键盘、鼠标、打印机、文件、网络通信等）抽象为流（stream），用统一的接口来表示。Java 语言也不例外，有两种基本的流，分别是输入流和输出流。有关输入流和输出流的详细内容，请参见第 9 章。以下先简要介绍输入流和输出流。

输入流和输出流都是有序的数据序列，可以是二进制的数据，也可以是编码数据。Java 语言中主要有字节流（Byte Stream）和字符流（Character Stream）两种，主要用抽象类 InputStream 和 OutputStream 来处理字节流，用抽象类 Reader 和 Writer 来处理字符流。

根据用途的不同，还有一些扩展的子类可以用来做特定的处理，请参看 Java 核心 API 文档。这些类包括 FileInputStream、FileOutputStream、FileReader 和 FileWriter 等。程序举例如下。

【例 2-5】编写一个 Java 程序，按行读入一个文本文件，取出介于用分隔符之间的连续的字符串作为单词，将每个单词作为一行输出到一个文件中。

问题分析和解决方案：（1）打开一个文本文件，逐行读入文本文件的内容；（2）对每一行，使用分割字符串的函数，从空白符处切割单词；（3）忽略长度为 0 的单词（空串）；（4）将单词按顺序逐个输出；（5）考虑文本文件的编码；（6）输入和输出文件名通过命令行输入。

本例是一个典型的文件处理应用程序，将文件作为字符流输入，程序计算结果作为字符流输出到文本文件中。这是一个命令行处理程序，使用 Eclipse 来编程并调试、执行，步骤如下。

（1）建立项目。

如同【例 2-3】，创建 Java 项目“Ex2_5_Stream”。

（2）创建包。

在 Java 项目“Ex2_5_ Stream”的“src”之下，创建包“com.elephant. stream”。

（3）创建类。

在包“com.elephant. stream”中，创建类“Texttoword”。编写源程序 Texttoword.java 如下。

```
package com.elephant.stream;
import java.io.BufferedReader;
import java.io.BufferedWriter;
import java.io.FileInputStream;
import java.io.FileOutputStream;
import java.io.InputStreamReader;
import java.io.OutputStreamWriter;
public class Texttoword {
    public static void main(String[] args) {
        /* 检查是否输入两个文件名：输入文件名和输出文件名 */
        if(args.length != 2) {
            System.out.println("请输入两个文件名！！！");
        } else {
            /* step1：获得输入输出文件名 */
            String infile = args[0];  // 输入文件名
            String outfile = args[1]; // 输出文件名
            try {
                /* step2：打开输入文件 */
                BufferedReader br = new BufferedReader(new InputStreamReader(
            new FileInputStream(infile), "GBK"));
                String lineBuffer;
                /* step3：分解单词：分解后的单词，临时存放在对象 words 中 */
                StringBuffer words = new StringBuffer();
```

```
        while ( null != (lineBuffer = br.readLine() ) ) {
            String[] word = lineBuffer.replaceAll("\t", " ").split(" ");
            for (int i = 0; i < word.length; i++)
                if(word[i].trim().length() > 0)
                    words.append(word[i] + "\r\n");
        }
        br.close();
    /* step4: 分解结果写入输出文件 */
        FileOutputStream fos = new FileOutputStream(outfile);
        BufferedWriter bw = new BufferedWriter(new OutputStreamWriter(
            fos, "GBK"));
        bw.write(words.toString());
        bw.close();
    } catch (Exception e) {
        System.out.println("文件处理发生错误! ! ! " );
        System.out.println("输入文件名: " + infile);
        System.out.println("输出文件名: " + outfile);
        System.out.println("错误信息: " + e.getMessage());
    }
  }
 }
}
```

上述程序用到了 6 个与输入流和输出流处理有关的类，参见程序中的 import 语句。有关各个类的详细功能，参见有关文档。

程序中，输入和输出文件名是由 main()方法的参数代入的，这样就可以在程序运行时指定输入和输出文件名。

程序中使用 InputStreamReader 类打开一个文件时，可以代入文件字符编码参数，程序中代入的是"GBK"，它是中文 Windows 操作系统的缺省编码。如果所打开的文件是"UTF-8"，那么需要代入的参数是"UTF-8"。同样，输出文件也可以指定文件字符编码。

while 循环语句中，对文本文件逐行读入进行处理。使用 String 类的方法 replaceAll，将每一行的所有制表符（\t）替换为空格符（␣），然后再用方法 split 切割单词，这时将空格符作为单词间的分割符。通过方法 split 可以得到两个分割符之间的字符串，包括长度为 0 的空串，这里用 if 语句判定，去除空串。

StringBuffer 是一个重要的类，第 4 章中将详细介绍其功能和用法。这里的类变量 words 是一个字符串的变量，用来收集单词，每个单词之间加入回车符和换行符（\r\n），也可以仅加入换行符，最后一次性将得到的结果写入输出文件。

使用 BufferedWriter 类的方法 write，将结果写入文件中。需要注意的是最后要关闭文件，否则文件无法保存在外部存储（磁盘）中。同样，文件读入结束后，也需要关闭打开的文件。

（4）调试运行。

为了测试该程序，需要建立输入的文本文件，假定用编辑器编辑一个输入文件，文件名为"text.txt"，文件中的内容如下。

```
Hello    Java
这是 我的 第一个    Java 程序。
```

其中的分隔符包括空格符（␣）和制表符（\t），有些是连续多个混合。一些编辑程序可以指定编辑文件的字符编码，或者在保存文件时指定文件的字符编码。

由于该程序需要有命令行参数，所以在 Eclipse 中调试运行程序时需要设定命令行参数。单击菜单【Run】-【Debug Configurations】或【Run】-【Run Configurations】，显示如图 2-38 对话框。需要注意的是，单击这两个菜单进行的是相同的处理。

在图 2-38 对话框中，编辑应用程序“Texttoword”的命令行参数。先单击标签“Arguments”，在输入框“Program arguments”中设置两个参数变量“${texttoword.infile} ${texttoword.outfile}”，中间用空格隔开，参数“texttoword.infile”值为包含路径的输入文件名，参数“texttoword.outfile”值为包含路径的输出文件名。

然后设置参数变量，在图 2-38 对话框中，单击“Program arguments”的按钮【Variables...】则显示如图 2-39 的对话框。

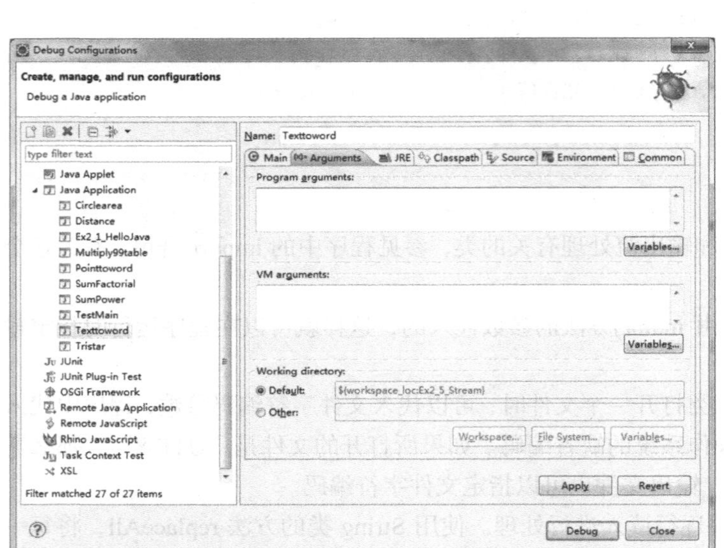

图 2-38　Eclipse 中配置命令行参数

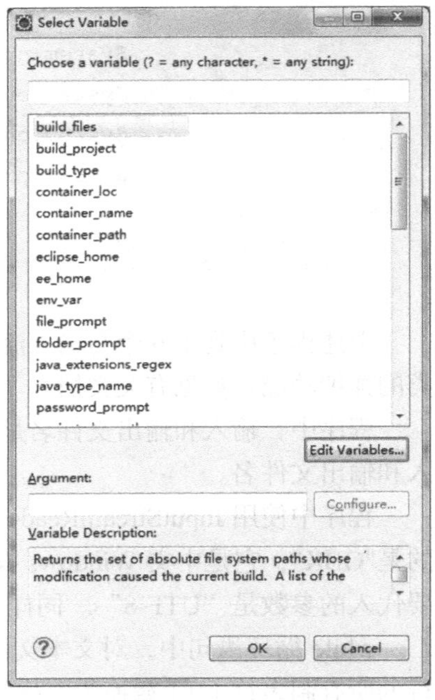

图 2-39　配置命令行参数——选择变量

在图 2-39 的对话框中，单击按钮【Edit Variable...】则显示如图 2-40 对话框。

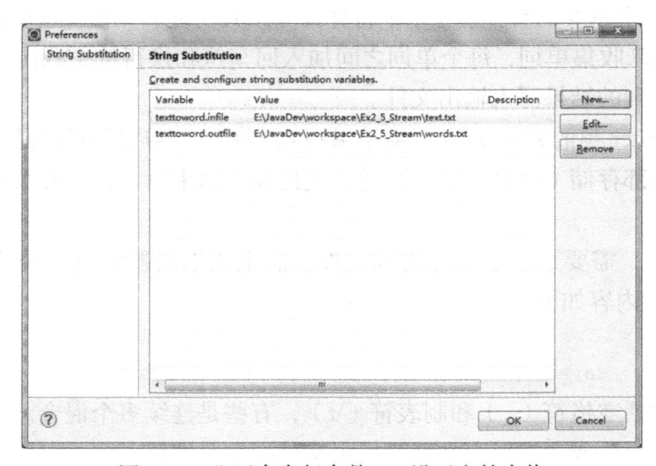

图 2-40　配置命令行参数——设置字符串值

在图 2-40 的对话框中，因为要建立两个命令行参数，所以单击两次按钮【New】，显示如图 2-41 和图 2-42 对话框。

图 2-41 的对话框中，Name 输入框中输入参数名“texttoword.infile”，Value 数据框中输入参数值“E:\JavaDev\workspace\Ex2_5_Stream\text.txt”（预先建立好的包含路径的输入文件名），然后单击【OK】按钮。

图 2-42 的对话框中，Name 输入框中输入参数名 “texttoword.outfile”， Value 输入框中输入参数值“E:\JavaDev\workspace\Ex2_5_Stream\words.txt ”（存放程序运行结果文件：包含路径的输出文件名），然后单击【OK】按钮。

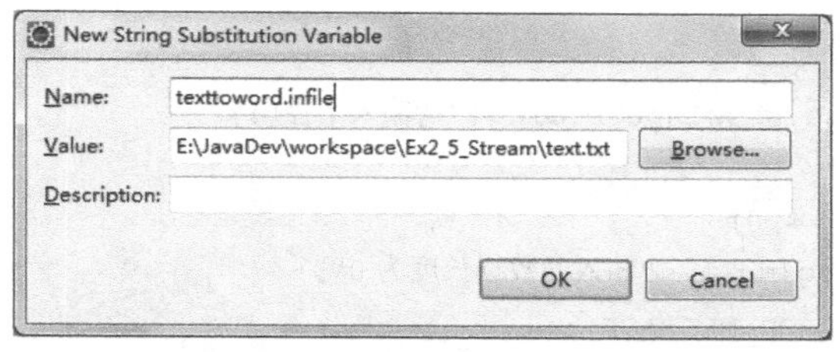

图 2-41　配置命令行参数——参数变量值设定

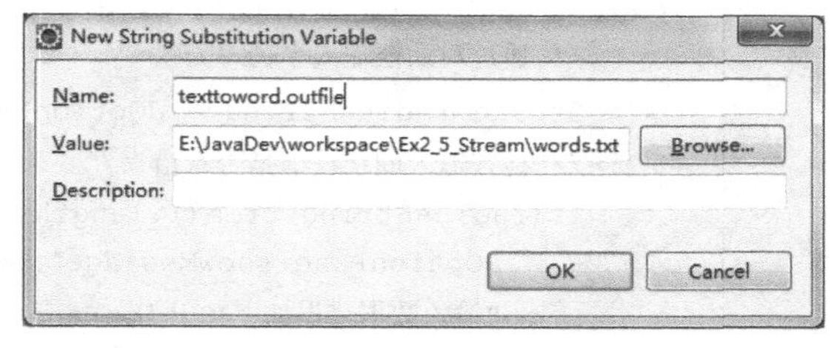

图 2-42　配置命令行参数——参数变量值设定

最后，在图 2-39 的对话框中，分别选择建立好的这两个新建的参数变量。返回图 2-38 对话框中，“Program arguments”中的值为“${texttoword.infile} ${texttoword.outfile}”。然后运行程序，假定其输出的结果在文件 words.txt 中，其内容如下。

```
Hello
Java
这是
我的
第一个
Java 程序。
```

【例 2-6】使用 JOptionPane 类，编写一个 Java 程序，输入一个圆的半径，计算该圆的周长和面积。

问题分析和解决方案：（1）使用 JOptionPane 类的功能编写程序；（2）通过图形用户接口（GUI）输入数据；（3）通过图形用户接口输出计算的结果。

按照接口方式，应用程序大致可以分成命令行应用程序和图形用户接口应用程序。早期的应用程序多为命令行应用程序方式，现在依然还有许多程序采用这种方式。随着多窗口操作系统的广泛普及，现在应用程序多为图形用户接口，人与程序之间的交互性更好，程序更加易于使用。

Java API 中提供的 JOptionPane 类用来实现类似于 Windows 平台下的 MessageBox 的功能。JOptionPane 类中有若干静态（static）的方法，用来弹出各种标准的模式对话框，实现显示信息、提出问题、警告、用户输入参数等功能，主要的 4 个功能如下。

（1）ConfirmDialog：确认对话框。提出问题让用户确认（按“Yes”或“No”按钮）。

（2）InputDialog：文本输入对话框。

（3）MessageDialog：信息显示对话框。

（4）OptionDialog：综合上述 3 种功能的对话框。

本例也使用 Eclipse 来编程调试执行，步骤如下。

（1）建立项目。

如同【例 2-3】，创建 Java 项目“Ex2_6_Circlearea”。

（2）创建包。

在 Java 项目“Ex2_6_Circlearea”的“src”之下，创建包“com.elephant. circlearea”。

（3）创建类。

在包“com.elephant.circlearea”中，创建类“Circlearea”。编写源程序 Circlearea.java 如下。

```
package com.elephant.circlearea;
import javax.swing.JOptionPane;
public class Circlearea {
    public static void main(String[] args) {
        /* 通过对话框输入半径 */
        String radiusString = JOptionPane.showInputDialog("请输入半径");
        /* 检查输入的字符串是否有错 */
        if(radiusString.trim().length() == 0)
            JOptionPane.showMessageDialog(null, "输入的数据长度为 0",
            "输入数据错误", JOptionPane.ERROR_MESSAGE);
        else {
            /* 将输入的字符串转换成半径，根据半径计算圆的周长和面积 */
            double radius = Double.parseDouble(radiusString);   // 半径
            double perimeter = 2 * Math.PI * radius;            // 周长
            double area = Math.PI * radius * radius;            // 面积
          /* 通过对话框输出显示结果 */
            String result = "周长为" + Double.toString(perimeter)
                  + "。\n 面积为" + Double.toString(area) + "。\n";
            JOptionPane.showMessageDialog(null, result, "计算结果",
                JOptionPane.INFORMATION_MESSAGE);
        }
    }
}
```

上述程序的解释参见程序中的注释，不再做详细介绍。需要注意的是，本程序对输入只做空串（长度为 0）检查。输入的半径是按字符串形式输入，如果输入的字符串不是一个浮点数，则程序执行将会出错。

（4）调试运行。

如同【例 2-3】，运行该程序将显示输入半径对话框（输入值为 100），如图 2-43 所示。计算结果如图 2-44 所示。如果输入一个空串则会显示错误信息，如图 2-45 所示。

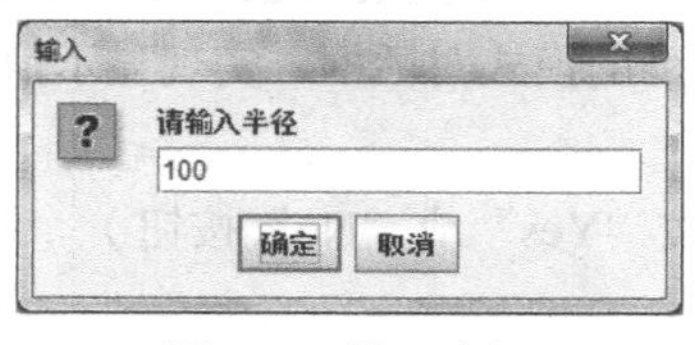

图 2-43　输入半径

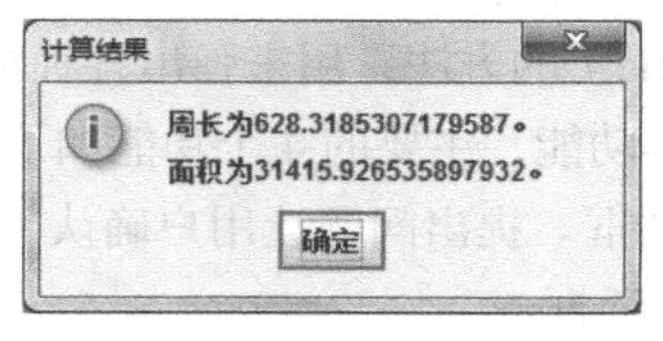

图 2-44　计算结果

图 2-45　输入数据错误

最后需要说明的是，类 JOptionPane 用于编写图形用户接口程序时，十分便捷，本例仅仅展示了其简单的使用情况。有关图形用户接口编程的详细内容，参见第 8 章。

2.6 Java 编程规范

学习一种计算机语言，主要是了解和掌握它的语法和语义规定，而编写程序则是另外一种技术或技巧，需要学习程序设计方法学。编写程序还需要遵循一定的规范，使程序易于维护且可读性好。

计算机软件应用领域广阔，技术发展迅速，软件规模日趋大型化甚至巨型化，因此参与开发的人员众多，需要大家分工合作。软件通常被分成大量的功能模块，由众人分别进行开发和编程，这时需要遵守的基本规范内容如下。

（1）程序结构清晰，单个过程或函数程序行数尽量不超过 100 行。

（2）程序逻辑简单易懂，代码简洁，没有无用的垃圾代码。

（3）尽量使用标准库函数或公共函数实现功能逻辑。

（4）避免声明全局变量，尽量使用局部变量。

（5）规避二义性，使用括号等措施使阅读程序时不易产生二义性。

Java 语言编程除了需要遵守上述的一般规范，还需要遵守 Java 特有的一些规范。遵守编程规范可以提高程序的可读性和可修改性，是保证程序质量和提高编程效率的有效保障。

2.6.1 命名规范

Java 语言程序的命名规范包括项目、包、类、接口、方法、变量和常量等。这些名字通常用标识符来命名。

1. 项目

项目名通常使用小写。如果是软件产品，还包含版本号，并用下划线隔开，例如，jasmine_1.02.103。但是实际的工程型项目名也有使用大写的情况。

2. 包

包名全部使用小写。包名通常由若干个标识符组成，标识符之间用点(.)隔开，其第一个标识符往往表示域名。例如，com.sun.eng，其域名是 com。实际软件项目中，常常使用 dao 表示数据访问层，service 表示逻辑层等。

3. 类和接口

类名和接口名采用大小写混合的标识符，首字母是大写。例如，class ImageSprite（首字母 I 是大写）。

4. 方法

方法名采用大小写混合的标识符，首字母是小写。例如，getBackground()（首字母 g 是小写）。

5. 变量

变量名也采用大小写混合的标识符，首字母是小写。例如，float myWidth、int i。临时变量有时候会使用单字母命名，其他变量通常选用表示其用途的单词。

6. 实例变量

实例变量从规则上等同于变量，一般会选用易于读懂、表示其用途的单词（有时使用多个单词），尽量避免单个字符的变量名。

7. 符号常量

符号常量通常使用大写的标识符来命名，例如，static final int MIN_WIDTH = 4。

2.6.2 注释规范

从用途上来说，Java 程序分为实现注释（Implementation Comments）和文档注释（Document Comments）两类。

1. 实现注释

Java 语言程序中有 4 种风格的实现注释：块（Block），单行（single-line），尾端（trailing）和行末（end-of-line）。

（1）块注释。

通常用于提供对文件、方法、数据结构和算法的描述。块注释被置于文件的开始、方法之前。方法内部的块注释应该和它们所描述的代码具有同样的缩进格式。块注释的一般形式如下。

```
/*
* 这里是块注释（可以写多行）
*/
```

（2）单行注释。

即短注释，必须写在一行之内（如果不能写在一行之内则写成块注释），其之前有一个空行，并且与其后的代码具有相同的缩进格式，举例如下。

```
if(条件) {

    /* 这里是单行注释 */
        ……
}
```

（3）尾端注释。

即极短注释，与它所要描述的代码位于同一行，中间用多个空格隔开。多个这样的短注释位于相同的某一段中时，应该具有相同的缩进格式，举例如下。

```
if(i==1 || i==2)
    return 1;                                      /* 前两项为 1 */
else
    return fib(i-2)  + fib(i-1);                   /* 第 i 项为前两项之和 */
```

（4）行末注释。

注释界定符为“//”，可以注释整行或者一行中的一部分。一般不用于连续多行的注释文本，多用来注释多行的代码段。

2. 文档注释

前面已经介绍过文档注释，文档注释书写在注释界定符“/**…*/”之中，文档注释对 Java 的类、接口、构造器、方法以及变量的功能或用途等进行解释说明。文档注释位于注释对象的声明之前，如类的文档注释写在该类声明之前。

2.6.3 缩进排版规范

缩进排版规范（Indentation）也称为锯齿形结构，是一种程序书写规范。通常 4 个空格作为缩进排版的一个单位。在集成开发环境中，可以设置一个制表符（Tab）等于 4 个空格，这样也可以用制表符作为一个缩进单位。

1. 行长度

一般而言一行长度不超过 80 个字符。这样有助于各种工具以及终端对源程序进行有效处理。

2. 换行

一些逻辑语句或表达式等会出现一行里无法容纳的情况，尽量按照以下原则断开。

（1）一个逗号后面断开。

（2）一个操作符前面断开。

（3）选用高级别的断开，不选用低级别的断开（如从运算优先级低的运算符断开）。

（4）新行与上一行同一级别表达式的开头处对齐。

（5）为了逻辑清晰，必要时按 8 个空格位置缩进。

【例 1】逗号后面断开，举例如下。

```
someMethod(longExpression1, longExpression2, longExpression3,
    longExpression4, longExpression5);
```

【例 2】运算符之前和高级别的断开（括号外部级别高），举例如下。

```
longName1 = longName2 * (longName3 + longName4- longNeme5)
    + 4 * longName6;
```

【例 3】按 8 个空格缩进，举例如下。

```
if ((<条件 1> && <条件 2>)
        || (<条件 3> && <条件 4>)
        || !( <条件 5> && <条件 6>)) {
    doSomethingAboutIt();
}
```

2.6.4　语句规范

书写 Java 语句时，一定要按照以下的规范进行。对于组成的语法成分比较多的语句，一定按照规定的缩进格式进行书写。

1. 声明语句

推荐一行声明一个变量，这样有利于书写注释，举例如下。

```
int size;          // 表的尺寸
```

2. 简单语句

每行书写一个语句，避免书写多个语句。

3. 复合语句

包含在花括号中的语句序列，其形式为“{<语句序列>}”，按照以下原则书写。

（1）其子语句缩进一个层次。

（2）左花括号“{”应位于复合语句起始行的行尾；右花括号“}”应另起一行并与复合语句首行对齐。例如，“{”位于 for 和 if 等语句的行尾。

4. 返回语句

通常单行书写。如果有返回值，return 语句可以不使用圆括号“()”将其返回值括起来。

5. if 语句

各种 if 语句主要有 3 种形式，分别举例如下。

【例 4】简单 if 语句。

```
if (<条件>) {
```

```
        <语句序列>;
}
```

【例 5】if-else 语句。

```
if (<条件>) {
        <语句序列>;
} else {
        <语句序列>;
}
```

【例 6】多重嵌套 if 语句。

```
if (<条件>) {
        <语句序列>;
} else if (<条件>) {
        <语句序列>;
} else if (<条件>) {
        <语句序列>;
}
```

6. for 语句

一般形式如下。

```
for (<初始化>; <条件>; <条件更新>) {
        <语句序列>;
}
```

7. while 语句

一般形式如下。

```
while (<条件>) {
        <语句序列>;
}
```

8. do-while 语句

一般形式如下。

```
do {
        <语句序列>;
} while (<条件>);
```

9. switch 语句

一般形式如下。

```
switch (<条件>) {
case ABC:
        <语句序列>;
        /* 继续执行后续所有的<语句序列> */
case DEF:
        <语句序列>;
        break; // 跳出 switch 语句
case XYZ:
        <语句序列>;
        break; // 跳出 switch 语句
}
```

10. try-catch 语句

一般形式如下，其中 finally 语句是可选的。

```
try {
    <语句序列>;
} catch (ExceptionClass e) {
    <语句序列>;
} finally {
    <语句序列>;
}
```

2.6.5　其他

1. 常量

通常使用大写，还使用下划线（_）将单词隔开，举例如下。

```
static final int MAX_VALUE = 999;
```

2. 变量赋值

避免书写不容易阅读的语句。例如，“d = (a = b +c) + r;” 这样的赋值语句应该写成如下两行，使之更加简单易懂。

```
a = b + c;
d = a + r;
```

3. 圆括号

表达式中含有不同优先级的运算符时，尽量使用圆括号，显式给出计算优先级。例如，将 “if (a == b && c ==d)” 写为 “if ((a == b) && (c ==d))”。

4. 条件运算符

尽量给表达式加上圆括号。例如，“(x >= 0) ? (x) : -(x)”。

5. 空行

将逻辑相关的代码段分隔开，以提高可读性。

下列情况使用两个空行。

- 一个源文件的两个片段之间。
- 类声明和接口声明之间。

下列情况使用一个空行。

- 两个方法之间。
- 方法内的局部变量和方法的第一条语句之间。
- 块注释或单行注释之前。
- 一个方法内的两个逻辑段之间。

6. 空格

为了提高程序书写上的可读性，下列情况使用空格。

- 参数列表中逗号的后面。
- 二元运算符（除了“.”之外）与操作数之间。
- for 语句中的表达式（分号之后）。
- 强制类型转换之后。例如，“（long）”的后面加空格。

7. Java 文件名

通常文件名与类名相同（包括大小写完全相同），首字母为大写，后缀为“.java”。尤其是公用类（使用 public 修饰词声明的类），其文件名与类名必须一致。一般情况下，一个 Java 文件中声明一个类。

本章小结

本章介绍了 Java 开发运行环境的下载、安装以及环境变量的设置方法。通过两个小例子，介绍 Java 应用程序和 Java 小程序的编辑、编译和运行的过程，以及如何在 DOS 环境编译和运行程序。另外简要介绍了如何使用 Java 核心 API 文档以及如何获取 Java 学习资源。

本章还通过实例，介绍了集成开发环境 Eclipse 和 NetBeans 的下载和安装的过程，并演示了如何在集成开发环境中建立项目、创建包、创建文件和类，包括程序的编辑、调试和运行。通过【例 2-3】和【例 2-4】比较详细地介绍了使用集成开发环境编写、调试和运行 Java 程序的过程。

学习完本章内容之后就可以编写 Java 程序，但是还需要有 Java 语言和程序设计的知识，同时也要了解和遵循 Java 编程规范。本章的学习也为实验课程打下了基础。

习　　题

1．安装 JDK 开发运行环境：从官方网站下载最新版的 JDK 安装软件，安装 JDK 软件。

2．安装集成开发环境 Eclipse：从官方网站下载最新版的 Eclipse 软件，将其解压缩到适当的文件夹中，运行 Eclipse 并配置其所需要的 Java 运行环境，创建 workspace 文件夹，创建一个 Java Application 项目并编写简单的 Java 程序，执行该程序并验证安装过程的正确性。

3．从网络上查找一个感兴趣的 Java 应用程序，在 Eclipse 开发环境中编辑、调试、运行该程序。

4．简述建立 Java 有关软件开发运行环境的主要步骤。

5．从官方网站下载《The Java™ Language Specification》（Java SE 7 Edition）文档，并打开阅读。

6．编写一个简单的 Java Applet 程序，并通过浏览器显示其输出结果。

7．安装集成开发环境 NetBeans：从官方网站下载最新版的 NetBeans 软件并安装、运行 NetBeans，创建一个 Java Application 项目并编写简单的 Java 程序，执行该程序并验证安装过程的正确性。

8．从网络上查找一个感兴趣的 Java 应用程序，在 NetBeans 开发环境中编辑、调试、运行该程序。

9．在【例 2-3】的基础上，对矩形类增加一个构造函数，使其能够用一个坐标点、矩形长度、矩形宽度以及方向（包括 x 方向和 y 方向，其值为 1 或-1）构造一个实例。编写测试类程序进行测试，确认程序的正确性。

第 3 章 Java 语言基础

本章主要内容：

- Java 的注释、分隔符、关键字和标识符
- Java 的基本数据类型
- Java 的常量和变量
- Java 的运算符和表达式
- Java 的流程控制语句

本章介绍 Java 语言编程时必要的基础知识，包括注释、关键字、标识符、基本数据类型、常量、变量、运算符、表达式和类型转换以及流程控制语句。

过程性计算机语言中的类型往往是基本类型，有关的运算符也都简单易懂。像 Java 这样的面向对象的高级语言中，除了基本类型之外还有类（Class）的概念。类不仅有值和有关运算，还可以有扩展和继承等操作。类是面向对象语言最重要的概念。

3.1 Java 的若干基本概念

Java 语言的基本语法元素有 5 种，包括注释、分隔符、关键字、标识符和运算符。本节介绍其中前 4 种的概念。

3.1.1 注释

程序中的注释没有逻辑意义，但又是十分重要的程序组成部分。恰当地书写注释可以增强程序的可读性，提高理解计算机程序的效率，降低程序维护的代价。程序员必须养成良好的书写注释的习惯。但是，程序的逻辑是由程序语句描述的，程序注释只能作为参考，想要理解程序的逻辑功能，还需要阅读程序的各种语句。

计算机语言有语法和语义两个方面，编译程序会分析程序的语法和语义，同时忽略注释。由于注释不是执行语句，没有逻辑意义，所以程序中不论有多少注释都不会影响程序的运行速度。

Java 语言的注释有 3 种，有关例子参见本书的例程。

1. 单行注释//

单行注释是以“//”开头到行末的字符串，语法形式为“//<文本>”，“<文本>”是除了行结束符以外的任何字符串。单行注释可以写在一行的开始，用于说明后面语句的功能逻辑等。如果一个单行注释跟在一个语句的后面，则用于说明该语句。

单行注释可以多次出现在程序中的任何地方。

2. 多行注释（/*…… */）

多行注释也称为块注释，是以“/*”开头并且以“*/”结束的字符串，中间可以有多行字符，但是不能包含有“*/”，如果有的话则被认为是注释的结束。多行注释的语法形式是“/* <文本> */”，其中“<文本>”是不包含“*/”的任意字符串。多行注释也可以只写一行，像单行注释那样来使用。

3. 文档注释（/…… */）**

从语法上来说，文档注释属于多行注释，语法上与多行注释相同，同时具有特殊的用途。Java 文档生成器（javadoc 命令）可以读取 Java 语言程序并提取其中的文档注释，生成所编程序的 HTML 文件形式的 API 文档，作为该程序的 Java 帮助文档来使用。

3.1.2 分隔符

计算机语言程序是由字符序列组成的，程序中连接在一起的若干字符序列被看作是单词符号（token），语言的基本语法成分是单词符号，也可以说语法成分是由单词符号构成的。Java 语言有 5 种基本语法成分：标识符、关键字、分隔符、运算符和常量。

分隔符（separators）用于区分 Java 语言程序中的基本语法成分即单词符号。分隔符有空白符、注释和普通分隔符 3 种。其中注释已经在前一小节中介绍过。

空白符（White Space）包括空格（SP，space）、制表符（‘\t’，Tab 键）、走纸换页（‘\f’）、回车（‘\r’）和换行（‘\n’）。回车和换行顺序连在一起也称为行结束符。Java 语言中单个空白符与多个空白符的作用是一样的。

普通分隔符具有确定的语法含义，有以下几种。

圆括号“()”——用于方法的参数。

花括号“{ }”——用于定义类体、方法体、块语句和数组的初始化。

方括号“[]”——用于数组下标。

分号“;”——语句的结束标志。

逗号“,”——分隔方法的各个参数，分隔变量说明的各个变量。

点“.”——用于获得对象的属性和方法等。

冒号“:”——用于语句标号。

3.1.3 关键字

关键字（Key Word）也称为保留字（Reserved Word）。Java 语言中的关键字是已经被赋予特定意义的单词符号，不是标识符，不能作为类名、方法名和变量名等使用。表 3-1 列出了 Java 语言的关键字，表 3-2 列出了 Java 语言常用关键字的分类。

表 3-1　Java 语言关键字（1.7 版）

Abstract	continue	for	new	switch
Assert	default	if	package	synchronized
Boolean	do	goto	private	this
break	double	implements	protected	throw
byte	else	import	public	throws
case	enum	instanceof	return	transient
catch	extends	int	short	try
char	final	interface	static	void

续表

class	finally	long	strictfp	volatile
const	float	native	super	while

早期的计算机语言（如 COBOL 和 FORTRAN 等）没有规定关键字，给编译程序带来了麻烦。编译程序不得不采用多遍扫描源程序的方法进行编译。如果没有关键字也会给阅读、理解程序带来困惑，如看到单词符号 for 时，不阅读分析其上下文的话，就无法确定是 for 语句的开始还是一个变量。

表 3-2　　Java 语言常用关键字分类

关 键 字	用　　途
byte、short、int、long、char、float、double、boolean、void	基本类型
new、this、super、instanceof、null	创建引用对象
if、else、switch、case、default	选择语句
do、while、for	循环语句
break、continue、goto、return	控制转移
try、catch、finally、throw、throws、assert	异常处理
synchronized	线程同步
private、public、protected、abstract、final、static	类型修饰（包含访问控制）
class、interface、extends、implement、package、import	类、接口和包
true、false	布尔量

3.1.4　标识符

Java 语言程序中，通常需要对类、方法、变量、类型、数组和文件等进行命名。标识符是一个具有特定规则的字符序列，可以用来作为这些对象的名称。

Java 语言规定标识符可以是任意长度，由字母、下划线（_）、美元符号（$）和数字组成的字符串，第一个字符只能是数字之外的字符。其中字母包括汉字在内的各个国家的文字（Unicode 字符），同时满足以下的条件。

（1）标识符不能是关键字。

（2）标识符不能是布尔常量 true 和 false。

（3）标识符不能使用 null。

例如：+abc 不是标识符，以下的字符序列则是合法的标识符。

HelloWorldApp，PI，isLetterOrDigit，MAX_VALUE。

用标识符给类、方法和变量等起名字时，还需要遵守一定的规范（参见第 2 章的 2.6.1 小节），否则会使程序变得杂乱无章、难以阅读。

3.2　基本数据类型

Java 是一种静态类型语言，每个变量和表达式在编译时都已经知道其类型。同时 Java 也是一种强类型语言，类型限定了取值和可能的运算符，这有助于编译时检查程序的有关错误。Java 语言的类型分为两类，即基本数据类型（Primitive Types）和引用数据类型（Reference Types）。基本数据类型包括数值类型、字符类型和布尔类型；引用数据类型包括类、接口和数组。Java 数据类型的分类如图 3-1 所示。

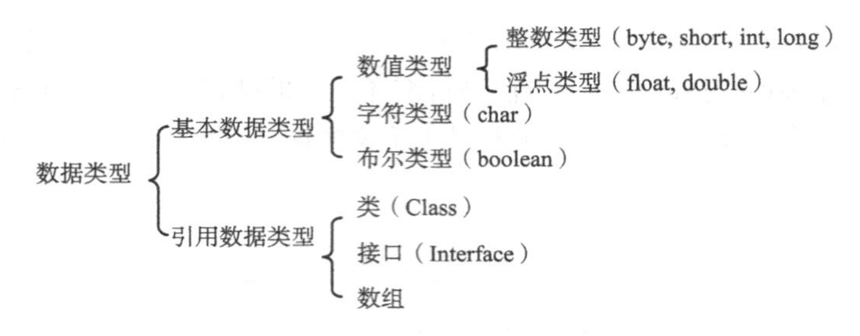

图 3-1　Java 数据类型的分类

Java 语言中的基本数据类型是预先定义的，包括整数类型、浮点类型、字符类型和布尔类型。

3.2.1　整数类型

整数类型是没有小数部分的数据类型。表 3-3 中列出了 Java 语言的所有的整数类型，4 种主要整数类型是 byte、short、int 和 long，其中 int 最为常用。不同的整数类型可以表示相同的数值，但是所使用的存储字节数是不一样的。

如果一味地选择字节数多的类型来声明整数类型的变量，有可能造成存储空间的浪费；相反则可能造成整数计算过程中的数据溢出，得到不正确的计算结果。程序员在声明变量时需要酌情考虑所描述的计算的值的范围，选用适当的类型来声明变量。

把 char 类型放入表 3-3 中的原因是其本质上是整数，可以参与整数的运算。Java 语言规范中也将 char 类型纳入整数类型。后面的小节中之所以还要对其单独讨论，是因为 char 类型除了能够参与整数运算之外还有许多特殊性。

表 3-3　整数类型的表示范围

类　型	存　储	表示范围
byte	1 字节	–128 ~ 127（$-2^7 \sim 2^7-1$）
short	2 字节	–32768 ~ 32767（$-2^{15} \sim 2^{15}-1$）
int	4 字节	–2147483648 ~ 2147483647（$-2^{31} \sim 2^{31}-1$）
long	8 字节	–9223372036854775808 ~ 9223372036854775807（$-2^{63} \sim 2^{63}-1$）
char	2 字节	0 ~ 65535（'\u0000' ~ '\uffff'）

3.2.2　浮点类型

浮点类型是含有小数部分的数据类型，用于表示数学意义上的实数。Java 语言中有两种浮点类型，分别是 float 和 double，见表 3-4。Java 语言按照 IEEE754 标准规定，float 是单精度 32 位格式的浮点数，double 是双精度 64 位格式的浮点数，同时也规定了 float 和 double 的运算。

由于 double 型比 float 型值的范围大，所以当计算精度要求较高时应该选用 double 型声明变量，一般情况下可以用 float 型声明变量。

表 3-4　　浮点类型的表示范围

类　型	存　储	表示范围
float	4 字节	$-1.4\times10^{-45}\sim3.4028235\times10^{38}$
double	8 字节	$-4.9\times10^{-324}\sim1.7976931348623157\times10^{308}$

3.2.3　布尔类型

布尔类型只有一种，即 boolean，它的值只有 true 和 false（都必须是小写）。布尔类型是独立的类型，不对应任何整数，不能进行整数运算。

程序执行中，常常会进行逻辑判定，进而控制程序运行流程，布尔类型正是这样的逻辑类型。布尔值有时是由两个数值量的比较而得到的。

3.2.4　字符类型

字符类型即 char 类型，是一种使用广泛的类型。源程序、数据文件和文档文件等都是由字符组成的。Java 的 char 类型是 2 字节，数值表示范围是 0 ~ 65535，可以用来存储处理 Unicode 字符编码的数据。

Unicode 标准采用固定 16 位的字符编码，几乎可以表示世界上所有的语言文字字符，方便了信息处理的国际化。Java 语言程序采用 Unicode 编码可以保证在不同语言环境平台下保持一致性。Unicode 的详细资料参见官方网站 http://www.unicode.org/。

Java 语言中除了一般字符还有特殊字符，特殊字符通过转义符来表示，见表 3-5。

表 3-5　　Java 转义字符表

转义字符	Unicode 和英文释义	描　述
\b	\u0008: backspace BS	退格
\t	\u0009: horizontal tab HT	横向制表符
\n	\u000a: linefeed LF	换行
\f	\u000c: form feed FF	走纸换页
\r	\u000d: carriage return CR	回车
\"	\u0022: double quote	双引号
\'	\u0027: single quote	单引号
\\	\u005c: backslash	反斜杠
\xxx①	\u0000 to \u00ff: from octal value	八进制转义符
\uxxxx②	\u0000 to \uffff: from hex value	十六进制转义符

说明：①xxx 是八进制数，位数可以是 1 位数、2 位数或 3 位数。3 位数时，首位只能是 0 ~ 3。通常 x 是 0 ~ 8。例如，\3，\23，\123 都是符合语法的。

②xxxx 是十六进制数，x 可以是 0 ~ 9、a ~ f 和 A ~ F。

3.2.5　包装类

Java 是一个面向对象的语言，但是 Java 语言中的基本数据类型不是面向对象的，有时会给实际使用带来不便，因此 Java 类库中提供了包装类，每个基本数据类型都有一个相对应类，见表

3-6。除了 Integer 和 Character，其他类名与基本类型一致，只是类名的首字母是大写。

表 3-6 包装类

基本类型	类名
byte	Byte
short	Short
int	Integer
long	Long
char	Character
float	Float
double	Double
boolean	Boolean

包装类主要有两种用途：（1）作为基本数据类型对应的类，方便涉及对象的操作；（2）包含基本类型的相关属性（包括最大值和最小值）以及相关的操作方法。

以下是 int 和 Integer 之间转换的例子。

```
int n = 10;
Integer in = new Integer (n);
```

以下是 Integer 类的 parseInt()方法使用的例子，该方法将一个字符串转换为一个整数。

```
String s = "123";
int n = Integer.parseInt(s);
```

其中，String 是字符串类。

编写 Java 语言程序时，一般情况下使用基本数据类型。需要使用类以及方法时，可以使用包装类。

3.3 常量和变量

常量和变量是程序中不可缺少的组成部分。

3.3.1 常量

准确地说，这里的常量应该称为字面常量（Literals），但是习惯上还是使用常量这个词。

常量是基本类型值的源代码表示形式，在源程序中是一个字符串，语法上是一个单词符号。常量有整数常量、浮点数常量、布尔常量、字符常量、字符串常量和 null 常量。

1. 整数常量

整数常量有十进制、十六进制、八进制和二进制 4 种表示形式。

十进制整数常量是若干个 0 ~ 9 数字组成的串，首字符不能是 0（如果为 0 则是八进制数，012 的值是十进制 10），可以有后缀 l 或 L，并表示是长整形。举例如下。

123　　987　　456L　　789l　　987　789l

十六进制整数常量是以“0x”或“0X”开头，若干个 0 ~ 9、a ~ f 和 A ~ F 组成的串，可以有后缀 l 或 L，并表示是长整形。举例如下。

0x123　　0X987　　0x12AF　　0XFA98　　0x123l　　0XFA98L　　0x123　　0XFA98L

八进制整数常量是若干个 0 ~ 7 数字组成的串，首字符是 0，可以有后缀 l 或 L，并表示是长整形。举例如下。

012　　076　　0456L　　0567l　　012　0567l

二进制整数常量是以“0b”或“0B”开头，若干个 0 或 1 数字组成的串，可以有后缀 l 或 L，并表示是长整形。举例如下。

0b101　　0B1111　　0b110l　　0b111L　　0b101　　0B1111

需要注意的是，早期版本的 Java 语言并不支持二进制整数常量。

2. 浮点数常量

十进制的浮点数常量有以下几种形式。

（1）<数字串>.[<数字串>][<指数部分>][<浮点类型后缀>]。

（2）<数字串>[<指数部分>][<浮点类型后缀>]。

（3）<数字串><指数部分>[<浮点类型后缀>]。

（4）<数字串>[<指数部分>]<浮点类型后缀>。

上述形式中写在方括号内的表示可有可无；尖括号中的数字串是由若干个 0 ~ 9 数字组成的串；尖括号中的指数部分是以 e 或 E 开头，后面可以跟着+或-（也可以没有），然后是一个<数字串>；尖括号中的浮点类型后缀可以是 f、F、d 或 D 之一，如果后缀是 f 或 F 则为单精度型（float 型），其他情况（后缀为 d 或 D，或者无后缀）均为双精度型（double 型）。

单精度型浮点常量举例如下。

123.f　　987.123F　　123.e+3f　　123.987E-3f　　12F　　98f

双精度型浮点常量举例如下。

123.　　987.123　　123.e+3D　　123.987E-3　　12D　　98d

实际上 Java 语言规范中定义有十六进制形式浮点数常量，尾数部分是十六进制小数，指数部分是以 2 为基的，也可以有后缀（f、F、d 或 D）。例如，0x2.0p+2 其值为 8.0，因为其指数部分为 2^2，所以该常量值为 8.0，这里的 p（或 P）类似于 e（或 E）表示指数的基为 2。

3. 布尔常量

布尔常量相对比较简单，只有 true（逻辑真）和 false（逻辑假）两种。

4. 字符常量

字符常量有简单字符常量和转义字符常量两种。

简单字符常量是由一对单引号括起来的单个字符，但是括起来的字符不能是单引号（‘）和反斜杠（\）。单引号和反斜杠需要用转义符表示，分别是’\’’和’\\’。 简单字符举例如下。

‘a’　‘Z’　‘0’　‘9’　‘#’　‘$’　'Ω'

转义符常量是由一对单引号括起来的表 3-5 中的转义字符，包括八进制转义符和十六进制转义符（可以是 Unicode）。举例如下。

‘\n’　‘\t’　‘\’’（单引号）　　‘\"’（双引号）　　‘\\’（反斜杠）　　‘\040’　　‘\u548c’（和）

5. 字符串常量

字符串常量是由一对双引号括起来若干个字符的串，字符可以是单引号（‘）和反斜杠（\）以外的字符，也可以是表 3-5 中的转义字符。举例如下。

"Hello, Java!"　　"这是我的第一个 JAVA 程序！"　　"\’\"\\\040\u548c"（’ "\和）

6. null 常量

null 常量只有"null"，可以用于给复合数据类型的变量赋初值等。

3.3.2 变量

变量是一个有类型的存储单元，并且编译时已经确定类型，其类型可以是基本类型或引用类型。变量值由赋值、自增（++）或自减（--）运算来改变。同时由于声明变量位置的不同，还可以分为类属性变量和局部变量，类属性变量在类中声明；局部变量在程序块（用花括号括起来的部分{……}）中声明，其作用域限定于所在的程序块，这里的程序块包括方法体和块语句等。以下介绍若干与变量有关的概念。

1. 变量类型

变量类型可以细分为如下 7 类。

（1）类变量（Class Variable）：类中使用修饰词 static 定义的变量，或接口中定义的变量（不论有无修饰词 static）。创建类或接口时，其类变量按照默认值初始化；卸载类或接口时，其类变量随之消失。

（2）实例变量（Instance Variable）：类中不使用修饰词 static 定义的变量。创建类时，其实例变量按照缺省值初始化；卸载类时，其实例变量随之消失。

（3）阵列组件（Array Components）：阵列组件是未命名的变量，按默认值初始化，创建的对象即数组。阵列是若干对象，阵列中的所有组件具有相同类型。

（4）方法形参（Method Parameters）：调用方法时，通过它给类的方法传递实参值。

（5）构造形参（Constructor Parameters）：创建类时，通过它给类的构造函数传递实参值。

（6）例外形参（exception Parameter）：例外发生时，给例外处理程序传递实参值。

（7）局部变量（Local Variables）：由局部变量声明语句声明的变量，只在其声明的花括号括起来的程序块内有效。

2. final 变量

声明变量时，如果使用修饰词 final，那么该变量只能被赋值一次，程序执行过程中其值不会改变。举例如下。

```
public static final double PI = 3.1415926;
public static final double PIX2 = 6.2831852;
public static final String end = "程序运行正常结束！！！"
```

3. 变量初值

在程序中，每个变量在被使用之前必须有值。声明变量时，如果没有显式地指定初值，则变量会有一个默认的初值，变量类型不同其默认值也不一样，见表 3-7。类变量、实例变量、阵列组件被创建时按默认值进行初始化。

编写应用程序时，程序员一定要避免使用变量的默认值，因为使用默认值有可能造成程序运行结果的不确定性。对于没有显式地进行初始化的变量，程序员应该先赋值再使用。

方法形参是在该方法被调用时，被赋予对应的实参值。

构造形参是在创建其类实例或显式调用其构造函数时，被赋予对应的实参值。

例外形参是在对象抛出异常时被初始化。

局部变量在被使用之前，必须用初始化或赋值的方式，显式地赋予初值。

表 3.7 常用类型默认值

类　型	默 认 值
byte	(byte)0
short	(short)0
int	0
long	0L
float	0.0f
double	0.0d
char	'\u0000'
boolean	false
Reference types	null

4. 变量声明

Java 语言的变量除了有类型之外，还有修饰词来限定它的使用。修饰词包括 public、protected、private、abstract、static 和 final。

变量声明的一般形式如下。其中变量名必须是标识符，变量声明时可以初始化，同一类型一次声明多个变量时用逗号隔开。

```
<修饰词列表> <变量类型> <变量名列表>
```

其中，尖括号中的修饰词列表可以是上述给出的修饰词中的若干个，用空格隔开；尖括号中的变量类型可以是基本数据类型，也可以是引用数据类型。举例如下。

```
byte byteV = 0x20;
float length, width, height;
```

5. 符号常量

符号常量(Constant)是一个重要的概念。符号常量是使用固定的修饰词(public、static、final)声明的变量，通常在类中定义，通过类名引用，例如，Integer. MAX_VALUE。在程序执行过程中，符号常量的值不会改变。每种基本数据类型都可以定义相应的符号常量。

按照 Java 规范，符号常量一般用大写的标识符。举例如下。

```
public static final int MIN_VALUE = -100;
```

3.4 运算符和表达式

Java 语言中有大量的运算符，可以组成各种各样的表达式用于描述运算。一些运算符随着运算数据类型的不同其功能不同，这也称为运算符重载，应该加以注意。

3.4.1 算术运算符

算术运算符用来计算数值类型数据。根据操作数的不同，往往分为单目运算符和双目运算符，单目运算符只有一个操作数，双目运算符有两个操作数。算术运算符可以分为后缀运算符(++, --)、单目运算符（++, --, +, -）、乘除类运算符（*, /, %）和加减类运算符（+, -），见表 3-8。

表 3-8 中按优先级从高到低的顺序排列算术运算符。其中后缀运算符（++, --）与单目运算符中的自增和自减（++, --）单独来看语义上是相同的，常常被看成相同的运算符，但其语法上是有区别的，出现在表达式中的语义不同。

表 3-8　　算术运算符

运 算 符	含　义	举　例	备　注
++	自增（后缀）	x++	后缀运算符，相当于 x = x + 1
--	自减（后缀）	x--	后缀运算符，相当于 x = x - 1
++	自增	++x	单目运算符，相当于 x = x + 1
--	自减	--x	单目运算符，相当于 x = x - 1
+	取正值	+(x + y)	单目运算符
-	取负值	-(x - y)	单目运算符
*	乘法	x * y	双目运算符
/	除法	x / z	双目运算符
%	取模（余数）	x % y	双目运算符
+	加法	x + y	双目运算符
-	减法	x - y	双目运算符

算术运算符的运算规则是先乘除后加减，括号和单目运算符优先。虽然运算符有优先级，书写表达式时有些圆括号可以省去，但是编写程序时应该遵循易懂、一目了然的原则，尽量避免编写需要仔细分析才能知道其含义的表达式。

单目运算符“+”（取正值）没有实质意义，常常被忽略，但是从语法上是存在的一个运算符。

3.4.2 关系运算符

关系运算符是双目运算符，用来比较两个数值类型数据，其运算结果是布尔类型的值 true 或 false。当运算符所对应的关系成立时结果为 true，否则结果为 false。所有的关系运算符见表 3-9。

表 3-9 关系运算符

运 算 符	含　义	举　例	备　注
<	小于	9 < 6	比较 9 和 6 值，结果为 false
<=	小于等于	x <= y	比较 x 和 y 值，x 小于等于 y 时结果为 true
>	大于	x > 9	比较 x 和 9 值，x 大于 9 时结果为 true
>=	大于等于	6 >= x	比较 6 和 x 值，6 大于等于 x 时结果为 true
==	等于	x == MAX_VALUE	x 值等于 MAX_VALUE 时结果为 true
!=	不等于	x != y	比较 x 和 y 值，x 不等于 y 时结果为 true

需要特别注意的是“==”和“=”是两个完全不同的运算符，常常容易混淆。

3.4.3 逻辑运算符

逻辑运算符用来计算布尔类型的值，有单目运算符和双目运算符，其运算结果是布尔类型的值 true 或 false，见表 3-10。

逻辑运算符分为标准逻辑运算符（!，&，^，|）和条件逻辑运算符（&&, ||）。对于标准逻辑运算符，需要对所有子表达式求值之后，才能得到结果值。而对于条件逻辑运算符，对其左操作数求值后，如果能确定其结果，就不对右操作数进行求值。对于“x && y”，只有左操作数 x 为 true 时才计算 y 值作为结果值，否则直接得到结果为 false。对于“x || y”，只有左操作数 x 为 false 时才计算 y 值作为结果值，否则直接得到结果为 true。

表 3-10 逻辑运算符

运 算 符	含　义	举　例	备　注
!	逻辑非	!(9 < 6)	单目运算符，标准逻辑运算符。结果为 true
&	逻辑与	x & y	双目运算符，标准逻辑运算符
^	逻辑异或	x ^ y	双目运算符，标准逻辑运算符
|	逻辑或	x | y	双目运算符，标准逻辑运算符
&&	逻辑与	x && y	双目运算符，条件逻辑运算符
||	逻辑或	x || y	双目运算符，条件逻辑运算符

需要注意的是双目的标准逻辑运算符和条件逻辑运算符的求值过程是不一样的。相比较而言条件逻辑运算符&&和||的计算速度有可能更快。同时&和&&的优先级比|和||高。

3.4.4 位运算符

位运算符分为按位运算符（Bitwise Operators）和移位运算符（Shift Operators）。位运算符用来计算整数类数值中的二进制位，计算结果也是整数。所有的位运算符见表 3-11。

不同长度的整数进行按位运算时，会把二进制位数较短的整数的高位（左侧）补 0，补齐位数后再进行运算。

需要注意的是，位运算符与一般逻辑运算符使用相同的符号，只是它们的操作数不同，只能根据操作数的类型判断是哪一种操作符。举例如下。

```
long x = 5;
x = x | 0x12;
```

则先将整数 0x12 转换成长整数后再和 x 做或（|）运算。

表 3-11　　位运算符

运算符	含　义	举　例	备　注
~	按位取反	~8	单目运算符，按位运算符
&	按位与	x & y	双目运算符，按位运算符
^	按位异或	x ^ y	双目运算符，按位运算符
|	按位或	x | y	双目运算符，按位运算符
<<	左移	x << 2	双目运算符，移位运算符，低位补 0
>>	带符号右移	x >> 4	双目运算符，移位运算符，高位补符号位
>>>	不带符号右移	x >>> 8	双目运算符，移位运算符，高位补 0

3.4.5　赋值运算符

赋值运算符分为简单赋值运算符（Simple Assignment Operators）和复合赋值运算符（Compound Assignment Operators）。简单赋值运算符只有=，用于计算运算符=的右边表达式的值并将其送到左边的存储单元中。使用复合赋值运算符，可以使表达式变得简洁，同时也有助于加快程序运行速度。所有的赋值运算符见表 3-12。

表 3-12　　赋值运算符

运算符	含　义	举　例	备　注
=	赋值	x = y + z	双目运算符，简单赋值运算符
+=	（加）	x += y	双目运算符，相当于 x = x + y
-=	（减）	x -= z	双目运算符，相当于 x = x - z
*=	（乘）	x *= 5	双目运算符，相当于 x = x * 5
/=	（除）	x /= 10	双目运算符，相当于 x = x / 10
%=	（取余）	x %= y	双目运算符，相当于 x = x % y
&=	（按位与）	x &= y	双目运算符，相当于 x = x & y
|=	（按位或）	x |= y	双目运算符，相当于 x = x | y
^=	（按位异或）	x ^= y	双目运算符，相当于 x = x ^ y
<<=	（左移）	x <<= 2	双目运算符，相当于 x = x << 2
>>=	（带符号右移）	x >>= 4	双目运算符，相当于 x = x >> 4
>>>=	（不带符号右移）	x >>>= 8	双目运算符，相当于 x = x >>> 8

复合赋值运算表达式的一般形式如下。

```
<表达式 1> <运算符>= <表达式 2>
```

它相当于如下形式。

```
<表达式 1> = (<类型>) ((<表达式 1>) <运算符> (<表达式 2>))
```

其中，“<类型>”是“<表达式 1>”的类型；“<运算符>”是双目运算符，可以是算术运算符和位运算符。举例如下。

```
int x = 5;
x += 100;
```

它相当于如下形式。

```
int x = 5;
x = (int) x + 100;
```

需要注意“赋值运算符”这个说法，赋值与运算符本来是不同的概念，将其放在一起来用，一方面是因为这些运算符从语法上来说是运算符，可以是表达式的一个组成部分；另一方面是因为从语义上来说是赋值。

3.4.6 其他运算符

本小节介绍若干其他运算符。

1. 条件运算符

条件运算符（? :）根据表达式的布尔值决定该式最终的值是其他两个表达式中的哪一个。其一般形式如下。

```
<表达式 1> ? <表达式 2> : <表达式 3>
```

例如，计算 a 和 b 的最大值时，用条件运算符写成：((a) > (b)) ? (a) : (b)。这里的 a 或 b 可以用任意的算术表达式代入。

还需要注意条件运算符(? :)是右结合的。表达式“a?b:c?d:e?f:g”的含义是“a?b:(c?d:(e?f:g))”。这种情况下使用括号会使得表达式更加容易理解，有经验的程序员都会使用括号。

2. 对象运算符

对象运算符（instanceof）用来测定一个对象是否属于某个指定的类（或其子类）的实例。该运算符是一个双目运算符，其左边的表达式是一个对象，右边的表达式是一个类，如果左边表达式的对象是由右边表达式的类创建，则运算的结果为布尔值 true，否则结果为布尔值 false。

像语法树这样的数据结构，对象运算符 instanceof 十分有用。语法树上的每一个节点表示一个语法成分，往往是不同类的对象，这些类有相同的抽象类（父类）。举例如下。

```
if (node.jjtGetChild(i) instanceof ASTUnmodifiedClassDeclaration) { … }
```

语句中 ASTUnmodifiedClassDeclaration 是一个类，node.jjtGetChild(i)返回 Node 类对象，Node 是类 ASTUnmodifiedClassDeclaration 的抽象类（实际上是一个接口）。

3. 圆括号

表达式中的圆括号()是一种语法形式，用来改变表达式求值顺序，在表达式中出现时可以看作是一种优先级最高的运算符。俗话说“先乘除后加减，括号里优先”，这句话指出了表达式的计算顺序。

4. 方括号

方括号[]也是一种语法形式，是用来取数组元素的运算符，数组的下标值写在方括号之中，在表达式中出现时可以看作是一种优先级最高的运算符。按照人们的常识，方括号与圆括号一样，只是用来改变表达式的求值顺序，并没有被看作是运算符。而在计算机语言中，从语法形式和表达式求值的角度，方括号与圆括号被看作是一种特殊的运算符。

3.4.7 运算符优先级

运算符有优先级和结合性。优先级指同一个表达式中，有多个运算符时的执行顺序，同级运算符具有相同的优先级，对于相同优先级的运算符根据其结合性决定计算的顺序。表 3-13 给出了 Java 运算符的优先级和结合性。

对于算术运算，人们常说的一句话是“先乘除后加减，同级运算从左到右，括号里优先”，这句话高度概括了算术运算符的优先级和结合性，也指出了其表达式的计算顺序。但是并非所有的运算符都是左结合的，举例如下。

```
int a, b, c;
a = b = c = 8;
```

其计算顺序是将 8 赋值给 c，将 c 的值赋值给 b，将 b 的值赋值给 a。因为赋值运算符=的结合性是从右到左。

表 3-13　运算符优先级

序　号	运 算 符	结 合 性	优 先 级
1	() [] .	从左到右	高
2	++ -- ! ~（按位取反） +（取正值） -（取负值）	从右到左	↑
3	* / %	从左到右	
4	+（加法） -（减法）	从左到右	
5	<< >> >>>	从左到右	
6	< > <= >= instanceof	从左到右	
7	== !=	从左到右	
8	&（按位与）	从左到右	
9	^（按位异或）	从左到右	
10	|（按位或）	从左到右	
11	&& &（逻辑与）	从左到右	
12	|| |（逻辑或）	从左到右	
13	?:（条件）	从右到左	
14	= += -= *= /= %= &= ^= |= <<= >>= >>>=	从右到左	低

3.5 类 型 转 换

不同类型的量进行运算时会发生类型转换，Java 语言中的类型转换分为自动类型转换和强制类型转换。

3.5.1 自动类型转换

每一个 Java 语言的表达式都有一个类型，该类型是由表达式中的常量或变量的类型来决定的。在对表达式进行求值时，Java 语言会按照“字节数少的类型转换为字节数多的类型”的原则，进行类型转换。一般来说按照“byte→short”或“char→int→long→float→double”的原则进行类型转换，即浮点类型与双精度类型计算时转换为双精度，长整形和浮点数进行计算时转换为浮点数等；也可以越级转换，如整数类型与双精度类型计算时转换为双精度。

赋值发生时，必须将赋值运算符右边的表达式的值强制转换为左边变量的类型。

3.5.2 强制类型转换

如果在一个表达式中想人为地改变数据类型，需要使用强制类型转换。特别是如果要将字节数多的类型转换为字节数少的类型，就需要强制类型转换。

强制类型转换的语法形式如下。

```
(<类型>) (<表达式>)
```

例如，计算半径为 3.0 圆的周长，结果只需要整数部分时，用(int)进行强制转换，语句如下。

```
int l;
l = (int) (2 * 3.1415926 * 3.0);
```

需要注意的是，对表达式进行强制类型转换时，圆括号是必要的。如果上述语句写成如下形式。

```
l = (int) 2 * 3.1415926 * 3.0;
```

其中的强制转换(int)只针对常量 2，而不是针对整个表达式。

3.6 流程控制语句

用计算机程序语言编写的程序是顺序执行的，但是现实世界中有各种各样的逻辑需要表达，如果程序中只有顺序执行语句显然无法满足实际需求。流程控制语句使程序在描述计算过程时能够应对多样性的需求，也能够使程序更加简洁。

本节重点介绍选择语句和循环语句以及这两种语句的各种不同形式和它们的流程图。流程控制语句的流程图有助于理解程序的执行顺序，其对于分析程序逻辑也十分重要。

3.6.1 结构化程序设计

结构化程序设计是由 E.W.Dijikstra 在 1965 年提出的，对程序设计以及软件开发产生了深远的影响。结构化程序设计以模块功能和过程设计为主，其要点如下。

- 采用自顶向下，逐步求精的程序设计方法
- 任何程序只使用顺序、选择、重复（循环）这 3 种基本控制结构

结构化程序设计要求程序中的每个模块是单入口和单出口，没有死循环，没有死语句，即没有绝对不会被执行的语句。

虽然 Java 语言是面向对象的程序设计语言，但是在程序设计的细节上，如方法的实现，还是应该按照结构化程序设计的基本思想进行编程。

Java 语言提供了与上述 3 种基本控制结构相对应的语句，可以方便地编写结构化的程序。有关结构化程序设计的详细内容请参考相关书籍和资料。

3.6.2 基本语句

一些语句的语法结构相对比较简单，如表达式语句和空语句等。另外一些语句的语法结构相

对比较复杂，可能包含子语句，如分支语句和循环语句。

以下是 Java 语言中一些语句的例子，这些语句都是以分号（;）结束的。

- 变量声明语句（非执行语句）
- 空语句（单个分号）
- 表达式语句（由表达式和分号组成，包括赋值、函数调用、自增和自减等）
- break 语句
- if 语句
- for 语句
- try 语句

此外，Java 语言中还有块语句的概念，块语句也称为复合语句。块语句是由花括号（{……}）括起来的语句，其一般形式如下。

```
{ <语句序列>}
```

其中的“<语句序列>”是由若干语句或块语句的有序序列组成的。

Java 语言中，语句之间允许相互多层嵌套。例如，循环语句的子句中可以有选择语句，选择语句的子句中可以有循环语句。

本书中的基本语句指语句或块语句。语法形式上写为<语句>，是指包括块语句在内的一个语句，也称之为基本语句。<语句序列>指若干基本语句的有序序列。

有关 Java 语句的详细内容，参见《The Java™ Language Specification》（Java SE 7 Edition）（《Java 语言规范》）。

Java 语言程序中的语句序列也可以称为顺序结构，它的执行顺序与书写顺序一致。

3.6.3　选择语句

选择语句也称为分支语句或条件语句。Java 语言的选择语句有两种，分别是 if 语句和 switch 语句。Java 语言支持语句嵌套，选择语句中的子语句允许嵌套其他的语句，如循环语句。

1．if 语句

if 语句有 3 种格式，分别是简单 if 语句、if-else 语句和复合 if 语句，其流程图如图 3-2 和图 3-3 所示。

（1）简单 if 语句。

简单 if 语句的语法形式如下。

```
if(<条件表达式>)
    <语句>
```

其中，“<条件表达式>”的求值结果是布尔类型的值；“<语句>”是一个基本语句，其含义上一节已经介绍，以后凡遇到“<语句>”不再赘述。

简单 if 语句在执行时，先对<条件表达式>进行求值，如果<条件表达式>值为真则执行<语句>，否则不执行<语句>。

（2）if-else 语句。

if-else 语句的语法形式如下。

```
if(<条件表达式>)
    <语句 1>
else
```

```
    <语句 2>
```

其中，“<条件表达式>”的求值结果是布尔类型的值；“<语句 1>”和“<语句 2>”均为基本语句。

简单 if-else 语句在执行时，先对<条件表达式>进行求值，如果<条件表达式>的值为真则执行<语句 1>，否则执行<语句 2>。

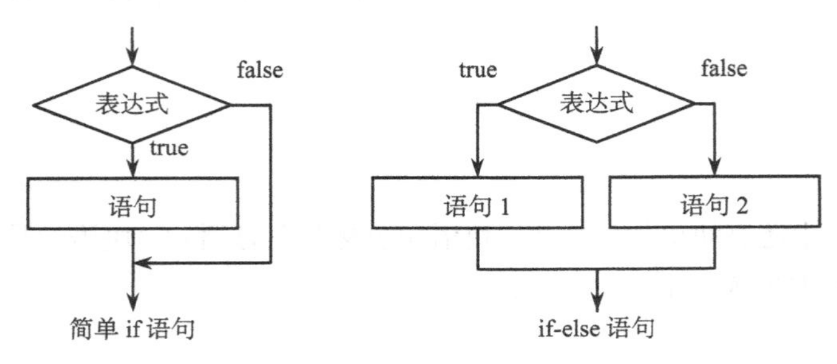

图 3-2　if 语句流程图（一）　简单 if 语句和 if-else 语句

（3）复合 if 语句。

复合 if 语句用于多选择的处理，即根据不同的条件做相应的处理。从语法上看，复合 if 语句是 if 语句的嵌套。其语法形式如下。

```
if(<条件表达式 1>)
    <语句 1>
else if(<条件表达式 2>)
    <语句 2>
......
else
   <语句 n>
```

其中，各个“<条件表达式>”的求值结果是布尔类型的值；“<语句 1>……<语句 n>”是基本语句。

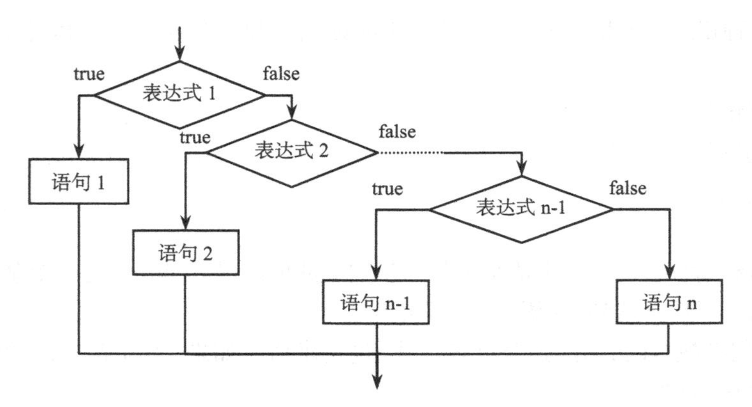

图 3-3　if 语句流程图（二）复合 if 语句

【例 3-1】编写一个距离类，其中有一个方法将距离的公里数转换成文字描述。假设距离为 x 公里，具体分为短距离（$0<x\leqslant500$）、中距离（$500<x\leqslant1000$）、远距离（$1000<x\leqslant2000$）、超远距离（$x>2000$）。

使用弹出对话框输入数据和输出转换结果。编写程序如下。

```
import javax.swing.JOptionPane;
public class Distance {
    public static String distancetoword(long dist) {
        /* 公里数转换为文字描述 */
        String distanceWord = null;
        if (0 < dist && dist <= 500) {
            distanceWord = "短距离";
        } else if (500 < dist && dist <= 1000) {
            distanceWord = "中距离";
        } else if (1000 < dist && dist <= 2000) {
            distanceWord = "远距离";
        } else if (dist > 2000) {
            distanceWord = "超远距离";
        } else
            distanceWord = "";
        return distanceWord;
    }
    public static void main(String[] args) {
        /* 通过对话框输入距离公里数 */
        String distanceString = JOptionPane.showInputDialog("请输入距离公里数");
        /* 输入字符串转换为长整数变量 */
        long distanceValue = Long.parseLong(distanceString);
        /* 输出转换结果 */
        JOptionPane.showMessageDialog(null, distancetoword(distanceValue),
                "转换结果", JOptionPane.INFORMATION_MESSAGE);
    }
}
```

2. switch 语句

switch 语句是一个多选择语句，作用类似于复合 if 语句，有时可以相互代替。switch 语句的语法形式如下。

```
switch(<表达式>)
{
    case <常量表达式 1>:
        <语句序列 1>
    case <常量表达式 2>:
        <语句序列 2>
    ......
    case <常量表达式 n-1>:
        <语句序列 n-1>
    [default:
        <语句序列 n>]
}
```

其中，“<表达式>”的结果必须是整数类型；“<常量表达式 1>……<常量表达式 n-1>”的结果也必须是整数类型；“<语句序列 1>……<语句序列 n>”是若干基本语句的有序序列；“default 子句”是可选的，即可有可无。

switch 语句执行时，先对<表达式>进行求值，然后将<表达式>的值与各个 case 子句的<常量

表达式 1>……<常量表达式 n-1>的值（求值的结果）逐个进行比较，如果相等，则执行 case 子句相应的<语句序列>；没有一个相等，如果存在 default 子句，则执行 default 子句的<语句序列 n>，否则不执行任何语句（什么都不做）。

需要特别注意的是，某个 case 子句相应的<语句序列>的最后一个语句不是 break 语句时，该 case 子句的<语句序列>执行完之后应该继续执行下一个 case 子句的<语句序列>，直到遇见 break 语句。通常，上述每个<语句序列>的最后一个语句是 break 语句。

图 3-4 所示为 switch 语句的每个<语句序列>都包含有 break 的流程图。这是一种常见的典型的 switch 语句形式。

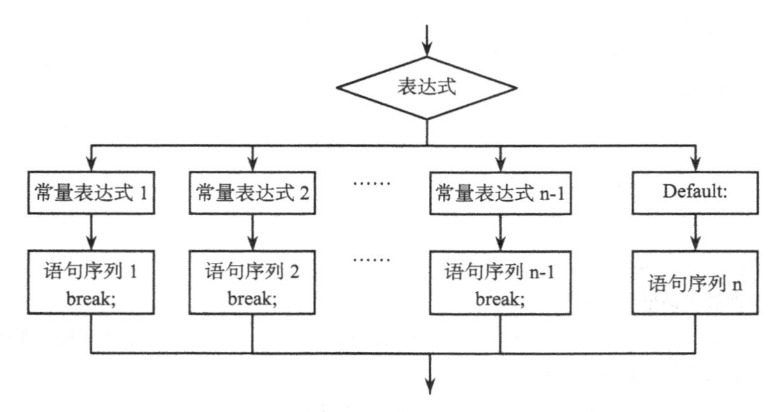

图 3-4　switch 语句流程图（每个语句序列包含 break 语句的情形）

【例 3-2】编写程序，将百分制的分数转换成优、良、中、及格和不及格。

程序使用标准输入输出读写数据。编写程序如下。

```
import java.util.Scanner;
public class Pointtoword {
    public static String pointtoword(int grad) {
        /* 输入分数转换为文字 */
        String result = null;
        switch(grad) {
        case 10:
        case 9:
            result = "优";
            break;
        case 8:
            result = "良";
            break;
        case 7:
            result = "中";
            break;
        case 6:
            result = "及格";
            break;
        default:
            result = "不及格";
        }
        return result;
    }
```

```
    public static void main(String[] args) {
        /* 输入分数 */
        float point = 0;
        try {
            Scanner scanner = new Scanner(System.in);
            System.out.print("请输入分数（0-100）：");
            point = scanner.nextFloat();
            scanner.close();
        } catch (Exception e) {
            System.out.println("输入数据错误！！！");
            System.out.println("错误信息：" + e.getMessage());
        }
        if(0 <= point && point <= 100) {
            /* 转换结果输出 */
            System.out.println("成绩是：" + pointtoword((int) point / 10));
        } else {
            System.out.println("输入的成绩不正确：" + point);
        }
    }
}
```

上述程序中使用了 Scanner 类输入数据，其详细功能参见第 9 章。在 Eclipse 中调试执行时，在 Console 子窗口中输入数据和显示结果。

3.6.4　循环语句

循环语句用于反复执行相同的处理，不过循环过程中的每一次处理往往条件不同，处理的对象和结果也不一样。有了循环语句，就可以编写出相对简洁的程序。例如，计算 1! +2! +3! +……n!，可以用两重循环来计算。

Java 语言的循环语句有 3 种，分别是 for 语句、while 语句和 do-while 语句。程序中需要循环处理时，程序员要根据实际问题，选择适当的循环语句，并形成一种可阅读性好的编程风格。由于 Java 语言支持语句嵌套，所以循环语句的循环体中可以有循环语句或选择语句。

1. for 语句

for 语句是一种常用的循环语句，语法形式如下。

```
for(<表达式 1>;<表达式 2>;<表达式 3>)
    <语句>
```

其中，“<表达式 1>”用来初始化一些变量；“<表达式 2>”的结果值是布尔类型，是循环控制条件；“<表达式 3>”用来更新循环控制条件。这 3 个表达式均可以为空，例如，for(; ;)，表示这是一个无限循环（也称为死循环），这时其循环体的语句通常是一个块语句，其中包含 break 语句用来结束循环的执行。

如图 3-5 所示，for 语句的执行流程是，先对<表达式 1>进行求值；再对<表达式 2>进行求值，如果结果为真则先执行<语句>，然后对<表达式 3>进行求值；如此反复，直到<表达式 2>的值为假，结束循环。

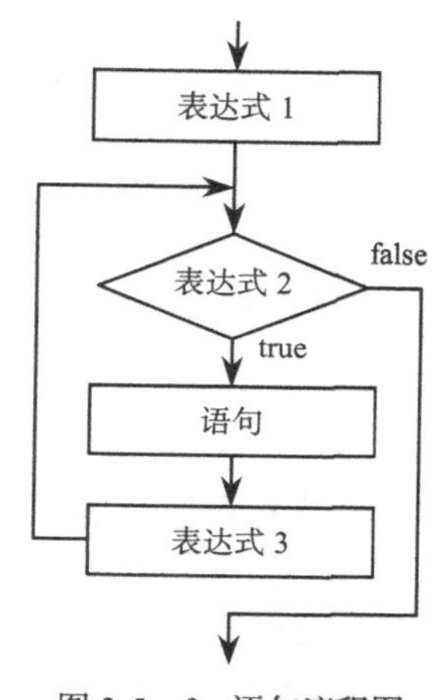

图 3-5　for 语句流程图

for 语句常常用整数变量来控制循环的执行。

【例 3-3】编写程序，计算−1!+2!−3! +……+20!。

编写程序如下。

```
public class SumFactorial {
    public static final int N = 20;
    public static long factorial(int n) {
        if(n == 1)
            return 1L;
        else
            return n * factorial(n - 1);
    }
    public static long sumFactorial(int n) {
        long sign = -1, sum = 0;
        for(int i=1; i<=n; i++) {
            sum += sign * factorial(i);
            sign = -sign;
        }
        return sum;
    }
    public static void main(String[] args) {
        /* 输出计算结果 */
        System.out.println("计算结果: " + sumFactorial(SumFactorial.N));
    }
}
```

【例 3-4】编写程序，打印九九乘法表。

编写程序如下。

```
public class Multiply99table {
    public static String Convert(int digit) {
        String[] digitWords = { "十", "一", "二", "三", "四", "五", "六", "七", "八",
                "九" };
        if (digit < 10)
            return digitWords[digit];
        else if (digit == 10)
            return digitWords[digit / 10] + digitWords[0];
        else
            return digitWords[digit / 10] + digitWords[0]
                    + digitWords[digit % 10];
    }
    public static void main(String[] args) {
        for (int i = 1; i <= 9; i++) {
            for (int j = i; j <= 9; j++) {
                System.out.print(Convert(i) + Convert(j)
                        + ((i * j >= 10) ? "" : "得") + Convert(i * j));
                System.out.print(((i * j > 10) ? "    " : "      "));
            }
            System.out.println(""); // 换行
        }
    }
}
```

程序执行后，结果如下。

```
一一得一    一二得二    一三得三    一四得四    一五得五    一六得六    一七得七    一八得八    一九得九
二二得四    二三得六    二四得八    二五一十    二六一十二 二七一十四 二八一十六 二九一十八
三三得九    三四一十二 三五一十五 三六一十八 三七二十一 三八二十四 三九二十七
```

```
四四一十六 四五二十十 四六二十四 四七二十八 四八三十二 四九三十六
五五二十五 五六三十十 五七三十五 五八四十十 五九四十五
六六三十六 六七四十二 六八四十八 六九五十四
七七四十九 七八五十六 七九六十三
八八六十四 八九七十二
九九八十一
```

2. while 语句

while 语句也是一种常用的循环语句，其语法格式如下。

```
while (<表达式>)
    <语句>
```

其中，“<表达式>”是循环控制条件，其值是布尔类型。

如图 3-6 所示，while 语句的执行流程是，先对<表达式>进行求值；如果<表达式>的值为真则先执行<语句>并返回到循环的开始，否则结束循环。

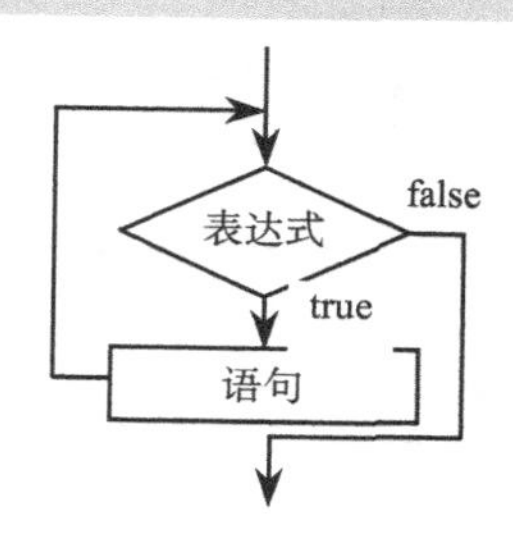

图 3-6　while 语句流程图

【例 3-5】编写程序，输出 n 行以下的图形，第 i 行有 i 个星号（*）。

编写程序如下。

```
public class Tristar {
    public static final int N = 10;
    public static void main(String[] args) {
        int i = 1;
        while(i <= Tristar.N) {
            int j = 1;
            while(j <= i) {
                System.out.print("*");
                j++;
            }
            System.out.println(""); // 换行
            i++;
        }
    }
}
```

3. do-while 语句

do-while 语句与 while 语句不同之处在于，do-while 语句至少执行一次循环体中的语句。其语法形式如下。

```
do
    <语句>
while (<表达式>)
```

其中，“<表达式>”是循环控制条件，其值是布尔类型。

如图 3-7 所示，do-while 语句的执行流程是，先执行<语句>，再对<表达式>进行求值，如果<表达式>的值为真则返回到循环的开始，否则结束循环。

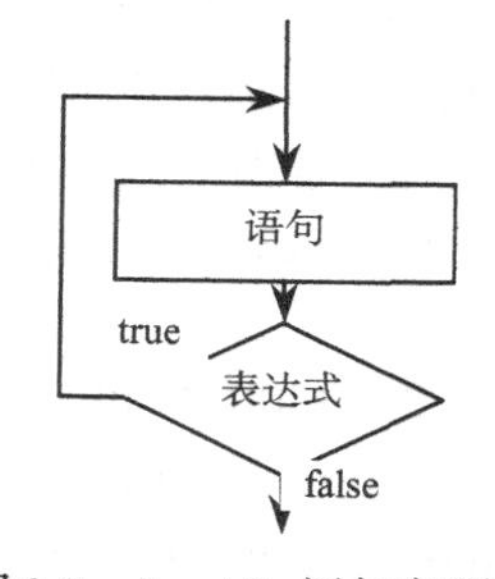

图 3-7　do-while 语句流程图

【例 3-6】编写程序，计算 $1^1+2^2+3^3+\cdots\cdots+10^{10}$，并输出结果。

编写程序如下。

```
public class SumPower {
    public static final int N = 10;
    public static double power(int n) {
```

```
        int i = n;
        double power = 1;
        do {
            power *= n;
            i--;
        } while (i > 0);
        return power;
    }
    public static double sumPower(int n) {
        int i = 1;
        double sum = 0;
        do {
            sum += power(i++);
        } while (i <= n);
        return sum;
    }
    public static void main(String[] args) {
        /* 输出计算结果 */
        System.out.println("计算结果: " + sumPower(SumPower.N));
    }
}
```

3.6.5 跳转语句

跳转语句也称为转移语句。Java 语言中的跳转语句有 continue 语句、break 语句和 return 语句。Java 语言中虽然有关键字 goto，但是不支持 goto 语句。

实际编程的时候，应该尽量避免使用跳转语句。因为跳转语句会破坏程序的结构，同时破坏程序模块单入口和单出口的特性，使得程序的逻辑变得复杂难懂。

1. continue 语句

continue 语句用来强行终止循环体内语句的执行，进入下一次循环的执行，即跳到循环体内最后一个语句的后面。只要执行到 continue 语句，则程序的当前循环被终止，继续下一循环的执行。

需要注意的是，如果是多层循环嵌套的语句，continue 语句只是终止所在层循环，继续下一次循环。

continue 语句比较简单，语法形式如下。

```
continue;
```

2. break 语句

break 语句用来强行终止循环语句的执行，即结束循环。只要执行到 break 语句，则程序的循环被终止，跳转到循环语句后面的语句继续执行。

需要注意的是，如果是多层循环嵌套的语句，break 语句只是跳出所在层。

break 语句比较简单，语法形式如下。

```
break;
```

3. return 语句

return 语句用于强行结束正在执行的方法，返回到调用方法的位置，继续执行后面的语句。return 语句可以返回值，也可以不返回值。其语法形式如下，其中“<表达式>”是可选的。

```
return [<表达式>];
```

本章小结

本章介绍了 Java 语言的若干基本概念、基本数据类型、常量和变量。这些基本概念包括注释、分隔符、关键字、标识符。Java 语言的基本数据类型有整数类型、浮点类型、字符类型和布尔类型。

本章也介绍了运算符和表达式。运算符分为算术运算符、关系运算符、逻辑运算符、位运算符和赋值运算符等。有关运算符需要了解其结合性和优先级，以便正确理解并掌握表达式的语义。

类型转换是对表达式求值时必须掌握的内容，只有了解和掌握类型转换的规则和方法，才能更好地读懂和编写程序。

本章简要介绍了结构程序设计的基本概念。编写程序时，整体上应该使用面向对象的方法，但是程序的各个局部，如方法内部等，应该遵循结构程序设计的基本原则。

本章还介绍了流程控制语句，包括顺序结构、选择结构和循环结构的语句。Java 语言程序中广泛使用块语句，它可以看作是顺序结构的语句。选择语句包括简单 if 语句、if-else 语句、复合 if 语句和 switch 语句。循环语句包括 for 语句、while 语句和 do-while 语句。

本章的内容是 Java 语言的基础部分，后续各章都会用到本章的内容。

习　题

1. Java 语言的注释有哪几种？分别给出一个例子。
2. Java 语言中分隔符有哪几种？空白符有哪些？
3. 简述标识符的用途。下列字符串中，哪些是标识符？

PIx2　　-length　　a+b　　_bytes　　$long　　MIN_VALUE

4. 下列字符串中，哪些是关键字？

true　　for　　int　　null　　$float　　_double

5. Java 语言的基本数据类型分为哪几大类？
6. 编写一个简单的 Java 程序，验证带有下划线（_）的常量是否符合语法，同时给出一个十六进制形式浮点数常量，并验证它是否符合语法。
7. 阅读以下 Java 语言程序的片段，写出程序输出结果。

```
int i = 1;
while(i <= 100) {
    System.out.println(i);
    i = i * 3;
}
```

8. 阅读以下 Java 语言程序的片段，写出程序输出结果。

```
int i = 1928;
do{
    System.out.println(i);
    i = i / 10;
} while(i > 0);
```

9. 用 Java 语言编写程序，计算输入的两个整数的最大公约数（GCD）。采用经典的 Euclid 算法，方法是：用变量 m 和 n 存储两个数的值，如果 n 为 0，程序结束，m 的值为最大公约数；否则计算 m 除以 n 的余数，把 n 保存到 m 中，并且把余数保存到 n。重复这个过程，每次都先判定 n 是否为 0。

10. 用 Java 语言编写程序，然后对用户输入的一个分数（分别输入分子和分母）进行约分，并且输出约分后的分数（分别输出分子和分母）。例如，输入分子为 6，分母为 12，那么输出结果为 1/2。

11. 用 Java 语言编写程序，计算 e=1+1/1! +2/2! +……+n/n!。要求 e 值精确到小数点后第 5 位。

第 4 章 数组与字符串

本章主要内容：

- 数组的概念、声明、创建、初始化和使用方法
- 数组编程方法
- 字符串的概念
- String 类、StringBuffer 类中的有关方法
- 正则表达式与字符串的替换和分解

数组是常用的一种数据结构，字符串是一种应用广泛的类型。程序设计中，为了处理方便，把具有相同类型的若干变量按有序的形式组织起来，这些按序排列的同类数据元素的集合称为数组。除此之外，字符串也是程序设计过程中经常需要处理的内容。除了基本数据类型外，Java 还提供了数组和字符串数据类型，可以非常方便地处理数组和字符串。

4.1 数　　组

在实际应用中，经常需要处理一批相互有联系、有一定顺序、同一类型和具有相同性质的数据（如学生的考试成绩），大多数程序设计语言都提供数组来保存和处理这类数据。数组是相同类型的数据按顺序组成的一种复合数据类型，每个数据称为一个数组元素，用下标来表示同一数组中的不同数组元素，使用时可以通过数组名和下标访问数组中的元素，其下标从 0 开始。例如，要求编写程序实现对 100 个学生的成绩进行管理，如果没有一种高效的组织方法，在对学生信息及成绩进行处理时，就需要在程序中设置大量的变量。因此，所有高级语言都提供了一种称为数组（Array）的数据结构，用它来实现对这些数据信息的管理是非常有效的。数组的主要特点如下。

（1）一个数组中的元素应该是相同数据类型的。

（2）数组中的各个元素是有序的，它们在内存中按照先后顺序连续存放在一起。

（3）每个数组元素用其所在数组的名字和数组下标来确定。

（4）数组的下标从 0 开始，数组的长度是指其所包含的数组元素的个数。

除了基本数据类型外，Java 还提供了数组类型，数组类型是一种引用数据类型。数组元素可以是简单数据类型，也可以是对象数据类型。

4.1.1　一维数组

Java 的数组数据类型是引用数据类型，要想使用数组，必须经过定义数组、创建数组和数组初始化等步骤。

1. 一维数组的声明

声明数组包括数组的名字、数组包含的元素的数据类型。

声明一维数组的格式有如下两种。

```
数组元素类型[] 数组名;//格式 1
数组元素类型 数组名[];//格式 2
```

例如，为方便计算 4 名同学的平均成绩，可以声明能够保存 4 个同学成绩的数组，该数组的声明可以任意采用如下两种方式之一。

```
double [] score;
double score [];
```

数组元素既可以是简单数据类型，也可以是对象等引用数据类型。例如，可以定义一个 3 名学生的数组，每个元素均为一个学生对象，其声明如下。

```
Student [] student;
Student student[];
```

2. 数组的创建

Java 不同于以前基本数据类型变量的声明，声明一个数组时，并不在内存中给数组分配任何空间，仅仅创建了一个引用数组的存取地址。数组声明的目的只是告诉系统一个新的数组的名称和类型，数组本身不能存放任何数组元素，现阶段的数组值为 null。因此，使用数组之前，需要先使用 new 关键字创建数组，为数组分配指定长度的内存空间。

为数组分配内存空间的格式如下。

```
数组名=new 数组元素的类型[数组的长度];
```

举例如下。

```
score = new double [4];
student = new Student[3];
```

这样，就给数组 score 分配了内存空间，用来保存 4 个 double 类型的数据，为 student 分配了内存空间，用来保存 3 个 Student 对象。

3. 数组的初始化

数组创建后，不对其进行初始化，系统会根据其类型自动为元素赋值。如果数组的元素是基本类型的元素，数组中元素默认初始化的值是基本类型的默认值，见表 4-1。如果数组元素是对象等引用数据类型，元素的默认初始化值是 null。

表 4-1 基本数据类型的数组元素的默认初值

数据类型	默 认 值	数据类型	默 认 值
byte	0	char	\u0000
Int	0	float	0.0
Short	0	double	0.0
long	0	boolean	false

也可以在声明数组的同时初始化数组，举例如下。

```
double [] score = {98.8,85,78,100};
```

这个初始化语句相当于以下语句。

```
double [] score = new double [4];
score[0] = 98.8;
score[1] = 85;
```

```
score[2] = 78;
score[3] = 100;
```

数组元素是对象等引用数据类型时，数组初始化时需要创建对象，举例如下。

```
student = new Student[3];
student[0] = new Student("zhang ");
student[1] = new Student("wang ");
student[2] = new Student("zhao ");
```

4. 数组的使用

（1）数组的长度。

所有的数组都有一个属性 length（长度），它存储了数组元素的个数。例如，score.length 指明数组 score 的长度。

（2）数组元素的访问。

使用数组时要注意下标值不要超出范围，数组元素的下标从 0 开始，直到数组元素个数减 1 为止，如果下标超出范围，则运行时会产生“数组访问越界异常”。在实际应用中，经常借助循环来控制对数组元素的访问，访问数组的下标随循环控制变量变化。

【例 4-1】逐个输入并计算 10 个学生的平均成绩和最好成绩。

源程序如下。

```
import java.io.*;
import javax.swing.JOptionPane;

public class Ex4_1_StudentScore {
    public static void main(String[] args) throws IOException {
        int k, count = 10;// count 为学生的个数
        double score[] = new double[count];// 学生的成绩数组
        double doubleSum = 0.0, doubleAver = 0.0,maxScore=0.0;
            // 学生的总成绩、平均成绩和最高成绩
        boolean contiGo = true;
        String str;
        BufferedReader buf = new BufferedReader(
                new InputStreamReader(System.in));
        for (k = 0; k < count; k++) {
            while (contiGo) {
                System.out.print("请输入第" + (k + 1) + "个学生的成绩: ");
                str = buf.readLine( );
                try {// 处理输入非数值数据或输入的数是 0
                    score[k] = Double.parseDouble(str);
                    if (0 > score[k] || 100 < score[k]) {
                        JOptionPane.showMessageDialog(null, "成绩不应该<0,
                            请重新输入。","提示信息",
                            JOptionPane.QUESTION_MESSAGE);
                    } else
                        break;
                } catch (Exception ne) {
                    JOptionPane.showMessageDialog(
                            null, "输入的不是数据，不符合规定，请重新输入。",
                            "提示信息", JOptionPane.QUESTION_MESSAGE);
                }
            }
            doubleSum += score[k];
```

```
            if (score[k]>maxScore) maxScore = score[k];
        }
        doubleAver = doubleSum / count;//平均成绩保留 10 位小数
        System.out.println("这" + count + "个同学的平均成绩是: " + doubleAver);
        System.out.println("这" + count + "个同学的最好成绩是: " + maxScore);

    }
}
```

（3）数组的复制。

可以把一个数组的变量赋值给另外一个数组，但是两个变量引用的都是同一个内存空间，因此，改变一个数组的值，另一个数组变量也会改变。举例如下。

```
int [] num ={4,2,3,1,9,0};
int [] numCopy = num;
numCopy[2]=2;
```

以上数组复制语句的执行过程如图 4-1 所示，执行以上语句之后，“num[2]”的值也由原来的 3 变为 2。

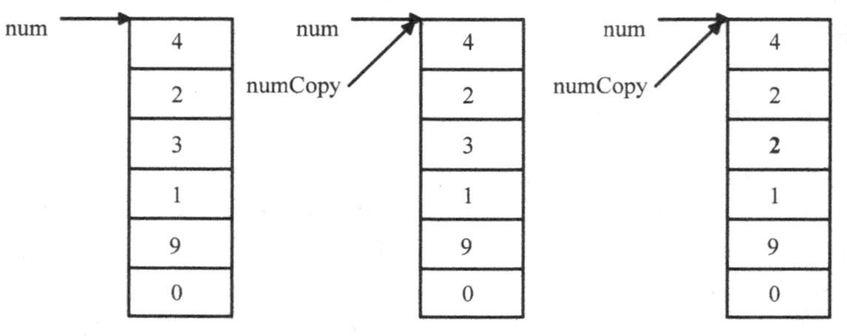

图 4-1　数组复制

如果需要将数组中的元素的值复制给另外一个元素，而又不想改变原数组的值，可以采用 System 类中的 arraycopy()方法，其格式如下。

```
System.arraycopy(src, srcPos, dest, destPos, length)
```

该方法可以将“src”源数组中从“srcPos”开始的连续“length”个元素复制到“dest”数组的从“destPos”开始位置，且“src”和“dest”数组指向不同的内存空间。

【例 4-2】逐个输入 10 个学生的成绩，并将其从大到小输出。

源程序如下。

```
import java.io.*;
import javax.swing.JOptionPane;

public class Ex4_2_StudentScore {

    public static void main(String[] args) throws IOException {
        int k, count = 5;// count 为学生的个数
        double score[] = new double[count];// 学生的成绩数组
        boolean contiGo = true;
        String str;
        BufferedReader buf = new BufferedReader(
                new InputStreamReader(System.in));
        for (k = 0; k < count; k++) {
            while (contiGo) {
```

```
                System.out.print("请输入第" + (k + 1) + "个学生的成绩: ");
                str = buf.readLine();
                try {// 处理输入非数值数据或输入的数是 0
                    score[k] = Double.parseDouble(str);
                    if (0 > score[k] || 100 < score[k]) {
                        JOptionPane.showMessageDialog(null, "成绩不应该<0,
                            请重新输入。", "提示信息",
                            JOptionPane.QUESTION_MESSAGE);
                    } else
                        break;
                } catch (Exception ne) {
                    JOptionPane.showMessageDialog(
                            null, "输入的不是数据，不符合规定，请重新输入。",
                            "提示信息", JOptionPane.QUESTION_MESSAGE);
                }
            }
        }

        // 采用冒泡法，对成绩排序
        double[] scoreCopy = new double[count+1];
        double temp = 0;
        System.arraycopy(score, 0, scoreCopy, 1, score.length);

        for (k = 1; k < count; k++)
            // 使用冒泡法进行排序
            for (int m = 1; m <= count - k; m++)
                if (scoreCopy[m] > scoreCopy[m + 1]) {
                    temp = scoreCopy[m];
                    scoreCopy[m] = scoreCopy[m + 1];
                    scoreCopy[m + 1] = temp;
                }
        System.out.println("这" + score.length + "个同学的成绩如下: ");

        for (int j = 0; j < score.length; j++) {
            System.out.print(score[j] + "\t");
        }
        System.out.println("\n 这" + score.length +
                            "个同学的成绩从低到高排序如下: ");
        for (int j = 1; j < scoreCopy.length; j++) {
            System.out.print(scoreCopy[j] + "\t");
        }
    }
}
```

以上程序中使用了 System.arraycopy 方法，因此 scoreCopy 修改并不影响 score 元素的值。

4.1.2 多维数组

Java 语言将多维数组看作数组的数组，也就是说，Java 允许定义数组的元素是一维数组或多维数组。例如，可将二维数组看成是一个特殊的一维数组，其每一个元素均是一个一维数组；三维数组也可被看成是二维数组构成的数组；依次类推，n 维数组的每个元素都是 n–1 维数组。

由于多维数组的元素也是数组，所以需要为数组元素分配相应的存储空间，分配空间可以在创建数组的同时进行，也可以用 new 运算符为数组元素分配内存。如果多维数组中每维数组的长度不同，就造成数组空间的分配不连续。当然，一维数组的空间仍然是连续分配的。

下面主要以二维数组为例，说明二维数组如何进行定义、创建和使用等，多维数组的情况与二维数组类似。

1. 二维数组的声明

声明二维数组有以下两种格式。

```
数组元素类型 数组名 [ ][ ];//格式 1
数组元素类型 [ ][ ] 数组名;//格式 2
```

举例如下。

```
double score [][];
或
double [][] score;
```

2. 二维数组的初始化

二维数组的初始化可以通过 new 关键字初始化，或在声明的同时使用赋值语句初始化。

（1）用 new 关键字初始化。

对于已经声明的二维数组，可以使用 new 关键字对其进行初始化，格式如下。

```
数组名=new 数组元素的类型 [数组的行数][数组的列数];
```

举例如下。

```
score = new double [4][3];
```

表明“score”是一个 4 行 3 列的数组，初始化时每个元素均为 0.0。

二维数组的元素是一维数组，因此，初始化时也允许各行单独进行。例如，可以采用如下方式进行初始化。

```
double score[][];
score = new double[3][];
score[0] = new double[3];
score[1] = new double[2];
score[2] = new double[4];
```

从上面的例子可以看出，Java 的二维数组允许各行有不同的元素个数。

（2）用赋初值的方法初始化。

对于已经声明的二维数组，也可以使用给数组元素赋初值的方式进行初始化，格式如下。

```
类型 数组名[][]={{初值表 1},{初值表 2},…, {初值表 n},};
```

例如，double score [] []={{56.8,42.5,96.8},{100,78},{99,63,78,45}}

3. 二维数组的使用

二维数组中使用两个下标，一个表示行，一个表示列，每个下标的类型都是 int 类型的，并且是从 0 开始的。可以通过元素在数组中的行号和列号访问元素，如“score[1][0]”可以访问“score”数组中的第 2 行、第 1 列元素。

可以通过 length 来获得二维数组的行数和每行包含元素的个数。获得行数的方法如下。

```
数组名.length //          获得数组的行数
```

获得指定行所包含列数的方法如下。

```
数组名[行号].length//  获得数组指定行的列数
```

例如，上例中，“score.length”为 3，“score[1].length”为 2。

【例 4-3】编写程序实现两个二维矩阵的乘法。为了程序简单，数组中的元素随机生成。

源程序如下。

```
import java.io.*;
public class Ex4_3_MatrixMultiply{
  public static void main(String args[]) throws IOException
  {
    int j,k,m,aH=2,aL=3,bL=4,a[][],b[][],c[][];//暂设 a 数组大小为 2×3，b 数组为 3×4
    String str;
    a=new int[aH][aL];
    b=new int[aL][bL];
    c=new int[aH][bL];
    //随机产生两个数组的元素
    for(j=0;j<aH;j++)
      for(k=0;k<aL;k++){
        a[j][k]=(int)(Math.random()*10);
      }

    for(j=0;j<aL;j++)
      for(k=0;k<bL;k++){
        b[j][k]=(int)(Math.random()*10);
      }
    System.out.println("a 矩阵元素如下：");
    for(j=0;j<aH;j++){
      for(k=0;k<aL;k++)
        System.out.print(a[j][k]+"\t");
      System.out.println();
    }
    System.out.println("b 矩阵元素如下：");
    for(j=0;j<aL;j++){
      for(k=0;k<bL;k++)
        System.out.print(b[j][k]+"\t");
      System.out.println();
    }
    System.out.println("求出的（c=a×b）矩阵元素如下：");
    for(j=0;j<aH;j++){
      for(m=0;m<bL;m++){
        for(k=0;k<aL;k++)
          c[j][m]=c[j][m]+a[j][k]*b[k][m];//矩阵相乘计算关键算法
        System.out.print(c[j][m]+"\t\t");
      }
      System.out.println();
    }
  }
}
```

程序的执行结果如下。

```
a 矩阵元素如下：
2    2    9
9    0    2
b 矩阵元素如下：
0    5    5    3
7    9    8    4
2    2    4    5
```

```
求出的（c=a×b）矩阵元素如下：
32      46      62      59
4       49      53      37
```

【例 4-4】一个年级有 m 个班，每个班包含 n 个学生。编写程序，用二维数组保存学生成绩，计算每个班的平均分数。

源程序如下。

```
import java.io.*;
import javax.swing.JOptionPane;

public class Ex4_4_StudentScore {
    public static void main(String[] args) throws IOException {
        // TODO Auto-generated method stub
        int classCount = 3;// 暂定 3 个班
        int[] studentCount = { 2, 3, 5 };
            // 每个班的学生数量，为简单，暂定每个班的学生分别为 2、3、5 个学生
        double score[][] = new double[3][];
        boolean contiGo = true;
        for (int i=0;i<score.length;i++) //初始化 score
            score[i] = new double [studentCount[i]];

        //输入每个班每名同学的成绩
        String str;
        BufferedReader buf = new BufferedReader(
                new InputStreamReader(System.in));
        for (int i = 0; i < classCount; i++) {
            for (int k = 0; k < studentCount[i]; k++) {
                while (contiGo) {
                    System.out.println("请输入第" + (i + 1) + "个班第" + (k + 1)
                            + "个学生的成绩：");
                    str = buf.readLine();
                    try {// 处理输入非数值数据或输入的数是 0
                        score[i][k] = Double.parseDouble(str);
                        if (0 > score[i][k] || 100 < score[i][k]) {
                            JOptionPane.showMessageDialog(null,
                                    "成绩不应该小于 0,请重新输入。", "提示信息",
                                    JOptionPane.QUESTION_MESSAGE);
                        } else
                            break;
                    } catch (Exception ne) {
                        System.out.println(ne);
                        JOptionPane.showMessageDialog(null,
                            "输入的不是数据，不符合规定，请重新输入。",
                            "提示信息",JOptionPane.QUESTION_MESSAGE);
                    }
                }
            }
        }

        //计算每班的均分
        double sumScore=0,avgScore=0;
        for (int i=0;i<score.length;i++){
```

```
            sumScore=0;
            for (int k = 0; k < studentCount[i]; k++){
                sumScore=sumScore+score[i][k];
            }
            avgScore = sumScore/studentCount[i];
            System.out.println("第" + (i + 1) + "个班的平均成绩为"+avgScore );
        }
    }
}
```

4. 二维以上数组的声明与使用

实际上，二维以上数组声明时，只需要再增加几对方括号即可。例如，用 int[][][] a 来声明三维整形数组，用 Student[][][][] s 来声明四维学生数组，依次类推。

二维以上数组初始化时，同样使用 new 关键字，例如，a=new int[7][4][2]、s= new Student[4][5][6][7]，依次类推。也可以在声明的时候直接使用赋值语句进行初始化，例如，int[][][] b={{{1,2},{3,4}},{{5,6},{7,8}}};

获得二维以上数组的元素需要使用多个下标，例如，a[1][3][0]、s[1][0][3][2]，依次类推。

4.1.3　数组类 Arrays

Java 的工具包 util 中提供了工具类 Arrays，该类定义了常见操作数组的静态方法，可以方便地进行数组操作（如排序和搜索等）。

Arrays 提供有 4 种基本方法：equals( )用于比较两个数组是否相等；fill( )用于以某个值填充整个数组；sort( )用于对数组排序；binarySearch( )用于在已经排序的数组中查找元素。此外，方法 asList()接受任意的数组为参数，并将其转变为 List 容器。以上方法均被重载，可以操作不同数据类型的数组，具体内容详见 JDK 文档。

【例 4-5】使用 Arrays 类进行数组元素排序。

源程序如下。

```
import java.util.*;
public class Ex4_5_Arrays {
    public static void main(String[] args) {
        int k,baka[]=new int[11],a[]={19,22,15,13,1,0,10,8,2,4,36};
          System.out.println("\t\t 排序前 a 数组各元素为: ");
          for(k=0;k<a.length;k++)     {
            System.out.print(a[k]+"\t");
            baka[k]=a[k];
          }
          System.out.println();
          Arrays.sort(a);
          System.out.println("\t\t 完全排序后 a 数组各元素为: ");
          for(k=0;k<a.length;k++)
            System.out.print(a[k]+"\t");
          System.out.println();
          for(k=0;k<baka.length;k++)     {
            a[k]=baka[k];
          }
          Arrays.sort(a,3,8);
          System.out.println("部分（第 3 个至第 7 个元素）排序后 a 数组各元素为: ");
          for(k=0;k<a.length;k++)
            System.out.print(a[k]+"\t");
          System.out.println();
```

```
            }
        }
```

程序运行结果如下。

```
          排序前 a 数组各元素为:
19  22  15  13  1  0  10  8  2  4  36
          完全排序后 a 数组各元素为:
0  1  2  4  8  10  13  15  19  22  36
部分（第 3 个至第 7 个元素）排序后 a 数组各元素为:
19  22  15  0  1  8  10  13  2  4  36
```

4.2 字 符 串

字符串是编程时经常使用到的一种数据类型。Java 中使用 string 类和 StringBuffer 类来封装字符串。String 类给出了不变字符串的操作，StringBuffer 类则用于可变字符串处理。换句话说，String 类创建的字符串是不会改变的，而 StringBuffer 类创建的字符串可以修改。

4.2.1 字符串的声明与创建

声明字符串的格式如下。

```
String stringName;
```

例如，String studentName;

字符串的创建有以下几种方法。

（1）使用字符串构造方法。

字符串的构造方法有如下 4 个。

```
public String();                          //创建一个空的字符串
public String (String s);                 //用已有字符串创建新的 String
public String (StringBuffer buf) ;        //用 StringBuffer 对象的内容初始化新的 String
public String (char value[]);             //用已有字符数组初始化新的 String
```

以上构造方法中，使用最多的是第 2 个，即用另一个串作为参数创建一个新串对象，举例如下。

```
String s=new String("Hello World");
```

字符数组要转化为字符串可以利用第 4 个构造方法。举例如下。

```
Char[] helloArray={'h','e','l','l','o'};
String s = new String(helloArray);
```

（2）使用赋值语句。

也可以直接给 String 变量赋值。举例如下。

```
String s="Student";
```

这里需要注意，字符串常量在 Java 中也是以对象形式存储，Java 编译时将自动为每个字符串常量创建一个对象。因此，将字符串常量传递给字符串变量时，Java 编译器自动将常量对应的对象传递给字符串变量。

例如，下面的两条语句，两个字符串变量“s1”与“s2”均指向同一个内存空间，其内存分配示意如图 4-2 所示。

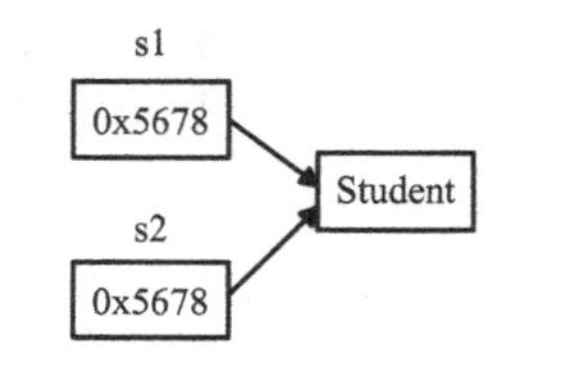

图 4-2 字符串常量赋值内存示意图

```
String s1="Student";
```

```
String s2="Student";
```

4.2.2　字符串类 String 的主要方法

与字符串相关的方法很多，下面仅列举一些常用的方法。

1. 获得字符串长度

字符串的长度是指字符串内包含的字符个数，例如，字符串“我爱你 china”的长度为 9。确定字符串长度的方法格式如下。

```
public int length ();
```

可以使用字符串.length() 的形式来获得字符串的长度，举例如下。

```
String s2=new String("我爱你 china");
System.out.println(s2.length());
```

2. 截取一个字符

```
public char charAt(int index)
```

该方法返回指定索引处的 char 值。索引范围为从 0 到 length()-1。字符串的第一个 char 值在索引 0 处，第二个在索引 1 处，依此类推。举例如下。

```
char ch;
ch="abc".charAt(1); 返回'b'
```

3. 字符串相等比较

```
public boolean equals (String s)
```

字符串对象调用 String 类的 equals 方法，比较当前字符串对象是否与参数制定的字符串 s 对象相同。举例如下。

```
String s1="Hello";
String s2=new String("Hello");
s1.equals(s2); //true
```

Java 提供忽略大小写的字符串相等比较方法，其格式如下。

```
public boolean equalsIgnoreCase(String anotherString)
```

将此 String 与 anotherString 进行比较，不考虑大小写。如果两个字符串的长度相等，并且两个字符串中的相应字符都相等（忽略大小写），则认为这两个字符串是相等的。举例如下。

```
"hello".equalsIgnoreCase("Hello");   //true
```

需要注意的是，“==”运算符比较两个对象是否引用同一实例。举例如下。

```
String s1="Hello";
String s2="Hello";
String s3=new String("Hello");
boolean b1=(s1==s2); //true
boolean b2=(s1==s3);//false
s1.equals(s3); //true
```

以上代码的内存分配情况如图 4-3 所示，从该图中不难看出，s1 和 s2 为指向字符串常量对象实例，s3 是另外一个字符串对象，其值也是“Hello”。“==”运算符用于判断两个对象是否引用同一实例，因此 s1==s3 返回 false。

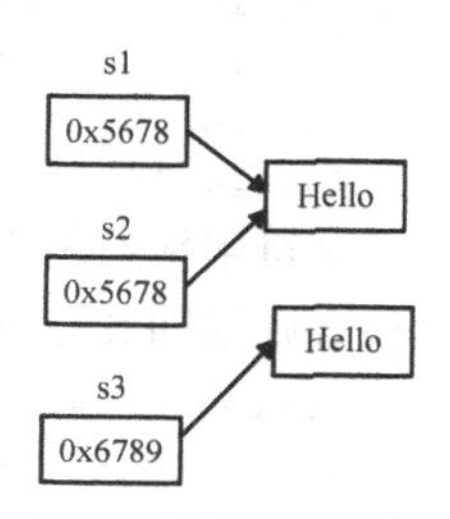

图 4-3　内存分配示意图

4. 取得子串

```
public String substring(int beginIndex);//1
public String substring(int beginIndex, int endIndex);//2
```

substring(int beginIndex)返回一个新的字符串，它是此字符串的一个子字符串。该子字符串始于指定索引处的字符，一直到此字符串末尾。

substring(int beginIndex, int endIndex)返回一个新字符串，它是此字符串的一个子字符串。该子字符串从指定的 beginIndex 处开始，一直到索引 endIndex - 1 处的字符。因此，该子字符串的长度为 endIndex-beginIndex。举例如下。

```
"unhappy".substring(2);  //返回"happy"
"smiles".substring(1, 5);  //返回"mile"
```

5. 字符串连接

```
public String concat(String str)
```

该方法将指定字符串联到此字符串的结尾。如果参数字符串的长度为 0，则返回此 String 对象。否则，创建一个新的 String 对象，用来表示由此 String 对象表示的字符序列和由参数字符串表示的字符序列串联而成的字符序列。举例如下。

```
"cares".concat("s");                        //返回 "caress"
"to".concat("get").concat("her");           //返回"together"
```

除此之外，还可以使用“+”运算符实现两个字符串的连接。举例如下。

```
567+"和 789";              //返回 "567 和 789"
```

注意，上述语句中，整型“567”自动转换为字符串后与“"和 789"”进行字符串连接运算。

6. 字符串内容比较

```
public int compareTo(String anotherString)
```

按字典顺序比较两个字符串。该比较基于字符串中各个字符的 Unicode 值。将此 String 对象表示的字符序列与参数字符串所表示的字符序列进行比较。如果按字典顺序此 String 对象在参数字符串之前，则比较结果为一个负整数。如果按字典顺序此 String 对象位于参数字符串之后，则比较结果为一个正整数。如果这两个字符串相等，则结果为 0。compareTo 只有在方法 equals(Object)返回 true 时才返回 0。

除此之外，Java 提供不考虑大小写的字典顺序比较方法。其形式如下。

```
public int compareToIgnoreCase(String str)
```

举例如下。

```
String s1 = "abc";
String s2 = "ABC";
String s3 = "acb";
String s4 = "abc";
System.out.println(s1.compareTo(s2)); // 输出 32
System.out.println(s1.compareTo(s3)); // 输出-1
System.out.println(s1.compareTo(s4)); // 输出 0
System.out.println(s1.compareToIgnoreCase(s2)); // 输出 0
```

7. 字符串检索

```
public int indexOf(int ch)
public int indexOf(int ch,int fromIndex)
public int indexOf(String stringName2)
public int indexOf(String stringName2,int fromIndex)
```

字符串检索是指确定一个字符串是否（或从指定位置开始）包含某一个字符或子字符串，如果包含则返回其位置；如果没有，则返回负数。举例如下。

```
String s1 = "I love java";
System.out.println(s1.indexOf('a')); //输出 8
System.out.println(s1.indexOf('j',2)); //输出 7
```

```
System.out.println(s1.indexOf("love")); //输出 2
System.out.println(s1.indexOf("love",9)); //输出-1
```

8. 字符串与字符数组的相互转换

字符数组转换为字符串，其格式如下。

```
public static String copyValueOf(char []ch1)
public static String copyValueOf(char []ch1,int cBegin,int cCount)
```

举例如下。

```
char []ch1={'H','h'};
String s2=String.copyValueOf(ch1); //s2=Hh
```

字符数组转换为字符串，其格式如下。

```
public void getChars(int sBegin,int sEnd,char[]ch1,int dBegin)
public char[] toCharArray()
```

举例如下。

```
String s="this is a demo of the getChars method.";
char buf[]=new char[20];
s.getChars(10,14,buf,0); //buf 的前 4 个元素为 d e m o
```

9. 去掉起始和结尾的空格

```
public String trim()
```

trim()返回删除字符串起始和结束的空格后的字符串，如果没有起始和结束空格，则返回此字符串。举例如下。

```
String s="  this is a demo of the trim method.   ";
String s2=s.trim(); //s2= this is a demo of the trim method.
```

10. 字符串替换

```
public String replace(char oldChar, char newChar)
```

举例如下。

```
String s= "the war of baronets".replace('r', 'y');// s= "the way of bayonets"
```

11. 字符串大小写转换

将字符串中的大写全部转换为小写，其格式如下。

```
public String toLowerCase()
```

举例如下。

```
String s= "I Love Java". toLowerCase();// s= "i love java"
```

将字符串中的小写全部转换为大写，其格式如下。

```
public String toUpperCase()
```

举例如下。

```
String s="I Love Java". toUpperCase()// s= " I LOVE JAVA"
```

12. 将其他数据类型转换为字符串

```
public static String valueOf(boolean b)
public static String valueOf(char c)
public static String valueOf(int i)
public static String valueOf(long L)
public static String valueOf(float f)
public static String valueOf(double d)
```

举例如下。

```
String s1=String.valueOf(123); //s1= "123"
String s2=String.valueOf(true); //s2= "true"
String s3=String.valueOf(12.8); //s3= "12.8"
```

另外，Object 类的 toString()方法，也可实现将其他数据类型转换为字符串。举例如下。

```
String s=Double.toString(12.8); //s= "12.8"
```

需要注意的是，Object 类的 toString()方法返回以某种方式表示的该对象的字符串，通常，是文本方式，结果应简明、易于读懂，建议所有子类都重写此方法。有关 Object 类的详细介绍见本书第 10 章。

13. 字符串分割

```
public String[] split(String regex)
public String[] split(String regex, int limit)
```

根据匹配给定的正则表达式来拆分字符串。此方法返回的数组包含此字符串的每个子字符串，这些子字符串由另一个匹配给定的表达式的子字符串终止或由字符串结束来终止。数组中的子字符串按它们在此字符串中的顺序排列。如果表达式不匹配输入的任何部分，则结果数组只具有一个元素，即此字符串。有关正则表达式的介绍详见本书 4.3 节。举例如下。

```
String message = "I Love Java!";
String[] split = message.split(" ");
```

上例中使用空格分割"I Love Java!"之后，split[]数组包含 3 个元素，分别为 I、Love、Java!。

4.2.3 StringBuffer 类的主要方法

String 类和 StringBuffer 类都可以存储和操作字符串，即包含多个字符的字符串数据。String 类是字符串常量，是不可更改的常量。而 StringBuffer 类是字符串变量，它的对象是可以扩充和修改的。StringBuffer 类提供了很多如表 4-2 所示的功能强大的字符串操作方法，具体使用方法详见 JDK 文档。

表 4-2 StringBuffer 类提供的字符串方法

方　法	功　能
StringBuffer append(boolean b)	这些方法都是向字符串缓冲区“追加”元素 这个“元素”参数可以是布尔量、字符、字符数组、双精度数、浮点数、整型数、长整型数对象类型的字符串、字符数组和 StringBuffer 类等 如果添加的字符超出了字符串缓冲区的长度，Java 将自动进行扩充
StringBuffer append(char c)	
StringBuffer append(char[] str)	
StringBuffer append(char[] str, int offset, int len)	
StringBuffer append(double d)	
StringBuffer append(float f)	
StringBuffer append(int i)	
StringBuffer append(long l)	
StringBuffer append(Object obj)	
StringBuffer append(String str)	
StringBuffer append(StringBuffer sb)	
char charAt(int index)	在当前 StringBuffer 对象中取索引号为 index 的字符。第 1 个字符的索引为“0”
StringBuffer delete(int start, int end)	删除当前 StringBuffer 对象中以索引号 start 开始、到 end 结束的子串
StringBuffer deleteCharAt(int index)	删除当前 StringBuffer 对象中索引号为 index 的字符
void getChars(int srcBegin, int srcEnd, char[] dst, int dstBegin)	将当前 StringBuffer 对象的索引号 srcBegin 开始、到 srcEnd 结束的子串，赋值到字符数组 dst 中从 dstBegin 开始的子串

续表

方 法	功 能
int indexOf(String str)	返回当前 StringBuffer 对象中第 1 个满足 str 子串的位置
int indexOf(String str, int fromIndex)	从当前 StringBuffer 对象的 fromIndex 开始查找，返回第 1 个满足 str 子串的位置
StringBuffer insert(int offset, boolean b) StringBuffer insert(int offset, char c) StringBuffer insert(int offset, char[] str) StringBuffer insert(int index, char[] str, int offset, int len) StringBuffer insert(int offset, double d) StringBuffer insert(int offset, float f) StringBuffer insert(int offset, int i) StringBuffer insert(int offset, long l) StringBuffer insert(int offset, Object obj) StringBuffer insert(int offset, String str)	在当前 StringBuffer 对象中插入一个元素，在索引号 offset 处插入相应的值 插入的值可以是布尔量、字符、字符数组、双精度数、浮点数、整型数、长整型数对象类型的字符串、字符数组和 StringBuffer 类等
int lastIndexOf(String str)	返回当前 StringBuffer 对象中最后一个满足 str 子串的位置
int lastIndexOf(String str, int fromIndex)	从当前 StringBuffer 对象的 fromIndex 开始查找，返回最后一个满足 str 子串的位置
int length()	返回当前 StringBuffer 对象（字符缓冲区）中字符串的长度
public boolean matches(String regex)	返回此字符串是否匹配给定的正则表达式
StringBuffer replace(int start, int end, String str)	替换当前 StringBuffer 对象的字符串。从 start 开始、到 end 结束的位置替换成 str
StringBuffer reverse()	将字符串翻转
void setCharAt(int index, char ch)	设置索引号 index 的字符为 ch
void setLength(int newLength)	重新设置字符串缓冲区中字符串的长度，如果 newLength 小于当前的字符串长度，将截去多余的字符
String substring(int start)	取当前 StringBuffer 对象中从 start 开始到结尾的子串
String substring(int start, int end)	取当前 StringBuffer 对象中从 start 开始到 end 的子串
String toString()	将当前 StringBuffer 对象转换成 String 对象

【例 4-6】StringBuffer 类的主要方法。

源程序如下。

```
public class Ex4_6_StringBuffer {
    public static void main(String[] args) {
        // TODO Auto-generated method stub
        System.out.println("----------本程序输出结果如下----------");
        char c1, ch1[] = new char[13];
        String str1 = "";
        StringBuffer sbufstr1;
        boolean bFlag = true;
        sbufstr1 = new StringBuffer("NewStrBuffer");
```

```
        // 1.字符串缓冲区数据转换为字符串
        str1 = sbufstr1.toString();// toString()方法完成转换任务
        str1 = str1 + ":";
        System.out.println(sbufstr1);
        ch1 = str1.toCharArray();
        System.out.println(ch1);
        // 2.追加字符
        sbufstr1 = sbufstr1.append(bFlag);
        sbufstr1 = sbufstr1.append(3456);
        sbufstr1 = sbufstr1.append(12345678987654L);
        sbufstr1 = sbufstr1.append(3.14159F);
        sbufstr1 = sbufstr1.append(2.71717171);
        sbufstr1 = sbufstr1.append("中国");
        sbufstr1 = sbufstr1.append(new StringBuffer("解放军"));
        System.out.println(sbufstr1);
        // 3.插入字符
        System.out.println(sbufstr1);
        sbufstr1 = sbufstr1.insert(6, "ing");// 得"NewStringBuffer"
        System.out.println(sbufstr1);
        sbufstr1 = sbufstr1.insert(sbufstr1.length(), ":");// 得"NewStringBuffer:"
        System.out.println(sbufstr1);
        sbufstr1 = sbufstr1.insert(0, bFlag);// 得"trueNewStringBuffer:"
        System.out.println(sbufstr1);
        sbufstr1 = sbufstr1.insert(0, ch1, 6, 3);// 得"BuftrueNewStringBuffer:"
        System.out.println(sbufstr1);
        sbufstr1 = sbufstr1.insert(0, 3456);// 得"3456BuftrueNewStringBuffer:"
        System.out.println(sbufstr1);
        sbufstr1 = sbufstr1.insert(0, 12345678987654L);
        System.out.println(sbufstr1);
        sbufstr1 = sbufstr1.insert(0, 3.14159F);
        System.out.println(sbufstr1);
        sbufstr1 = sbufstr1.insert(0, 2.71);
        System.out.println(sbufstr1);
        sbufstr1 = sbufstr1.insert(0, new StringBuffer("解放军"));
        sbufstr1 = sbufstr1.insert(0, "中国人民");
        System.out.println(sbufstr1);
        // 4.替换字符
        str1 = "You have a ";
        sbufstr1 = sbufstr1.replace(0, 6, str1);
        System.out.println(sbufstr1);
        // 5.删除字符
        sbufstr1.delete(3, 6);
        System.out.println(sbufstr1);
        sbufstr1.deleteCharAt(2);
        System.out.println(sbufstr1);
        // 6.清空字符串
        // sbufstr1.ensureCapacity(1);
        System.out.println(sbufstr1);
        sbufstr1.setLength(0);
        sbufstr1.append("中国人民解放军");
        System.out.println(sbufstr1);
```

```
        // 7.取字符
        c1 = sbufstr1.charAt(3);
        System.out.println(c1);
        // 8.取子串
        str1 = sbufstr1.substring(3);
        System.out.println(str1);
        str1 = sbufstr1.substring(3, 6);
        System.out.println(str1);
        // 9.字符串反转
        sbufstr1.reverse();
        System.out.println(sbufstr1);
        str1 = sbufstr1.toString();
        System.out.println(str1);
        System.out.println("----------本程序输出已经结束----------");
    }
}
```

4.3 正则表达式

程序开发过程中，难免遇到需要匹配、查找、替换、判断字符串的情况，正则表达式是解决这些问题的主要手段。正则表达式是一种字符串的语法规则，也是一种可以用于模式匹配和替换的规则，主要用来处理文本和字符串。一个正则表达式是由普通的字符（如字符 a 到 z）以及特殊字符（元字符）组成的文字模式，用以描述在查找文字主体时待匹配的一个或多个字符串。例如，“\\dhello”中的“\\d”就是有特殊意义的元字符，代表 0 到 9 中的任何一个，字符串“9hello”和“1hello”都是与正则表达式“\\dhello”匹配的字符串。

4.3.1 元字符

正则表达式是包含一些具有特殊意义的字符的字符串，这些具有特殊意义的字符称为元字符，表 4-3 列出了常用的元字符及其含义。

表 4-3　正则表达式中的元字符及其含义

元 字 符	在正则表达式中的写法	意　义
.	.	代表任何一个字符
\d	\\d	代表 0~9 的任何一个数字
\D	\\D	代表任何一个非数字字符
\s	\\s	代表空格类字符，'\t'、'\n'、'\x0B'、'\f'、'\r'
\S	\\S	代表非空格类字符
\w	\\w	代表可用于标识符的字符（不包含美元符号）
\W	\\W	代表不能用于标识符的字符
\p{Lower}	\\p{Lower}	小写字母[a-z]
\p{Upper}	\\p{Upper}	大写字母[A-Z]
\p{ASCII}	\\p{ASCII}	ASCII 字符

续表

元 字 符	在正则表达式中的写法	意 义
\p{Alpha}	\\p{Alpha}	字母
\p{digit}	\\p{digit}	数字字符[0-9]
\p{Alnum}	\\p{Alnum}	字母或数字
\p{Punct}	\\p{Punct}	标点符号
\p{graph}	\\p{graph}	可视字符\p{Alnum}\p{Punct}
\p{Print}	\\p{Print}	可打印字符\p{graph}
\p{Blank}	\\p{Blank}	空格或制表符
\p{Cntrl}	\\p{Cntrl}	控制字符[\x00-\x1F\x7F]

【例 4-7】编程序，使用正则表达式判断给定的字符串是否是合法的格式。合法的格式是：大写字母+3 个小写字母+3 个数字。源程序如下。

```
public class Ex4_7_StringMatch {
        public static void main(String[] args) {
         String regex = "\\p{Upper}\\p{Lower}\\p{Lower}\\p{Lower}\\d\\d\\d";
        String message1 = "ABCd001";              // 需要进行判断的字符串
          String message2 = "Abcd001";            // 需要进行判断的字符串
          boolean result1 = message1.matches(regex);
          boolean result2 = message2.matches(regex);
          if ( result1 )System.out.println(message1 + "是合法的数据" );
          else System.out.println(message1 + "不是合法的数据" );
          if ( result2 )System.out.println(message2 + "是合法的数据" );
          else System.out.println(message2 + "不是合法的数据" );
    }
}
```

程序的执行结果如下。

```
ABCd001 不是合法的数据
Abcd001 是合法的数据
```

4.3.2 正则表达式中的[]

元字符既可以是放在[]中的任意单个字符（如[a]表示匹配单个小写字符 a），也可以是字符序列（如[a-d]表示匹配 a、b、c、d 之间的任意一个字符，而\w 表示任意英文字母和数字及下划线）。例如，正则表达式为 regex="[159]ABC"，那么“1ABC”、“5ABC”、“9ABC”都是与正则表达式“regex”匹配的字符串。[]中元字符的含义如下。

[abcde]：匹配 abcde 之中的任意一个字符。

[a-h]：匹配 a 到 h 之间的任意一个字符。

[^fgh]：不匹配 fgh 之中的任意一个字符。

[]中允许嵌套，可以进行并、交、差运算，其含义如下。

[a-d[m-p]]：代表 a~d 或 m~p 中的任何一个字符（并）。

[a-z&&[def]]：代表 d、e 或 f 中的任意一个字符（交）。

[a-f&&[^bc]]：代表 a、d、e、f（差）。

4.3.3 正则表达式中的限定符

在使用正则表达式时，如果需要某一类型的元字符多次输出，逐个输入就相当麻烦，这时可以使用正则表达式的限定元字符来重复次数。例如，正则表达式为 regex="hello[246]?"，那么“hello”、“hello2”、“hello4”、“hello6”都是与“regex”匹配的字符串。表 4-4 列举了一些常见的限定符。

表 4-4 正则表达式中的限定符及其含义

带限定符号的模式	含　义	带限定符号的模式	含　义
X?	X 出现 0 次或 1 次	X{n,}	X 至少出现 n 次
X*	X 出现 0 次或多次	X{n,m}	X 出现 n 次至 m 次
X+	X 出现 1 次或多次	XY	X 后跟 Y
X{n}	X 出现 n 次	X|Y	X 或 Y

例如，正则表达式为 regex=“@\\w{4}”，那么“@1234”、“@你好中国”都是与“regex”匹配的字符串。

【例 4-8】编程实现通过正则表达式判断用户输入是否是合法的手机号码。

源程序如下。

```
import java.io.*;
public class Ex4_8_PhoneValidation {
    public static void main(String[] args) throws IOException {
        boolean contiGo = true;
        String str;
        BufferedReader buf = new BufferedReader(
                new InputStreamReader(System.in));
            // 定义表示手机号码的正则表达式
        String regex = "^(13\\d|15[036-9]|18[89])\\d{8}$";
        String phoneNumber = "";
        while (contiGo) {
            System.out.println("请输入手机号码");
            phoneNumber = buf.readLine();
            boolean match = phoneNumber.matches(regex);
            if (match) {
                System.out.println(phoneNumber + "是合法手机号码" );
                break;
            }
            else System.out.println(phoneNumber + "不是合法手机号码" );
        }
    }
}
```

程序的运行结果如下。

```
请输入手机号码
123456789
123456789 不是合法手机号码
请输入手机号码
13834213698
13834213698 是合法手机号码
```

【例 4-9】在开发网络程序时，会经常用到 IP 地址、端口号等信息。为了减少程序出现异常的情况，在使用这些信息之前，需要先验证其合法性。编程实现通过正则表达式判断用户输入的 IP 地址是否合法。

源程序如下。

```
import java.io.*;
public class Ex4_9_IPValidation {
    public static void main(String[] args) throws Exception {
        boolean contiGo = true;
        String str;
        BufferedReader buf = new BufferedReader(
                new InputStreamReader(System.in));
        String number = "((\\d{1,2})|(1\\d{2})|(2[0-4]\\d)|(25[0-5]))";
        String regex = "(" + number + "\\.){3}" + number;// 定义表示 IP 的正则表达式
        String ipNumber = "";
        while (contiGo) {
            System.out.println("请输入 IP 地址");
            ipNumber = buf.readLine();
            boolean match = ipNumber.matches(regex);
            if (match) {
                System.out.println(ipNumber + "是合法 IP 地址");
                break;
            } else
                System.out.println(ipNumber + "\n 不是合法 IP 地址");
        }
    }
}
```

4.3.4 java.util.regex 包

Java 中从 JDK1.4 开始增加了对正则表达式的支持，主要由 java.util.regex 包提供相应的用于匹配字符序列与正则表达式指定模式的类。java.util.regex 包主要由 3 个类所组成：Pattern 类、Matcher 类和 PatternSyntaxException 类。Pattern 类对象表示一个已编译的正则表达式，指定为字符串的正则表达式必须首先被编译为此类的实例。然后，可将得到的模式用于创建 Matcher 对象，依照正则表达式，该对象可以与任意字符序列匹配。执行匹配所涉及的所有状态都驻留在匹配器中，所以多个匹配器可以共享同一模式。PatternSyntaxException 对象是一个未检查异常，指示了正则表达式中的一个语法错误。有关 java.util.regex 包的使用，详见 JDK 文档。

4.4 综合应用

编程定义一个一维数组存储 10 个学生名字，再定义一个二维数组存储这 10 个学生的 6 门课（C 程序设计、物理、英语、高等数学、体育、政治）的成绩。程序应具有下列功能。

（1）按名字查询某位同学成绩。

（2）查询某个科目不及格的人数及学生名单。

源程序如下。

```
package com.elephant.studentManagment;
import java.util.*;
```

```
public class Test {
    public static void main(String[] args) {
        Scanner input = new Scanner(System.in);
        String[] name = { "王刚", "刘洪", "张山", "董义凡", "李克", "洪涛", "刘江涛", "
段康宁", "沈大丽", "和平" }; // 存储学生的名字
        double[][] grade = {
            {50,60,70,80,90,10},
            {40,90,80,60,40,70},
            {60,80,70,60,40,90},
            {50,60,70,80,90,10},
            {60,80,70,60,40,90},
            {60,70,80,90,70,70},
            {60,80,70,60,40,90},
            {60,80,70,60,40,90},
            {60,80,70,60,40,90},
            {60,45.5,70,60,40,10}
        };//存储学生各科成绩
        System.out.println("输入要查询成绩的学生名字：");
        String chioce = input.nextLine();
        for(int i= 0; i< 10; i++) {
            if(name[i].equals(chioce)){
                System.out.println("学生：" + name[i] + "的成绩如下：");
                System.out.println("C程序设计："+ grade[i][0] + "物理：" +
                    grade[i][1]+ "英语：" +grade[i][2]+ "高等数学：" +grade[i][3]+
                    "体育：" +grade[i][4]+ "政治：" +grade[i][5] + "/n") ;
                break;
            }
        }
        System.out.println("=================================");
        System.out.println("输入查询不及格人数的科目序号/n");
        System.out.println(
            "1、C程序设计 2、物理 3、英语 4、高等数学 5、体育 6、政治");
        int ch = input.nextInt();
        int time = 0;
        System.out.println("不及格的名单为：");
        for(int i=0; i<10; i++) {
            if(grade[i][ch-1]<60) {
                time++;
                System.out.println(name[i]);
            }
        }
        System.out.println("该科目不及格人数为：" + time);
    }
}
```

本章小结

本章介绍了数组、字符串、正则表达式的基本概念和使用方法。

数组可以方便处理有一定顺序、同一类型和具有相同性质的大量数据，数组元素既可以是简单数据类型，也可以是类等数据类型。数组既可以是一维数组，也可以是多维数组。数组需要经过声明、创建、初始化之后才可以使用。以一维数组为例，数组声明可以采用“数组元素类型 数组名[]”或“数组元素类型[] 数组名”等形式；数组创建与初始化可以有多种办法，如数组声明时直接赋值，采用“数组名=new 数组元素的类型 [数组的长度]”的形式来创建数组，并对其进行初始化。Java 提供了 Arrays，可以方便地进行数组排序、搜索等操作。

字符串也是程序设计中经常使用的数据类型，Java 提供 String 类和 StringBuffer 类，这些类都封装了功能丰富的字符串操作方法。正则表达式是一种可以用于模式匹配和替换的规范，可以方便地进行字符串的匹配、查找、替换、判断等操作。

习　题

1. 声明一个数组，保存一个学生的数学、语文、英语、物理、化学等课程的成绩。编写一个程序，计算 5 门课程的平均成绩，精确到 0.1 分，成绩值从键盘录入。

2. 编程实现统计 50 名学生的百分制成绩中各分数段的学生人数，即分别统计出 100 分、90 ~ 99 分、80 ~ 89 分、70 ~ 79 分、60 ~ 69 分、不及格的学生人数。

3. 编程实现打印输出字符串数组中的最大值和最小值。提示：按照字典顺序决定字符串的最大值和最小值，字典中排在后面的大于前面的。

4. 使用键盘输入一个字符串，编写程序统计这个字符串中的字母、空格和数字的个数。

5. 编程实现将数组中的值按逆序重新存放，例如，原来顺序是 9、7、4、6，要求改为 6、4、7、9。

6. 编程完成打印输出“杨辉三角形”（要求输出的格式在屏幕的居中位置）。“杨辉三角形”的格式如下。

```
                  1
                1   1
              1   2   1
            1   3   3   1
          1   4   6   4   1
        1   5  10  10   5   1
      1   6  15  20  15   6   1
    1   7  21  35  35  21   7   1
  1   8  28  56  70  56  28   8   1
1   9  36  84 126 126  84  36   9   1
```

第 5 章 Java 面向对象程序设计

本章主要内容：

- 类的声明、组成与使用
- 访问控制符
- Java 的名字空间和包
- 抽象类、接口
- 内部类与匿名类
- 泛型类

Java 语言是一种完全面向对象的程序设计语言，面向对象编程主要有 3 个特性：封装、继承和多态。本章主要介绍 Java 语言的面向对象技术。

5.1 类

在 Java 语言中，类、对象和方法是整个 Java 语言的基础。类是精华，它定义了对象的本质，所以，类形成了 Java 中面向对象程序设计的基础，在类中定义了数据和操作这些数据的方法。类中的数据称为类的成员变量（或属性、数据、域等），成员变量有很多修饰符，用来控制对成员变量的访问。操作数据的方法称为类的成员方法，成员方法前面也有很多修饰符，用来控制成员方法的使用。

5.1.1 类的定义

在给出 Java 语言的类定义之前，先分析一个简单的定义 Student 类的源代码。

【例 5-1】Student 类定义的源代码如下。

```
public class Ex5_1_Student {
    public String name;         //姓名
    public String studentID;    //学号
          Date birthdate;       //出生日期
    public String mobilePhone;//联系电话
    protected String major;     //专业
    private float gpa;          //平均成绩点数
    public Professor advisor; //导师
    public void register() {
    }
```

```
    //获得平均成绩点数
    public float getgpa() {
        return gpa;
    }
    //修改平均成绩点数
    public void setgpa() {
        gpa=23.5f;
    }
}
```

例 5-1 所示的代码中，可以看出 Java 中一个类的定义格式分为两部分：类声明和类主体。类定义的基本格式如下：

```
<类声明>{
  <类主体>
}
```

1. 类声明

类声明的格式如下。

```
[<修饰符>] class <类名> [extends<父类>][implements<接口名>]
```

类声明通过使用关键词 class 来定义类，类名是 Java 的合法标识符，应符合 Java 编程规范。上述类声明的基本格式中的其他内容说明如下。

（1）类定义修饰符。

类定义修饰符为类声明的可选部分，如定义类的性质（包括 abstract、final）和访问权限（包括 public 或默认），具体的含义详见本章后续内容。

（2）extends。

extends 为类声明中的可选部分，用于说明类的父类。一般形式为 extends<父类>。Java 语言中，如果在类声明中无 extends，则该类的父类均隐含为 java.lang.Object。

（3）implements。

implements 为类声明中的可选部分，用于说明该类实现的接口。

2. 类主体

类主体完成类的成员变量的说明和成员方法的定义和实现。类主体的基本格式如下。

```
<类声明> {
<成员变量的声明>
   <成员方法的声明及实现>
 }
```

虽然不是强制，但是变量通常在方法前定义，Java 语言中没有独立的函数和过程，所有的函数都是作为类方法定义的。

【例 5-2】定义一个 Point 类，该类包含两个成员变量（x，y 的坐标）和一个成员方法 init()，用于对 x 和 y 赋初值。类声明和定义的源代码如下。

```
class Ex5_2_Point {
    int x;
    int y;
    void init (int ix,int iy) {
        x = ix;
        y = iy;
    }
}
```

3. 成员变量

成员变量定义的一般形式如下。

```
[变量修饰符]<变量类型><变量名>
```

成员变量名必须是 Java 的合法标识符，建议命名成员变量时遵循 Java 编程规范。成员变量的类型可以是 Java 语言中任意的基本数据类型或引用数据类型（如类、数组、接口等）。一个类中，成员变量名必须是唯一的，但是允许成员变量的名字与类中的成员方法同名，不同类之间也允许出现同名的成员变量。类中的成员变量和方法中声明的局部变量的作用域不同，前者作用域为整个类，后者为方法内部。成员变量可以通过变量修饰符来确定其访问权限或类型。

（1）说明变量的访问权限。

Java 语言中提供 public、protected、private 和缺省（默认）4 种访问权限控制。其中 public 修饰的成员变量作用域最广，允许任何程序包中的类访问；protected 修饰的成员变量允许类自身、子类及相同包的类访问；private 修饰的成员变量只能被本类访问。如果成员变量之前没有显式声明访问权限，则该变量为默认访问权限（也称包权限），允许类自身和同一个包内的类访问。有关访问控制符的介绍详见 5.2 小节，包的介绍详见 5.6 小节。

（2）说明实例变量或类变量。

用 static 说明的变量是一个静态变量，也称类变量，无 static 说明的变量为实例变量。实例变量必须通过类的对象访问，每个对象都有这些变量的备份；而静态变量独立于该类中的任何对象，它在类的实例只有一个备份，属于定义它的类，因此称为类变量。类变量属所有对象共有，其中一个对象将其值改变，其他对象得到的就是改变后的结果；而实例变量则属对象私有，某一个对象将其值改变，不影响其他对象。有关 static 的介绍详见 5.5 节。

（3）说明常量。

用 final 修饰的成员变量被视作常量，常量在初始化之后不能再被修改。有关 final 的介绍详见 5.5 节。

4. 成员方法

说明成员方法的一般形式如下。

```
[方法修饰符] <方法返回值类型> <方法名> ([<参数列表>]){
    方法体
}
```

（1）方法修饰符。

成员方法修饰符主要有 public、private、protected、final、static、abstract 和 synchronized。其中前 3 种说明成员方法的访问权限，public 可被所有类访问，private 只能被本类访问，protected 允许被相同包的类访问；final 用于修饰最终方法，被 final 修饰的成员方法不允许被子类重载；static 用于修饰类方法（或静态方法），与类变量类似，类方法也不需要通过创建对象使用，可以直接通过类来访问，类方法也不允许重载；abstract 用于修饰抽象方法，该方式只有方法声明，没有方法体，包含有抽象方法的类为抽象类，抽象类不能实例化；synchronized 修饰符用于线程同步。

（2）方法返回值类型。

成员方法的返回值类型为 Java 语言的任何数据类型。如果一个成员方法没有返回值，则其返回值的类型被说明为 void。如果有返回值，那么 return 语句要带参数，并且 return 语句中返回的数据类型必须与方法说明中的方法返回值的类型一致。

（3）方法名。

成员方法名是 Java 语言的合法标识符，虽然不是强制，但是命名时建议符合 Java 编程规范。

（4）参数列表。

成员方法的参数列表是由逗号分隔的类型及参数名组成，是可选项。参数的类型可以是 Java 语言的任何数据类型。

（5）方法体。

方法体是方法定义的主要部分，包含了实现方法功能的代码。在方法体中可以定义局部变量，它的作用域仅在方法体内。方法体用“{}”括起来。

5. 构造方法

构造方法用于生成一个对象实例，并对对象实例中的成员变量初始化。当用 new 创建一个类的新的对象时，构造方法立即执行。构造方法名字必须与类名相同。构造方法的语法如下。

```
public 类名([参数列表]){
    [语句序列;]
  }
```

在定义构造方法时，需要注意以下几点。

（1）构造方法没有返回值类型，甚至没有 void。其修饰符只能是访问控制修饰符，即 public、private、protected 中的任一个。

（2）构造方法不能从父类中继承。

（3）系统默认提供无参构造方法，该方法根据成员变量的类型进行初始化。

（4）构造方法可以重载，一个类可以有任意多个构造方法。

（5）构造方法不能直接通过方法名引用，必须通过 new 运算符。

（6）在构造方法中可以调用当前类和其父类的另一个构造方法，但必须是方法体的第一条语句。使用当前类的构造方法用 this 来引用，使用其父类的构造方法用 super 来引用。

5.1.2 类的使用

类只是对象模板，只有实例化创建对象之后，才可以使用。

1. 对象声明

对象声明的一般格式如下。

```
类名 对象名;
```

举例如下。

```
Circle c1;
```

Circle 是类的名字，c1 是声明的对象名字。声明 c1 之后，该对象还没有引用任何实体，只是一个空对象。

2. 对象创建

new 运算符用于创建一个类的实例并返回对象的引用。一般格式如下。

```
对象名=new 类名([参数列表]);
```

对象的声明并不为对象分配内存空间。用运算符 new 为对象分配内存空间，实例化一个对象，并进行成员变量的初始化。举例如下。

```
c1= new Circle();
```

构造方法可以重载，Java 编译器根据传入构造方法的参数选择合适的构造方法，对成员变量进行初始化。如果类定义时并没有提供构造方法，则使用系统默认的无参构造方法。若成员变量在声明时没有指定初值，默认构造方法对成员变量的初始化原则如下。

对于整型成员变量，默认初值是 0；对于浮点型，默认初值是 0.0；对于布尔类型，默认初值是 false；对于引用型，默认值是 null。

对象声明和创建可以同时完成，举例如下。

```
Circle c1 = new Circle();
```

一个类通过使用 new 运算符可以创建多个不同的对象，这些对象被分配使用不同的内存空间，改变其中一个对象的成员变量并不会影响其他对象的成员变量（类变量除外）。举例如下。

```
Circle c1 = new Circle();
Circle c2 = new Circle();
```

有时为了编程方便，可以使用对象数组。对象数组的元素为对象，使用时需要分别为数组和数组中的每个元素（对象）分配内存。举例如下。

```
Circle[] array_c;                //声明对象数组，数组的每一个元素均是 Circle 类对象
array_c = new Circle[3];         //为数组分配内存空间
array_c[0] = new Circle();       //创建一个新 Circle 对象，并将数组第 1 个元素指向该对象
array_c[1] = new Circle();       //创建一个新 Circle 对象，并将数组第 2 个元素指向该对象
array_c[2] = new Circle();       //创建一个新 Circle 对象，并将数组第 3 个元素指向该对象
```

3. 对象使用

对象的使用可以通过“.”运算符来实现对自己的成员变量和方法的调用。

Circle
+radius: double
+getArea(): double

图 5-1　Circle 类

【例 5-3】根据图 5-1 中定义的 Circle 类，实现计算圆面积的方法。

定义 Circle 类并测试该类的源程序如下。

```
// Circle 测试类
public class Ex5_3_Circle {
    public static void main(String[] args){
        Circle c1,c2;                  //声明 c1 和 c2 为 Circle 对象
        c1 = new Circle(10);           //创建 c1
        c2 = new Circle(10);           //创建 c2
        c2.setRadius(40);              //调用 c2 的修改半径方法，并不影响 c1 的成员变量状态
        System.out.println("c1 半径="+c1.getRadius()+"\tc2 半径="+c2.getRadius());
        System.out.println("c1 面积="+c1.getArea()+"\tc2 面积="+c2.getArea());
    }
}
//定义 Circle 类
class Circle {
    private double radius;
    public Circle(double r){                //构造方法
        radius = r;
    }
    public void setRadius(double r){        //设定半径
        radius = r;
    }
    public double getRadius(){              //获得半径
        return radius;
    }
    public double getArea() {               //计算面积
        final double PI = 3.14;
        double area;
```

```
        area = PI * radius * radius;
        return area;
    }
}
```

运行结果如下。

```
c1 半径=10.0    c2 半径=40.0
c1 面积=314.0   c2 面积=5024.0
```

4. 对象释放

如果不再使用对象，Java 系统通过垃圾回收器 GC（Garbage Collector）周期性地释放无用对象所使用的内存，完成对象的清除工作。垃圾回收的工作是 Java 系统自动完成的，简化了程序员的工作，减少了出错的可能。

5.1.3 方法重载

方法重载（overloading method）是指一个类中可以有多个方法具有相同的名字，但这些方法的参数不相同。参数不同具体体现为参数的个数不相同，或者参数的类型不同。方法的返回类型和参数的名字不参与比较。Java 系统通过传递给它的参数个数和类型来分辨具体是哪一个方法。

方法重载是 Java 实现多态性的手段之一，另一种多态与继承有关，将在 5.4 节详细介绍。

【例 5-4】 方法重载应用举例如下。

```
public class Ex5_4_Overload {
    public static void main(String[] args){
    Student s1,s2;
    s1 = new Student();
    s2 = new Student();
    s1.setInfo("赵强","20100038","山西太原");
    s2.setInfo(23.5f,"20100089");
    s2.getInfo(23.5f);
    s1.getInfo("山西太原");
   }
}

class Student {
    public String name;              //姓名
    public String studentID;         //学号
    private String address;          //地址
    public String mobilePhone;       //联系电话
    protected String major;          //专业
    private float gpa;               //平均成绩点数

    public void register() {
    }
    //获得平均成绩点数
    public float getgpa() {
        return gpa;
    }

    //修改平均成绩点数
    public void setgpa() {
```

```
            gpa=23.5f;
        }
        public void setInfo(String n,String ID) {
            name=n;
            studentID=ID;
        }
        public void setInfo(String n,String ID,String add) {
            name=n;
            studentID=ID;
            address=add;
        }
        public void setInfo(float g,String ID) {
            gpa=g;
            studentID=ID;
        }
        public void getInfo(float g) {
            System.out.println("学号: "+studentID+"\t 平均成绩点数: "+g);
        }
        public void getInfo(String add) {
            System.out.println("学号: "+studentID+"\t 姓名: "+name+"\t 地址: "+add);
        }
    }
```

程序运行结果如下。

```
学号: 20100089      平均成绩点数: 23.5
学号: 20100038      姓名: 赵强      地址: 山西太原
```

上述程序段中 setInfo()方法出现方法重载，Java 自动根据传入的参数来判断调用哪个具体的方法。同理 getInfo()也是方法重载。

构造方法作为一种特殊的方法，也可以重载。一个类可有多个构造方法，这些构造方法的参数的类型和数量不同。对象实例化时，可以根据需要选择合适的初始化形式。

【例 5-5】构造方法重载应用举例如下。

```
public class Ex5_5_ConstructorOverload {
    public static void main(String[] args){
        Point p1 = new Point();
        Point p2 = new Point(3,4);
        System.out.println("p1 的原点为 ("+p1.x+","+p1.y+")");
        System.out.println("p2 的原点为 ("+p2.x+","+p2.y+")");
    }
}
class Point{
    int x;
    int y;
    public Point(){
        x = 0;
        y = 0;
    }

    public Point(int x,int y){
        this.x = x;
        this.y = y;
    }
}
```

程序运行结果如下。

```
p1 的原点为 (0,0)
p2 的原点为 (3,4)
```

上述程序段中 Point 类提供了 2 个构造方法，一个是无参构造方法，另一个包含两个整型参数的构造方法。创建“p1”对象时自动调用其无参构造方法，创建“p2”对象时自动调用有参构造方法。

5.1.4 this 的使用

this 是 Java 的一个关键字，表示每个实例对象指向自己的引用。其可以出现在实例方法和构造方法中，不能出现在由 static 修饰的类方法（或静态方法）中。

1. 在实例方法和构造方法中使用 this

关键字 this 可以出现在类的构造方法和非 static 修饰的成员方法（即实例方法）中，this 代表实例对象自身，可以通过 this 来访问实例对象的成员变量或调用成员方法。

【例 5-6】 使用 this 访问成员变量或调用成员方法举例如下。

```
public class Ex5_6_this1 {
    public static void main(String[] args) {
        Cat garfield = new Cat("黄",12);
        garfield.grow();
        garfield.grow();
    }
}
class Cat {
    String furColor;
    int height;

    public Cat(String color) {
        this.furColor = color;//通过 this 访问成员变量，这里 this 可以省略
        this.cry();// 通过 this 调用成员方法，这里 this 可以省略

    }
    public Cat(String color,int height) {
        this(color);// //通过 this 调用其他构造方法
        this.height=height;// 通过 this 引用成员变量，这里 this 可以省略
    }
    public void cry(){
        System.out.println("我是一只"+this.furColor+"颜色的猫");
    }
    public void grow(){
        this.height++;//通过 this 访问成员变量，这里 this 可以省略
        System.out.println(" 我长高了，身高为"+this.height);
    }

}
```

程序运行结果如下。

```
我是一只黄颜色的猫
我长高了，身高为 13
```

```
我长高了，身高为 14
```

在例 5-6 的代码中，通过 this 访问了成员变量，也通过 this 调用了构造方法与成员方法。

2. 区分成员变量和局部变量

成员变量在整个类中有效，局部变量仅在方法内有效。在方法体中声明变量以及方法的传入参数均称为局部变量，局部变量只在方法体内有效。

如果实例方法中或类方法中的局部变量名字与成员变量名字相同，则成员变量被隐藏，即这个成员变量在这个方法内暂时失效。如果确实想引用成员变量，则可以使用 this 关键字。

【例 5-7】使用 this 区分成员变量和局部变量举例如下。

```
public class Ex5_7_this2 {
    int x = 188,y;
    public static void main(String[] args) {
        Ex5_7_this2 e= new Ex5_7_this2();
        e.f();
    }
    void f(){
        int x=3;
        y=x;//y 得到的值是 3，而非成员变量 x 的值（188）
        System.out.println("y="+y);

        y=this.x;//y 得到的值是成员变量 x 的值，即：188
        System.out.println("y="+y);
    }
}
```

程序运行结果如下。

```
y=3
y=188
```

3. 返回实例对象本身的引用

this 还可以作为类成员方法的 return 语句的参数，用来返回对象本身的引用。

【例 5-8】使用 this 返回对象本身的引用，举例如下。

```
public class Ex5_8_this3 {
    public static void main(String[] args) {
        Dog tom = new Dog();
        System.out.println("新生的 tom 身高: "+tom.height+"cm, 年龄:"+tom.age);
        tom=tom.grow();
        System.out.println("长大后的 tom 身高: "+tom.height+"cm, 年龄:"+tom.age);
    }
}

class Dog{
    int age;
    float height;
    public Dog(){
        age=1;
        height=10;
    }

    public Dog grow(){
        height = height+10;
        age++;
        return this;
```

```
        }
    }
```

例 5-8 程序执行结果如下。

```
新生的 tom 身高：10.0cm, 年龄:1
长大后的 tom 身高：20.0cm, 年龄:2
```

4. 使用 this 调用类的其他构造方法

在类的构造方法中，可以使用 this()来调用该类的其他构造函数，具体调用哪个构造函数根据 this 的参数类型确定。

【例 5-9】在类的构造方法中，使用 this 调用该类的其他构造方法，举例如下。

```
    public class Ex5_9_this4 {
        public static void main(String[] args){
            Annimal a= new  Annimal(10,20);
            System.out.println("新生小动物");
            System.out.println("年龄=" + a.age+ "\t 体重= " + a.weight + "克\t 身高=" +
a.height + "cm");
        }
    }

    class Annimal{
        int age;
        String furCorlor;
        String eyeColor;
        String name;
        float weight;
        float height;
        public Annimal(float height)
        {
            this.age = 1;
            this.height = height;
        }

        public Annimal(String name)
        {
            this.age = 1;
            this.name = name;
        }

        public Annimal(float height,float weight){
            this(height);// A行 使用 this 调用其他构造函数
            this.weight = weight;
        }
    }
```

程序运行结果如下。

```
新生小动物
年龄=1    体重= 20.0 克  身高=10.0cm
```

例 5-9 程序中的 A 行使用“this(height)”来调用“Annimal”的其他构造函数，由于“height”的数据类型为 float，因此 A 行实际调用的构造函数为“Annimal(float height)”，而非“Annimal(String name)”。

5. 类方法中不可以使用 this

由于类方法可以通过类名字直接调用，这时可能还没有任何对象产生，因此指代对象实例本身的 this 关键字不可以出现在类方法中。

综上所述，关键字 this 可以出现在类的构造方法和非 static 修饰的成员方法（即实例方法）中，代表实例对象自身，有以下几种使用情况。

（1）在类的成员方法中，可以通过 this 来访问实例对象的成员变量或调用成员方法。

（2）在类的成员方法中，区分成员变量和局部变量。

（3）在类的成员方法中，使用 this 返回实例对象本身的引用。

（4）在类的构造方法中，使用 this 调用该类的其他构造方法。

5.2　访问权限控制符

面向对象程序设计的一个特性就是封装，将实体特征的属性隐藏起来，对象与外界仅通过公共接口进行交流，这样可以提高程序的可靠性、安全性，改善程序的可维护性。通过访问权限控制符可以实现数据的隐藏，开放对外的接口。访问权限控制符可以用来设置类、成员变量、成员方法等的访问权限。

Java 提供 public、protected、默认、private 4 种访问控制符，在类、成员变量、成员方法的前面可以使用访问控制符关键字，没有显式使用的均为默认控制类型。

5.2.1　public

public 访问权限最具有开放性，可以用来修饰类、类与接口的成员（包括成员变量、成员方法）。修饰为 public 的类可以被其他任何类及成员方法访问和引用。Java 文件名应与修饰为 public 的类名相同。修饰为 public 的类成员变量或方法，可以在其他类中无限制地访问该成员。总之，由 public 修饰的类或类成员可被任何类访问，其既可以位于同一个包中，也可以位于不同包中。

为了保证数据的隐藏性和安全性，不建议把所有的成员变量或方法全部设置为 public，通常只将公共类或公共接口的成员方法设定为这种访问特性。

5.2.2　protected

protected 可以用来修饰类的成员变量或方法。具有 protected 访问特性的类成员可以被本类、本包中的其他类和其他包中的子类访问，其可访问性低于 public，高于默认。

5.2.3　默认

如果在定义类、接口、成员变量、成员方法时没有指定访问权限控制符，其权限就为默认权限。具有默认权限的类、接口、成员变量、成员方法，只能被本类和同一个包中的其他类、接口及成员方法引用，因此默认权限也被称为包权限。

包是 Java 管理各种类的一个逻辑组织，可以有效解决名字空间的冲突问题。有关包的详细内容请参考本书 5.6 节。

5.2.4　private

私有访问控制符 private 用来声明类的私有成员，它提供了最高的保护级别。用 private 修饰的成员变量或方法只能被该类自身所访问和修改，而不能被任何其他类（包括该类的子类）获取和引用。

上述 4 种不同的访问权限控制符的可访问权限总结在表 5-1 中。

表 5-1　　Java 语言提供的访问权限控制符

	本　类	本　包	不同包中的子类	不同包中的所有类
private	√			
默认	√	√		
protected	√	√	√	
public	√	√	√	√

【例 5-10】同一包内的访问权限控制符使用举例如下。

```
public class Ex5_10_Student {
    public static void main(String[] args) {
        Student1 zhangGang = new Student1(19,"山西太原","张刚",350);
        Teacher missLiu = new Teacher(35,"beijing","刘老师",2000,"102198");
        missLiu.question(zhangGang);
    }
}
class Student1 {
    public int studentAge;
    protected String studentAddr;
    String studentName;
    private int studentAccount;

    public  Student1(int  studentAge,  String  studentAddr,String  studentName,int
studentAccount){
        this.studentAccount = studentAccount;
        this.studentAddr = studentAddr;
        this.studentAge = studentAge;
        this.studentName = studentName;
    }
    public Student1(){
      this.studentAge = 18;
    }
}

class Manger extends Student1{  //班长  测试同一包内子类的权限控制
    void getStudentInformation(){
        System.out.println("name is "+studentName);
        System.out.println("age is "+studentAge);
    //  System.out.println("account is "+studentAccount) ;
        System.out.println("addr is "+studentAddr);
    }
}

class Teacher {
    public int age;
    protected String addr;
    String name;
    private int account;
```

```
    String teacherID;

    public Teacher(int age,String addr,String name, int account,String teacherID){
        this.age=age;
        this.addr=addr;
        this.name = name;
        this.account = account;
        this.teacherID = teacherID;
    }

    public void SetInfo(String teacherID) {
        this.teacherID = teacherID;
    }

    public void question(Student1 s){
        System.out.print(s.studentAddr + "\t" + s.studentAge + "\t"
                + s.studentName);
    //  System.out.print("\t" + s.studentAccount);  //
    }
}
```

程序运行结果如下。

```
山西太原　19　张刚
```

例 5-10 中 Student1、Manger、Teacher 同属一个文件，其中 Manger 是 Student1 的子类。Student1 的 studentAge（public 权限）、studentAddr（protected 权限）、studentName（默认权限）均可被 Manger、Teacher 访问和使用，而被修饰为 private 的 studentAccount 属性不能被 Manger、Teacher 访问和使用。

另外，例 5-10 中 Student1、Manger、Teacher 也可以不在同一个 Java 文件中定义，而是在同一个包中的不同文件中定义，此时的情况与在一个文件中定义一样。但是需要注意同一个包中不应出现相同的类名。

为了有效解决 Java 名字空间的冲突问题，Java 程序设计过程中，经常会根据项目开发需要建立不同的包。只有被修饰为 public 访问权限的成员变量和方法才可以被不同包的其他类使用，修饰为 protected 的成员变量和方法可以被不同包的子类使用。不同包的其他类禁止访问修饰为 private 和默认权限的成员变量和方法。

【例 5-11】不同包内的访问权限控制符使用举例如下。

为了测试不同包对不同权限控制的访问权限，下面的程序段在 course 包中定义（程序首行必须为“package course;”）。

```
//文件名 Course.Java
package course;
public class Course {
    public String courseID;
    public float credit;
    protected String courseCharacter;
    String description;
    private String term;
    public Course(){
    }

    public Course(String courseID, float credit, String courseCharacter,
            String description, String term) {
        this.courseCharacter =courseCharacter;
```

```
        this.courseID =courseID;
        this.credit = credit;
        this.description=description;
        this.term =term;
    }
}
```

下面的程序段不在 course 包中定义，但是为了能使用 course 类，程序首行必须为“import course.*;”。

```
import course.*;
public class Ex5_11_Assitanter {
    public static void main(String[] args) {
         Examination exam;
         Student1 zhangGang = new Student1(19,"山西太原","张刚",350);
         Teacher missLiu = new Teacher(35,"beijing","刘老师",2000,"102198");
         ComputerCourse c1 = new ComputerCourse(missLiu,"12345",3.5f,"必修","Java 语言程序设计技术","5" );
         c1.putInfo();
         exam = new Examination(zhangGang, c1,55f);
         exam.putCredit();
         System.out.println();
    }
}

class Examination{
    Student1 student;
    float score;
    Course course;

    public  Examination(Student1 student,Course course,float score){
        this.student = student;
        this.course = course;
        this.score =score;
    }
    public float putCredit(){
        float c=0.0f;
        if (score>=60) {
            c= course.credit;
            System.out.println("通过考试，实际学分为"+c);
        }
        if (score<60) {
            c= 0;
            System.out.println("未通过考试，实际学分为"+c);
        }

        //System.out.println("课程性质"+courseCharacter);
        //courseCharacter 为 proteced 权限，不可被不同包的非子类访问
        return c;
    }
}

class ComputerCourse extends Course{
    Teacher teacher;
```

```
        public ComputerCourse(Teacher teacher,String courseID, float credit, String 
courseCharacter, String description, String term){
            super( courseID, credit, courseCharacter, description, term);
            this.teacher = teacher;
        }

        public void putInfo(){
            System.out.println("课程编号 "+courseID);
            System.out.println("学分 "+credit);
            System.out.println("课程性质 "+courseCharacter);
            //System.out.println("开设学期"+term);//term 为 private 权限，不可被不同包的子类访问
            //System.out.println("课程介绍"+description);//description 为默认权限，不可被不
同包的子类访问
        }
    }
```

程序运行结果如下。

```
课程编号 12345
学分 3.5
课程性质 必修
未通过考试，实际学分为 0.0
```

上述示例程序中，Course 类位于 course 包中，与 Examination、ComputerCourse 等类不在同一包中定义。ComputerCourse 类是 Course 的子类，因此可以访问 Course 类的 courseID（public）、credit（public）、courseCharacter（protected）等成员变量，但是由于 ComputerCourse 类与 Course 类不在同一包，因此不能访问 description（默认）、term（private）等成员变量。Examination 与 Course 的类没有继承关系且不在同一包中定义，因此不能访问 courseCharacter、（protected）、description（默认）、term（private）等成员变量，只能访问 courseID、credit 等修饰为 public 的成员变量。

5.2.5 getInfo 与 setInfo

出于系统设计安全性的考虑，将类的成员属性定义为 private 形式保护起来，而将类的成员方法定义为 public 形式对外公开，这是类封装特性的一个体现。一般来说，类中应提供相应的 get 方法（得到 private 成员变量的值）和 set 方法（修改 private 成员变量的值），以便其他类操作该类的 private 成员变量。

【例 5-12】getInfo 与 setInfo 的使用举例如下。

```
public class Ex5_12_setGet {
    public static void main(String[] args) {
    Student2 s1;
    s1 = new Student2();
    s1.setgpa(26.5f);
    s1.setInfo("赵强","20100038","山西太原");
    s1.getInfo();
    }
}

class Student2{
```

```
    public String name;              //姓名
    public String studentID;         //学号
    private String address;          //地址
    public String mobilePhone;       //联系电话
    protected String major;          //专业
    private float gpa;               //平均成绩点数

    //获得平均成绩点数
    public float getgpa() {
        return gpa;
    }
    //修改平均成绩点数
    public void setgpa(float gpa) {
        this.gpa=gpa;
    }
    public void setInfo(String n,String ID,String add) {
        name = n;
        studentID = ID;
        address = add;
    }
    public void setInfo(float g,String ID) {
        gpa=g;
        studentID=ID;
    }

    public void getInfo() {
        System.out.println("学号: "+studentID+"\t 姓名: "+name+"\t 地址: "+address+"\t
总学分绩点: "+gpa);
    }
}
```

程序运行结果如下。

```
学号: 20100038      姓名:赵强  地址: 山西太原  总学分绩点: 26.5
```

5.3 继　　承

现实世界中存在很多一般与特殊的现象，例如，研究生是一类特殊的学生，猫是一类哺乳动物……研究生在保留学生基本属性与行为的基础上，可以增加新的属性与行为，或修改学生的属性与行为；猫在继承一般哺乳动物的属性与行为的基础上，可以增加新的属性与行为，或修改哺乳动物的属性与行为。这种现象被称为继承，学生是研究生的父类（或超类），研究生是学生的子类。子类继承父类，父类派生子类，子类还可以派生子类，这样就形成了类的层次结构。

继承机制是面向对象程序设计不可缺少的关键概念，是实现软件可重用的根基，也是提高软件系统的可扩展性与可维护性的主要途径。

5.3.1 类的继承

Java 中继承是通过如下格式实现的。

```
class 子类名 extends 父类名 [implements <接口名>] {

}
```

Java 语言通过使用关键字 extends 来实现类的继承，如果类定义时没有使用 extends 关键字，则默认该类的父类是 java.lang.Object 类。该类是 Java 预定义的所有类的父类，出现在层次结构中的最上层。Object 类包含了所有 Java 的公共属性，其中定义的属性和方法均可被任何类使用、继承或修改。有关 Object 类的常用属性和方法详见本书第 10 章。

为了语言更加简单，减少多重继承可能导致的二义性，Java 语言规定，extends 之后只能有一个父类，即 Java 不支持多继承，只能是单继承。

子类继承父类时遵循普遍性原则和特殊性原则。普遍性原则是指子类继承父类中已有的成员变量和方法；特殊性原则是指子类可以增加父类中没有的变量和方法，或修改父类中已有的变量和方法。

【例 5-13】继承应用举例如下。

图 5-2 描述了 Employee（雇员）和 Manager（经理）之间的关系，经理是一类特殊的雇员，具有雇员的一般性质和行为（方法）。另外经理在一般雇员的基础上，增加了工作的特殊性，享受特殊的津贴。因此，Employee 是父类，Manager 是子类。

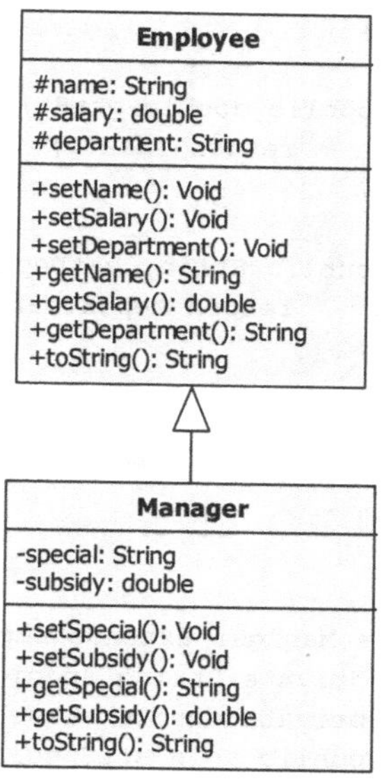

图 5-2 Employee 类与 Manager 类的继承关系图

实现图 5-2 所示的 Employee 类与 Manager 类继承关系的源程序如下。

```
public class Ex5_13_Inheritance {
    public static void main(String[] args) {
        Manager mrZhang = new Manager();
        mrZhang.setName("张刚");
        mrZhang.setDepartment("教务处");
        mrZhang.setSalary(2500);
        mrZhang.setSpecial("教务处处长");
        mrZhang.setSubsidy(500);
        System.out.println("******************员工信息*****************");
        System.out.println();
        System.out.print(mrZhang.toString());
    }
}

class Employee {
    protected String name;
    protected double salary;
    protected String department;
    public void setName(String name) {
        this.name=name;
    }

    public void setSalary( double salary) {
```

```
        this.salary= salary;
    }

    public void setDepartment(String department) {
        this.department = department;
    }

    public String getName() {
        return name;
    }

    public double getSalary() {
        return salary;
    }

    public String getDepartment() {
        return department;
    }

    public String toString() {
        return "姓名:"+name+"\t 部门:"+department+"\t 基本工资:"+salary;
    }
}

class Manager extends Employee {
    private String special;
    private double subsidy;
    public void setSpecial(String special) {
        this.special = special;
    }
    public void setSubsidy( double subsidy) {
        this.subsidy = subsidy;
    }
    public String getSpecial() {
        return special;
    }
    public double getSubsidy() {
        return subsidy;
    }
    public String toString() {
        return "姓名:"+name+"\t 部门:"+department+"\t 职务:"+special+
        "\t 基本工资:"+salary+"\t 津贴:"+subsidy;
    }
}
```

程序的运行结果如下。

```
*********************************员工信息*************************************
姓名:张刚    部门:教务处    职务:教务处处长    基本工资:2500.0    津贴:500.0
```

子类可以从父类继承成员变量和方法，但受访问权限的限制。如果父类和子类分别在不同的包中定义，子类只能访问父类中 public、protected 的变量，如果父类和子类在同一个包中定义，子类能访问父类中 public、protected 和默认权限的变量，父类中 private 权限的成员变量对子类不可见。

在上述例子中，Employee 类中的成员变量为 protected 权限，Manager 类均可以直接访问和使用。如果将 Employee 类中的成员变量修饰为 private 权限，则这些成员变量对 Manager 类来说是不可见的。

5.3.2 super 的使用

子类在继承父类时，可能会出现变量隐藏、方法覆盖（overriding）等现象。变量隐藏指子类的成员变量与父类成员同名时，父类的成员变量被隐藏。方法覆盖指子类的方法与父类的方法名相同，方法的返回值类型、入口参数的数目、类型、顺序均相同，只是方法实现的功能不同，此时父类的方法被覆盖。如果子类需要调用或访问父类被隐藏的变量或被覆盖的方法，可以使用 super 关键字实现。

【例 5-14】使用 super 关键字访问父类被隐藏的变量或被覆盖的方法，举例如下。

```
public class Ex5_14_Overriding {
     public static void main(String[] args) {
     AClass aClass = new AClass();
     BClass bClass = new BClass();

     aClass.p1();
     bClass.p1();
     }
}

class AClass{
     int a;
     float a1;

     public AClass(){
          a=50;
          a1=99.99f;
     }
     public void p1(){
          System.out.println("this is a method of A ");
          System.out.println("a="+a);
     }
}

class BClass extends AClass{
     int a;//与父类的成员变量名相同，属于变量隐藏现象

     public BClass(){
          a=10;
          a1=123.6f;
     }

     public void p1(){ //  与父类的成员方法相同，属于方法覆盖现象
          System.out.println("this is a method of B ");
          System.out.println("a="+a);//此处的 a 是 BClass 的变量值
          super.p1();//通过 super 关键字调用被覆盖的父类成员方法
          System.out.println("super.a="+super.a);//通过 super 关键字访问被隐藏的父类成员变量
     }
}
```

程序运行结果如下。

```
this is a method of A
a=50
this is a method of B
a=10
this is a method of A
a=50
super.a=50
```

在例 5-14 中，BClass 继承 AClass 时，出现了变量隐藏和方法覆盖的现象，BClass 通过 super 关键字访问被隐藏的父类 AClass 成员变量 a 和被覆盖的父类成员方法 p1()。

Super 关键字除了在变量隐藏和方法覆盖时使用之外，还可以用来显式调用父类的构造方法，具体内容详见 5.4 小节。

综上所述，Java 提供关键字 super 实现对父类的成员和方法的访问。Super 有 3 种情况可以使用。

（1）用来访问父类中被覆盖的方法。

（2）用来访问父类中被隐藏的成员变量。

（3）用来调用父类中的构造方法。

5.3.3 子类对象的构造

当用子类的构造方法创建一个子类对象时，子类的构造方法总会显式或隐式地先调用父类的某个构造方法。如果子类的构造方法没有明显地指明调用父类的哪个构造方法，Java 会默认调用父类的无参构造方法；子类也可以通过 super 关键字显式调用父类指定的构造方法，具体调用哪个构造方法需要根据 super()的参数类型决定。

【例 5-15】使用 super 调用父类的构造方法举例如下。

```
public class Ex5_15_SuperUse {
     public static void main(String[] args) {
          SubClass sc1 = new SubClass();
          SubClass sc2 = new SubClass(400);
     }
}

class SuperClass {
   private int n;
   SuperClass() {
      System.out.println("SuperClass()");
   }

   SuperClass(int n) {
      System.out.println("SuperClass(" + n + ")");
      this.n = n;
   }
}

class SubClass extends SuperClass {
   private int n;
   SubClass(int n) {
      super();//A行，可以通过 super 调用父类构造方法
      System.out.println("SubClass(" + n + ")");
      this.n = n;
   }
```

```
    SubClass() {
        super(300); //B 行，显式调用父类的特定构造方法
        System.out.println("SubClass()");
    }
}
```

程序运行结果如下。

```
SuperClass(300)
SubClass()
SuperClass()
SubClass(400)
```

创建子类时，系统默认自动调用父类的无参构造方法。在例 5-15 中，即使注释掉 A 行，执行结果仍然不变。B 行用于显式调用父类的特定构造方法，因 super(300)，参数类型是整形，因此 B 行显式调用父类的 SuperClass(int n)构造方法。

特别需要注意的是，如果父类定义了有参数的构造方法，系统就不再提供默认的无参构造方法，此时子类一定要避免使用父类的无参构造函数。

【例 5-16】子类错误调用父类的无参构造方法举例如下。

```
public class Ex5_16_super {
    public static void main(String[] args) {
        Doctor d = new Doctor("wang", 1, "wu");
    }
}

class Doctor {
    String name;
    int ID;
    String address;

    public Doctor(String name1, int ID1, String address1) {
        name = name1;
        ID = ID1;
        address = address1;

        System.out.println("名字:" + name);
        System.out.println("编号" + ID);
        System.out.println("地址" + address);
    }
    public Doctor() {//如果不定义该无参构造方法，将导致 A 行提示语法错误
    }
}

class Specialist extends Doctor {
    public Specialist(String name1, int ID1, String address1) {
        super( name1, ID1, address1);
    }

    public Specialist(){
        super();//A 行　由于父类已经提供了有参构造方法，系统不再提供默认的无参构造方法
        name="10";
    }
}
```

程序运行结果如下。

```
名字:wang
编号 1
地址 wu
```

在例 5-15 中，Specialist 类是 Doctor 的子类，而 Doctor 中已经定义了 Doctor(String name1, int ID1, String address1)的构造方法，系统就不会默认继续提供 Doctor()无参构造方法。因此，Specialist 类的构造方法如果显式调用 super( )，A 行会出现语法错误；即使不显式调用 super()，Specialist() 也会出现语法错误，因为会缺省调用。

因此，调用构造方法遵循以下的几条规则。

（1）当一个类创建对象时，可以调用该类的父类构造方法。调用父类的构造方法很简单，只要在类的构造方法的方法体中，第一条为 super 语句就可以了。super 可以调用父类的任何一个带入口参数或不带入口参数的构造方法。

（2）如果一个类的构造方法中第一条语句没有用 super 来调用父类的构造方法，编译器也会默认在构造方法中用 super()调用父类的无参构造方法。

（3）如果某个类的构造方法的第一条语句是用 this()来调用本类的另外一个构造方法，那么 Java 系统就不会默认这个构造方法调用父类的构造方法。

（4）如果父类中定义了有参构造方法，则 Java 系统不再提供默认的无参构造方法，因此在子类的构造方法中一定需要通过 super 显式调用父类有参构造方法。

5.3.4 对象类型转换

研究生是一种特殊的学生，研究生具有学生的所有属性和行为。父类有的方法和属性，子类都有。因此，Java 中的子类对象可以向上转换为父类对象（也称上转型对象），允许将子类的实例赋值给父类的引用，也允许一个父类的引用指向子类对象。

假设 Subclass 是 Superclass 的子类，下面的语句是合法的。

```
SuperClass superClass=new Subclass(); //父类引用指向子类对象
```

但是反过来，一个父类对象的类型未必可以向下转换成子类对象，因为子类具有的信息，父类未必包含，这种转换是不安全的。只有当父类引用实际上指向一个子类对象时，才可以进行这种转换。下面的语句将导致错误。

```
SubClass subClass=new SuperClass ();
```

【例 5-17】对象类型转换举例如下。

```
public class Ex5_17_Convert {
    public static void main(String[] args) {
        C c = new D();//父类引用指向子类对象
        c.n = 3.1415926;//修改的是父类引用的被隐藏的变量
        //c.w = 300;//A 行，父类引用不能操作子类对象新增的成员变量
        //c.cry();//B 行，父类引用不能操作子类对象新增的成员方法
        c.m = 186;
        c.f();
        c.g();//c 实际是一个子类对象，因此实际调用的是子类的 g ( ) 方法

        D d=(D) c;//将 c 强制转换为子类对象
        d.n=555;
        d.f();
        d.g();
```

```
            d.cry();
        }
    }

    class C {
        int m;
        double n;
        void f(){
            System.out.println("被子类继承的方法 f()");
        }
        void g(){
            System.out.println("你好，n="+n+"  m="+m);
        }
    }

    class D extends C{
        int w;
        int n=12;
        void g(){
            System.out.println("子类重写方法 g(),n="+n+"  m="+m);
        }
        void cry(){
            System.out.println("子类新增的方法");
        }
    }
```

程序运行结果如下。

```
被子类继承的方法 f()
子类重写方法 g(),n=12  m=186
被子类继承的方法 f()
子类重写方法 g(),n=555  m=186
子类新增的方法
```

例 5-17 中若将 A、B 行的注释去掉，将会出现语法错误。C 行实际调用的是子类重写的方法。由此，可以看出如下上转型对象的操作特点。

（1）上转型对象不能操作子类新增加的成员变量和成员方法。

（2）上转型对象可以代替子类对象调用子类重写的实例方法。

（3）上转型对象可以调用子类继承的成员变量和隐藏的成员变量。

对象转换不仅发生在对象赋值的情况下，也发生在方法调用的参数传递的情况下。如果一个方法的形式参数定义的是父类对象，那么调用这个方法时，可以使用子类对象作为实际参数。

【例 5-18】参数传递时发生对象类型转换举例如下。

```
public class Ex5_18_Convert2 {
    public static void main(String[] args) {
        TaxRate taxRate = new TaxRate();
        Manager2 manager = new Manager2();
        taxRate.findTaxRate(manager);//参数传递时，对象类型转换
    }
}

class TaxRate{
    void findTaxRate(Employee2 e){
    }
```

```
}

class Employee2 {
}

class Manager2 extends Employee2{
}
```

5.4 多态性

在面向对象的程序设计理论中，多态性的定义是：同一操作作用于不同的类的实例，将产生不同的执行结果，即不同类的对象收到相同的消息时，得到不同的结果。多态性包含编译时的多态性、运行时的多态性两大类，即多态性也分静态多态性和动态多态性。静态多态性是指定义在一个类或一个接口中的同名方法，它们根据参数表（类型以及个数）区别语义；动态多态性是指定义在一个类层次的不同类中的覆盖方法，它们一般具有相同的方法名，因此要根据“指针”指向的对象所在类来区别语义，它通过动态联编实现。 Java 从多个方面支持多态性，一方面可以通过方法重载实现多态，另一方面可以通过继承过程中出现的方法覆盖以及对象类型转换（父类引用指向子类对象）实现。

5.4.1 方法重载与方法覆盖

方法重载（overloading）与方法覆盖（overriding）是实现多态性的基本手段，但两者的机制不同。方法重载是指一个类中可以有多个方法具有相同的名字，但这些方法的参数不相同。参数不同具体体现为参数的个数不同，或者是参数的类型不同。方法覆盖是指子类的方法名与父类的方法名完全相同，并且返回值类型、入口参数的数目、类型均相同，即在子类中重新改写了父类的同名方法。Java 根据实际参数的个数和类型来选择调用合适的方法，这样就能使用相同的方法名实现不同的功能，体现了多态性。

5.4.2 运行时多态性

Java 实现运行时多态性的基础是动态方法调度，它是一种在运行期间（而不是在编译期）调用覆盖方法的机制。

【例 5-19】运行时多态性举例如下。

```
public class Ex5_19_Convert3 {
    public static void main(String[] args) {
        Lady missLiu= new Lady();
        missLiu.pet = new Dog2();
        missLiu.petEnjoy();

        Lady missWang= new Lady();
        missWang.pet = new Bird();
        missWang.petEnjoy();
    }
}

class Lady{
    Pet pet;
```

```
    void petEnjoy(){
        pet.enjoy();
    }
}

class Pet{
    int name;
    void enjoy(){
        System.out.println("宠物高兴");
    }
}

class Bird extends Pet{
    void enjoy(){
        System.out.println("喳喳……");
    }
}

class Dog2 extends Pet{
    void enjoy(){
        System.out.println("汪汪……");
    }

}
```

程序运行结果如下。

```
汪汪……
喳喳……
```

在例 5-19 程序中，Lady 类的成员变量 pet 是父类对象。missLiu.pet 父类引用指向了子类对象（一个鸟的实例对象），missWang.pet 父类引用也同样指向了子类对象（一个狗的实例对象）。此时就发生了父类引用指向子类对象，Java 只能在运行时根据父类引用的具体指向，选择不同类的方法，实现了用相同的接口完成不同功能，体现了多态性。

5.5　非访问控制符

类定义时除了可以设置类成员变量、成员方法的访问权限（使用 public、private、protected 和默认）之外，还可以使用 static、final、abstract 等说明成员变量或方法的特性。

5.5.1　static

static 可以用来修饰类的成员变量或成员方法，分别称为类变量（或静态变量）和类方法（或静态方法）。相应地，没有被 static 修饰的类的成员变量或成员方法称为实例变量或实例方法。

1. 类变量

在生成每个类的实例变量时，Java 运行系统为每个对象的实例变量分配一个内存空间，实例变量指向该内存空间，不同的实例变量占用不同的内存区域。对于类变量来说，Java 运行系统为其分配公共的存储空间，该类的每个实例对象共享同一类变量的存储空间。因此，每个对象对类变量的修改都会影响其他实例对象。

类变量可以通过类名直接访问，也可以通过实例对象来访问，这些都是对同一内存单元的操作。例如，System 类中的 in、out 都是类变量，因此经常直接通过 System 类访问 in、out 对象，即通过使用 System.in 和 System.out 完成输入输出。

【例 5-20】static 修饰类变量举例如下。

```
public class Ex5_20_Static1 {
    public static void main(String[] args) {
        System.out.println("目前出生的人数:"+Person3.totalNum);

        Person3 wang = new  Person3("Wang");
        Person3 liu = new  Person3("Liu");
        Person3 zhao = new  Person3("Zhao");

        System.out.println("目前出生的人数:"+Person3.totalNum);
        System.out.println("目前出生的人数:"+wang.totalNum);
    }
}

class Person3{
    static long totalNum=10000;
    int age;
    String name;
    String id;

    public Person3(String name){
        totalNum++;
        this.name=name;
        age=1;
    }
}
```

程序运行结果如下。

```
目前出生的人数: 10000
目前出生的人数: 10003
目前出生的人数: 10003
```

例 5-20 中，Person3 类中的人口总数 totalNum 被声明为类变量，所有 Person3 的实例对象都共享类变量 totalNum 所指的内存区域。因此每创建一个 Person3 的实例对象（如 wang、liu、zhao 等）时，类变量 totalNum 加 1，并可以记录所产生的实例对象的个数。使用时，可以通过类名直接访问该类变量（如 Person3.totalNum），也可以通过对象访问（如 wang.totalNum），但是后一种方法不建议使用。

综上所述，类变量的使用具有如下特点。

（1）类变量可以通过类名直接访问，而不需要创建对象。

（2）任何一个对象对类变量的修改，都是在同一内存单元上完成的。因此，每个对象对类变量的修改都会影响其他实例对象。

2. 类方法

声明为 static 的方法称为类方法（或称静态方法），与此相对，没有 static 修饰的成员方法则为实例方法。类方法的本质是该方法属于整个类，而不是属于某个实例。调用类方法时可以不创建实例，直接通过类名调用。

类方法的使用具有以下特点。

（1）类方法可以通过类名直接调用，而不需要创建实例对象。例如，Java Application 的入口 main()方法就被声明为 static 类方法，不需要创建任何实例对象就可以调用。

（2）类方法属于整个类，被调用时可能还没有创建任何对象实例，因此类方法内只可以访问类变量，而不能直接访问实例变量和实例方法。

（3）类方法中不能使用 this 关键字，因为静态方法不属于任何一个实例。

【例 5-21】static 修饰类方法举例如下。

```
public class Ex5_21_Static2 {

    public static void main(String[] args) {
        System.out.println(staticTestFunction.addUP(10,5));//正确，类方法可被类直接调用
        //System.out.println(staticTestFunction.sub());//错误，实例方法不能被类直接调用
        staticTestFunction test = new staticTestFunction();
        System.out.println(test.sub());
    }
}

class staticTestFunction{
    int x=10,y=6;
    static int z=9;
    public static int addUP(int a,int b){ //被声明为类方法
        return a+b+z;//类方法中能使用类变量
    }

    public int sub(){
        return x-y;
    }
    /*public static int addUP(){ //被声明为类方法
        return x+y;//错误,类方法中不能使用实例变量
    }*/
}
```

程序运行结果如下。

```
24
4
```

5.5.2　final

final 可以用来修饰类以及类的成员变量和成员方法。

1. final 修饰类

如果一个类被 final 修饰符修饰和限定，这个类就称为最终类，它不可能有子类，有子类就意味着可以定义新成员。Java API 中有不少类定义为 final 类，这些类通常是有固定作用、用来完成某种标准功能的类，例如，Math 类、String 类、Integer 类等。

abstract 和 final 修饰符不能同时修饰一个类，但是可以各自与其他的修饰符合用。当一个以上的修饰符修饰类时，这些修饰符之间以空格分开，写在关键字 class 之前，修饰符之间的先后排列次序对类的性质没有任何影响。

2. final 修饰成员变量

用 final 修饰的成员变量为常量，不允许修改。

final 修饰符同样可以与其他修饰符一起修饰成员变量，这些修饰符之间以空格分开，修饰符之间的先后排列次序对成员变量的性质没有任何影响。

3. final 修饰成员方法

用 final 修饰的成员方法是功能和内部语句不能被更改的最终方法，即不能被当前类的子类重新定义的方法。它固定了这个方法所对应的具体操作，防止子类对父类关键方法的错误重定义，保证了程序的安全性和正确性。

final 类中的所有成员变量和方法都被默认为 final 的。

5.5.3 其他修饰符

类或类成员可以使用 static、final、abstract 等修饰，其中 static、final 已经在 5.5.1 小节与 5.5.2 小节中介绍，abstract 用于修饰抽象类，具体内容详见 5.7 节。除此之外，Java 还提供了 volatile、native、synchronized 等其他修饰符。

1. volatile

用 volatile 修饰的成员变量称为易失变量，这个变量通常同时被几个线程控制和修改，也就是说，这个成员变量不仅被当前程序所掌握，在运行过程中可能存在其他未知的程序操作影响和改变其取值。

2. native

用 native 修饰的方法是一种特殊方法，一般用来声明用其他语言编写的方法体并具体实现方法功能。由于 native 的方法是用其他语言在外部编写，所以，所有的 native 方法都没有方法体，而使用一个“;”代替。

3. synchronized

synchronized 主要用于多线程程序的协调与同步。如果一个方法被 synchronized 关键字修饰，意味着不管哪一个线程（如线程 A）运行到这个方法时，都要检查有没有其他线程正在用这个方法，如有则要等正在使用 synchronized 方法的线程运行完这个方法后，再运行此线程（如线程 A）；否则直接运行。

5.6 包

为了更好地组织类，Java 提供了包机制。包是类的容器，Java 中的包一般均包含相关的类。例如，所有关于交通工具的类都可以放到名为 transportation 的包中。如果没有指定包名，所有的类都属于一个默认的无名包。

5.6.1 Java 的名字空间

Java 注意解决名字空间的冲突问题。没有全局的方法，也没有全局的变量，所有的变量和方法都是在类中定义，且是类的重要组成部分，每个类又是包的一部分。因此每个 Java 变量或方法都可以用全限定的名字表示，包括包名、类名、域名 3 部分，之间用“.”分隔。

Java 编译器将 Java 程序的每个类的编译代码（即字节码）放在不同的文件中，这些编译代码的文件名与类同名，但要加上扩展名（.class）。因此一个包含有多个类定义的源文件编译后有多个.class 文件。

Java 源代码的扩展名一般为.java，其中包括一个或多个类定义。如果在 Java 文件中有多个类定义，则只能有一个类可以定义为 public，并且这个类的名字必须与程序的源代码名（去掉扩展名）一致。

5.6.2　包的定义与引入

1. 包的定义

程序员可以使用 package 指明源文件中的类属于哪个具体的包。定义包语句的格式如下。

```
package pkg1[. pkg2[. pkg3…]];
```

包的名字有层次关系，各层之间以“.”分隔。包层次与 Java 开发系统的文件系统结构相同，也就是说包名和它们的结构应该恰好同目录（文件夹）相对应，每个包对应于当前目录下的一个与包同名的目录，子包的类存在于相应的子目录中。例如，如果文件声明如下。

```
package java.awt.image
```

则此文件必须存放在 Windows 的 java\awt\image 目录下或 UNIX 的 java/awt/image 目录下。

程序中如果有 package 语句，该语句一定是源文件中的第一条可执行语句，它的前面只能有注释或空行。另外，一个文件中最多只能有一条 package 语句。

2. 包的引入

当使用其他包内的类时，需要在程序的首行使用 import 语句。import 语句的格式如下。

```
import pkg1[.pkg2[.pkg3…]];
```

import 语句只用来将其他包中的类引入当前名字空间中，而当前包总是处于当前名字空间中，程序中无需引用（import）同一个包或该包中的任何元素。

【例 5-22】为了方便项目管理，创建学生管理（studentManagement）、教师管理（teacher- Management）的包，并在学生管理包内定义学生类，在教师管理包定义课程、教师等类。在定义学生类时，需要使用定义在 teacherManagement 包内的课程类。其源代码如下。

```
package studentManagment;
import teacherManagment.*;//
public class Student {
    Course[] course;
    }
```

teacherManagement 包中课程、教师等类的定义如下。

```
package teacherManagment;
public class Course {
}

class Teacher{
}
```

学生、课程、教师等类的文件组织结构为：teacherManagment 与 studentManagment 为 Eclipse 的当前工作空间的两个文件夹，Student.class 存放在 studentManagment 文件夹下，Course.class 和 Teacher.class 存放在 teacherManagment 文件夹下。

5.6.3　JDK 提供的主要包

JDK 提供了 100 多个公共包，常用的有以下 Java 包。

1. Java.lang

提供利用 Java 编程语言进行程序设计的基础类，如 Object 类、String 类、StringBuffer 类、System 类、Reader 类、Writer 类等。java.lang 包总是被默认导入的。

2. java.io

通过数据流、序列化和文件系统提供系统输入和输出。

3. java.util

包含集合框架、事件模型、日期和时间设施、国际化和各种实用工具类，如 Calendar（日历）类、Vector（向量）类等。

4. java.awt、javax.swing

包含了一些用来建立图形界面的类，如 Window 类、Button 类、Menu 类、Color 类、Graphics 类等。

5. java.awt.image

提供创建和修改图像的各种类，如 BufferedImage 类、ColorModel 类等。

6. java.applet

包含用于执行小程序的类，如 Applet 类等。

7. java.net

包含一些网络访问功能的类，如 ServerSocket 类、Socket 类、URL 类等。

8. java.sql

包含访问数据库资源的类，如 SQLPermission 类、DriverManager 类、Connection 类、Statement 类等。

9. sun.tools.debug

该软件包是 SUN 公司提供给 Java 用户的调试工具包，它包含各种用于调试类和接口的工具。

5.7 抽象类与接口

5.7.1 抽象类

抽象是人们解决问题的基本手段。在面向对象的概念中，所有的对象都是通过类来描绘的，但是反过来却不是这样，并不是所有的类都是用来描绘对象的。如果一个类中没有包含足够的信息来描绘一个具体的对象，这样的类就是抽象类。抽象类往往用来表征对问题领域进行分析、设计中得出的抽象概念，是对一系列看上去不同，但是本质上相同的具体概念的抽象。例如，进行图形编辑软件的开发时，会发现问题领域存在着圆、三角形等具体概念，它们是不同的，但是它们又都属于“形状”这个概念，而这个概念在问题领域是不存在的，它就是一个抽象概念。正是因为抽象的概念在问题领域没有对应的具体对象，所以用来表征抽象概念的抽象类是不能够实例化的。

1. 抽象类的定义

抽象类需要使用 abstract 来修饰，定义语法如下。

```
abstract class <类名> [extends<父类>][implements<接口名>]{
  <类主体>
```

```
}
```

【例 5-23】定义所有动物的抽象类，源程序如下。

```
public class Ex5_23_abstract {
    public static void main(String[] args) {
        // Animal a= new Animal();//A 行，禁止实例化抽象类
        Cat2 tom =new Cat2();
        tom.eat();
        tom.run();
    }
}

abstract class Animal{
    String eyeColor;
    String furColor;
    int age;

    public Animal(){
        age=0;
    }

    abstract void eat();
    abstract void run();
}

class Cat2 extends Animal{
    void run(){
        System.out.println("猫扑");
    }
    void eat(){
        System.out.println("吃老鼠");
    }
}
```

程序运行结果如下。

```
吃老鼠
猫扑
```

（1）抽象类与抽象方法。

抽象方法属于一种不完整的方法，只含有一个声明部分，没有方法主体。下面是抽象方法声明时采用的语法。

```
abstract <方法返回值类型> <方法名> ([<参数列表>]);
```

例 5-23 中 Animal 类中 eat、run 方法均为抽象方法。

包含抽象方法的类一定是抽象类，但是抽象类不一定必须包含抽象方法。也就是说即使不包括任何抽象方法，也可将一个类声明为抽象类。

（2）抽象类不能被实例化。

抽象类不能使用 new 关键字创建实例化对象。例 5-23 中的 A 行会导致编译错误。

2. 抽象类的继承

如果一个类需要继承抽象类，则该类必须实现抽象类中定义的所有抽象方法。否则，该类也必须修饰为抽象类。也就是说，抽象类的子类如果仅实现父类的部分抽象方法，子类也必须声明为抽象类。举例如下。

```
abstract class Mammal extends Animal {
    int viviparousAmount;
}
```

Mammal 类没有实现父类 Animal 中包含的抽象方法，Mammal 类也必须修饰为抽象类，否则会出现语法错误。

5.7.2 接口

接口（interface）是 Java 所提供的另一种重要功能，它的结构和抽象类非常相似。接口是一种特殊的类，但接口与类存在着本质的区别。类有成员变量和成员方法，而接口却只有常量和抽象方法，也就是说接口的成员变量必须初始化，同时接口中的所有方法必须全部声明为 abstract 方法。

1. 接口的定义

接口通过关键词 interface 来定义，其一般形式如下。

```
[接口修饰符] interface〈接口名〉[extends〈父类接口列表〉] {
    接口体
}
```

（1）接口修饰符：接口修饰符为接口访问权限，有 public 和默认两种状态。

public 状态用 public 指明任意类均可以使用这个接口。

在默认情况下，只有与该接口定义在同一包中的类才可以访问这个接口，而其他包中的类无权访问该接口。

（2）接口名：接口名为合法的 Java 语言标识符。

（3）父类接口列表：一个接口可以继承其他接口，可通过关键词 extends 来实现，其语法与类的继承相同。被继承的类接口称为父类接口，当有多个父类接口时，用逗号“,”分隔。

（4）接口体：接口体中包括接口中所需要说明的常量和抽象方法。由于接口体中只有常量，所以接口体中的变量只能定义为 static 和 final 型，在类实现接口时不能被修改，而且必须用常量初始化。接口体中的方法说明与类体中的方法说明形式一样，由于接口体中的方法为抽象方法，所以没有方法体。抽象方法的关键字 abstract 是可以省略的，同时成员变量的 final 也可省略。接口体中方法多被说明成 public 权限。

2. 接口的实现

用 implements 子句表示一个类用于实现某个接口。一个类可以同时实现多个接口，接口之间用逗号“,”分隔。

在类中可以使用接口中定义的常量，由于接口中的方法为抽象方法，所以必须在类中加入要实现接口方法的代码。如果一个接口是从别的一个或多个父接口中继承而来，在类中必须加入实现该接口及其父接口中所有方法的代码。

在实现一个接口时，类中对方法的定义要和接口中的相应方法的定义相匹配，其方法名、方法的返回值类型、方法的访问权限和参数的数目与类型信息均要一致。

3. 接口与多重继承

与类一样，可以使用 extends 子句扩展接口，生成子接口。

原来的接口称为基本接口（base interface）或父接口(super interface)，扩展的接口称为派生接口或子接口。通过这种机制，派生接口不仅可以保有父接口的成员，同时也可以加入新的成员以满足实际问题的需要。

与类不同的是，一个接口可以扩展多个接口，继承它们所有属性，而一个类只能扩展一个类。显然，接口不能扩展类，接口的方法必须全是抽象的。举例如下。

```
interface A extends B{…}
```

这条语句表示定义了接口 A 并继承了接口 B，使 A 成为 B 的子接口，并且 A 具有 B 的所有属性。接口继承过程中可能会出现以下情况。

（1）方法重名。

如果两个方法完全一样，只保留一个。

如果两个方法有不同的参数（类型或个数），那么子接口中包括两个方法，方法被重载。

如果两个方法仅在返回值上不同，程序会出现错误。

（2）常量重名。

两个重名常量全部保留，并使用原来的接口名作为前缀。

5.8　内部类与匿名类

5.8.1　内部类

Java 支持在一个类中声明另一个类，这样的类称为内部类（InnerClass），而包含内部类的类称为内部类的外部类（OuterClass）。内部类一般用来实现一些没有通用意义的功能逻辑。内部类的使用要依托外部类，这点与包的限制类似。

定义内部类非常简单，只需将类的定义放在一个用于封装它的外部类的类体内部即可。

【例 5-24】内部类的定义和使用举例如下。

```
public class Ex5_24_InnerClass {
    public static void main(String[] args) {
        Parcel p =new Parcel();
        Parcel.Contents c = p.new Contents(33);
        Parcel.Destination d = p.new Destination("山西大同");//D行
        //Destination d = new Destination("山西太原");//A行
        p.setValue(c,d);
        p.ship();
        p.testShip();
    }
}

class Parcel{
    private Contents c;
    private Destination d;
    private int contentsCount=0;
    class Contents {
        private int i;
        Contents(int i){
            this.i=i;
            contentsCount++;//C行
        }
        int value(){
            return i;
```

```
            }
        }

        class Destination{
            private String label;
            Destination(String whereTo){
                label=whereTo;
            }
            String readLabel(){
                return label;
            }

        }

        void setValue(Contents c,Destination d){
            this.c=c;
            this.d=d;
        }

        void ship(){
            System.out.println("运输"+c.value()+"到"+d.label) ;//B 行
        }

        public void testShip(){
            c = new Contents(22);
            d = new Destination("山西太原");
            ship();
        }
    }
```

程序运行结果如下。

```
运输 33 到山西大同
运输 22 到山西太原
```

程序编译后生成 4 个类文件：Ex5_24_InnerClass.class、Parcel.class、Parcel$Contents.class、Parcel$Destination.class。

例 5-24 中，可以看出内部类 Destination 和 Contents 的定义包含在外部类 Parcel 中，内部类的声明与声明成员变量或成员方法一样。

内部类与类中的成员变量和成员方法一样，均为外部类的成员，其使用有如下特点。

（1）外部类使用内部类成员。

外部类使用内部类的方法与一个类使用其成员变量或成员方法没有区别。如例 5-24 中的 B 行，在 Parcel 类的 ship 方法中可以直接使用 Destination 和 Contents 类的方法和成员变量。

（2）内部类使用外部类的成员。

一个类把内部类看成是自己的成员，外部类的成员变量在内部类中仍然有效，内部类可以直接使用外部类中的成员变量和方法，即使它们是 private 的，这也是内部类的一个好处，如例 5-24 中的 C 行。如果内部类与外部类有同名的成员变量，可以使用冠以"外部类名.this"来访问外部类中同名的成员变量。

（3）非外部类使用内部类。

非外部类的其他类使用内部类（如例 5-24 中的 Ex5_24_InnerClass 类使用 Destination 和 Contents 类），在用类名和 new 运算符前分别冠以外部类的名字及外部对象名，如例 5-24 中的 D

行，直接使用将导致语法错误，如例 5-24 中的 A 行。

Java 在事件处理中，经常使用内部类，相关内容详见本书相关章节。

5.8.2　匿名类

使用类创建对象时，Java 允许把类体与对象的创建组合在一起。也就是说，类创建对象时，除了构造方法还有类体，此类体被称为匿名类。

匿名类由于无名可用，所以不可能用匿名类声明对象，但是可以直接用匿名类创建一个对象。

【例 5-25】与类有关的匿名类举例如下。

```
abstract class Student3{
    abstract void speak();
}

class Teacher2{
    void look(Student3 s){
        s.speak();
    }
}
public class Ex5_25_AnonymousClass {

    public static void main(String[] args) {

            Teacher2 zhang = new Teacher2 ();
            Student3 liu =new Student3(){
                void speak(){
                    System.out.println("这是匿名类中的方法");
                }
            };//匿名类体结束
            zhang.look( liu);
    }
}
```

程序运行结果如下。

```
这是匿名类中的方法
```

例 5-25 中，抽象类 Student3 中包含抽象方法 speak()，因此不能直接创建实例对象，但是在 Ex5_25_AnonymousClass 类的 main()方法中直接使用匿名类创建了一个对象，创建过程中，需要重写抽象方法 speak()。

另外，匿名类也允许直接用接口名创建一个匿名对象。

【例 5-26】与接口有关的匿名类举例如下。

```
public class Ex5_26_AnonymousClass {
    public static void main(String[] args) {
        A a= new A();
        a.f(new Show(){
            public void show(){
                System.out.println("实现了接口的匿名类");
            }
        }
        );
    }
}
```

```
interface Show{
    public void show();
}

class A{
    void f(Show s){
        s.show();
    }
}
```

程序运行结果如下。

```
实现了接口的匿名类
```

5.9 泛 型 类

JDK5.0 中推出了泛型（Generic），泛型是对 Java 语言的类型系统的一种扩展，支持创建可以按类型进行参数化的类，可以把类型参数看作是使用参数化类型时指定的类型的一个占位符，就像方法的形式参数是运行时传递的值的占位符一样。

5.9.1 泛型类声明

泛型类的声明格式如下。

```
class 泛型类名<泛型列表>{
   类体
}
```

泛型类声明时并不指明泛型列表是什么类型的数据，可以是任何对象或接口，但不能是基本类型数据。泛型列表处的泛型可以作为类的成员变量的类型、方法的类型以及局部变量的类型。

泛型类的类体与普通类的类体完全类似，由成员变量和方法构成。举例如下。

```
class Chorous<E,F>{
    void makeChorus(E Person,F yueqi){
        yueqi.toString();
        person.toString();
    }
}
```

其中<E,F>是泛型列表，E 和 F 可理解为一种类参数，声明对象或创建实例时用具体的类名代替。

5.9.2 使用泛型类声明对象

使用泛型类声明对象时，必须指定类中使用的泛型的具体类名，举例如下。

```
Chorous<Student,Button> model
model = new Chorous<Student,Button>();
```

【例 5-27】实现歌手和乐器的和声，用 Chorous 泛型类创建一个基于“歌手”和“乐器”的对象。源程序如下。

```
public class Ex5_27_Generics {
    public static void main(String[] args) {
        Chorous <Singer,MusicalInstruments> model =new Chorous<Singer,Musical
```

```
Instruments>();
            model.makeChorus(new Singer(), new MusicalInstruments() );
        }
    }

    class Chorous <E,F>{
        void makeChorus(E person,F yueqi){
            yueqi.toString();
            person.toString();
        }
    }

    class Singer{
        public String toString(){
            System.out.println("好一朵美丽的茉莉花");
            return  "";
        }
    }

    class MusicalInstruments{
        public String toString(){
            System.out.println("|3 34 61 16|5 56 5-|");
            return  "";
        }
    }
```

程序运行结果如下。

```
|3 34 61 16|5 56 5-|
好一朵美丽的茉莉花
```

【例 5-28】声明一个泛型类：锥。一个锥对象计算体积时，只关心它的底是否能计算面积，并不关心“底”的类型。源程序如下。

```
class Cone<E>{
    E bottom;
    double height;
    public Cone(E b){
        bottom=b;
    }

    public void computeVolume(){
        String  s = bottom.toString();
        double area = Double.parseDouble(s);
        System.out.println("体积是"+1.0/3.0*area*height);
    }
}

class Circle3{
    double area,radius;
    Circle3(double r){
        radius=r;
    }

    public String toString(){
        area= radius*radius*Math.PI;
        return ""+area;
```

```
        }
    }

    class Rctangle3{
        double sideA,sideB,area;
        Rctangle3(double sideA,double sideB){
            this.sideA =sideA;
            this.sideB =sideB;
        }

        public String toString(){
            area = sideA * sideB;
            return ""+ area;
        }
    }
    public class Ex5_28 {
        public static void main(String[] args){
            Circle3 circle = new Circle3(10);
            Cone<Circle3> oneCone = new Cone<Circle3>(circle);
            oneCone.height=10;
            oneCone.computeVolume();

            Rctangle3 rectangle = new Rctangle3(10,5);
            Cone<Rctangle3> anotherCone = new Cone<Rctangle3>(rectangle);
            anotherCone.height=30;
            anotherCone.computeVolume();
        }
    }
```

程序运行结果如下。

```
体积是 1047.1975511965977
体积是 499.99999999999994
```

从以上代码可以看出，Java 中的泛型类与 C++的类模板有很大不同，泛型类中的泛型对象只能调用 Object 类中的方法，因此，上述两个例子中都重写了 Object 类的 toString()方法。有关 Object 类的内容详见本书第 10 章。

5.9.3 泛型接口

与类相同，Java 也支持泛型接口，泛型接口的定义格式如下。

```
Interface 泛型接口名<泛型列表> {
    接口体
}
```

【例 5-29】泛型接口的定义与使用举例如下。

```
interface Compute<E, F> {
    void makeChorus(E x, F y);
}

class Chorous2<E, F> implements Compute<E, F> {
    public void makeChorus(E x, F y) {
        x.toString();
        y.toString();
    }
}
```

```
class Singer2 {
     public String toString() {
          System.out.println("好一朵美丽的茉莉花");
          return "";
     }
}

class MusicalInstruments2 {
     public String toString() {
          System.out.println("|3 34 61 16|5 56 5-|");
          return "";
     }
}

public class Ex5_29 {
     public static void main(String[] args) {
          Chorous<Singer, MusicalInstruments> model = new Chorous<Singer, Musical
Instruments>();
          model.makeChorus(new Singer(), new MusicalInstruments());
     }
}
```

程序运行结果如下。

```
|3 34 61 16|5 56 5-|
好一朵美丽的茉莉花
```

Java 泛型的主要目的是可以建立具有类型安全的数据结构，如链表、散列表等数据结构。有关这方面的介绍详见本书第 10 章。使用泛型类建立数据结构时，不必进行强制类型转换。

5.10　综 合 应 用

学校的主体是教师与学生，本案例主要完成录入教师和学生的基本信息，并统计录入教师的最高年薪、平均年薪以及录入学生的平均学分和最高学分。由于教师和学生有共同的属性，因此，如图 5-3 所示，本案例设计一个 Person 类作为学生和教师的父类，学生与员工类均继承了父类的成员变量，重写了父类的方法。

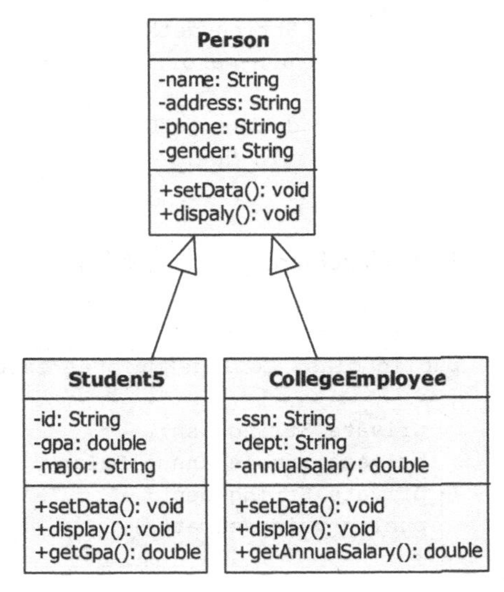

图 5-3　Student、CollegeEmployee 与 Person 类

1．Person 类的源代码设计如下。

```
package com.elephant.studentManagment;

import javax.swing.*;
public class Person
{
     private String name;
     private String gender;
   private String address;
   private String phone;
   public void setData()
   {
```

```
        name = JOptionPane.showInputDialog(null,"请输入姓名" );
        address = JOptionPane.showInputDialog(null,"请输入地址");
        gender = JOptionPane.showInputDialog(null, "请输入性别");
        phone = JOptionPane.showInputDialog(null, "请输入联系电话");
    }
    public void display()
    {
        System.out.println("姓名: "+name + "\t 性别: " + gender +
            "\t 地址: " + address + "\t 联系电话: " + phone);
    }
}
```

2．Student5 类的源代码设计如下。

```
package com.elephant.studentManagment;
import javax.swing.*;
public class Student5 extends Person {
    private String id;
    private String major;
    private double gpa;

    public void setData() {
        String temp;
        super.setData();
        id = JOptionPane.showInputDialog(null, "请输入学号");
        major = JOptionPane.showInputDialog(null, "请输入专业");
        temp = JOptionPane.showInputDialog(null, "请输入学分");
        gpa = Double.parseDouble(temp);
    }

    public void display() {
        super.display();
        System.out.println("\t 专业: " + major + " \t 学分: " + gpa);
    }

    public String getMajor(){
        return major;
    }
    public double getGpa(){
        return gpa;
    }
}
```

3．CollegeEmployee 类的源代码设计如下。

```
package com.elephant.studentManagment;
import javax.swing.*;
public class CollegeEmployee extends Person
{
   private String ssn;
   private double annualSalary;
   private String dept;
   public void setData()
   {
      String temp;
      super.setData();
```

```
        ssn = JOptionPane.showInputDialog(null, "请输入员工的社会保险号");
        temp = JOptionPane.showInputDialog(null, "请输入员工的年薪");
        annualSalary = Double.parseDouble(temp);
    }
    public void display()
    {
        super.display();
        System.out.println("\tSSN: " + ssn + " \t 年薪: " +
          annualSalary );
    }
    public double getAnnualSalary(){
        return annualSalary;
    }
}
```

4．CollegeList 类的源代码设计如下。

```
package com.elephant.studentManagment;
import javax.swing.*;
public class CollegeList {
    public static void main(String[] args) {

        CollegeEmployee[] emp = new CollegeEmployee[10];
        Student5[] stu = new Student5[20];
        int empCount = 0, facCount = 0, stuCount = 0;
        char letter;
        String input;
        int x;
        double maxAnnualSalary=0, avGannualSalary=0, tempAnnualSalary;
        double sumAnnualSalary=0;
        double maxGpa=0,avgGpa=0,tempGpa,sumGpa=0;
        input = JOptionPane.showInputDialog(null, "输入 C 录入员工信息" + "\n 输入 S 录
入学生信息"+ "\n 输入 Q 退出");
        input=input.toUpperCase();
        letter = input.charAt(0);
        while (letter != 'Q') {
            if (letter == 'C') {
                if (empCount < emp.length) {
                    CollegeEmployee c = new CollegeEmployee();
                    c.setData();
                    emp[empCount] = c;
                    ++empCount;

                    //计算平均年薪和最高年薪
                    tempAnnualSalary=c.getAnnualSalary();
                    sumAnnualSalary=tempAnnualSalary+sumAnnualSalary;
                    if (tempAnnualSalary > maxAnnualSalary)
                        maxAnnualSalary = tempAnnualSalary;
                } else
                    JOptionPane
                            .showMessageDialog(null, "对不起，录入太多员工信息");
            } else if (letter == 'S') {
                if (stuCount < stu.length) {
                    Student5 s = new Student5();
                    s.setData();
```

```
                stu[stuCount] = s;
                ++stuCount;

                //计算平均学分和最高学分
                tempGpa=s.getGpa();
                sumGpa=tempGpa+sumGpa;
                if (tempGpa > maxGpa)
                    maxGpa = tempGpa;
            } else
                JOptionPane
                        .showMessageDialog(null, "对不起，录入太多学生信息");
        }
        input = JOptionPane.showInputDialog(null,
                "输入 C 录入员工信息" + "\n 输入 S 录入学生信息"
                        + "\n 输入 Q 退出");
        input=input.toUpperCase();
        letter = input.charAt(0);
    }
    System.out.println("\n 员工信息:");
    if (empCount == 0)
        System.out.println("没有录入员工信息");
    else
        for (x = 0; x < empCount; ++x)
            emp[x].display();
    System.out.println("\n 以上员工中的最高年薪: "+maxAnnualSalary+"平均年薪:
"+sumAnnualSalary/empCount);

    System.out.println("\n 学生信息: ");
    if (stuCount == 0)
        System.out.println("没有录入学生信息");
    else
        for (x = 0; x < stuCount; ++x)
            stu[x].display();
    System.out.println("\n 以上学生中的最高学分:"+maxGpa+"平均学分:"+sumGpa/stuCount);
    System.exit(0);
  }
}
```

本章小结

Java 是一种完全面向对象的程序设计语言，完美地体现了面向对象的封装、继承与多态等特点。

Java 通过 class 关键字来定义类，类中可以包含成员变量和成员方法，类成员可以使用 private、protected、public 与默认 4 种访问控制权限来修饰，类可以使用 public 和默认两种访问权限。通过 extends 关键字实现继承，子类继承父类时，遵循普遍性原则和特殊性原则。this 用来指代对象本身，用以访问自身的成员变量、成员方法或调用本类其他的构造方法；super 指代父类，用于调用被覆盖的父类方法、被隐藏的成员变量和父类的构造方法。被 static 修饰的成员变量称为类变量，被 static 修饰的成员方法称为类方法，类方法与类变量都依赖类而非对象，可以不创建对象直接通过类来调用访问。

Java 通过 interface 关键字定义接口，接口内只能包含常量和抽象方法，抽象方法是没有方法体的方法，抽象方法使用 abstract 修饰。通过 implements 关键字实现接口，类实现接口时要求该类必须实现接口内定义的所有抽象方法，否则类必须使用 abstract 修饰为抽象类，抽象类不能实例化。Java 通过方法重载和方法覆盖实现了多态。

Java 提供了包机制，很好地解决了名字空间冲突的问题，通过 package 关键字创建包，通过 import 引入包。Java 提供了丰富的类库，可以通过 import 引入之后，使用其中定义的类。

习　　题

1. 使用抽象和封装有哪些好处？
2. 构造方法的作用是什么？它与一般的成员方法在使用和定义方面有什么区别？
3. Overloading 和 Overriding 的区别？
4. 类、类的成员变量和成员方法的访问权限修饰符分别有哪些？
5. this、super 关键字有何用途？
6. JAVA 实现多态的机制有哪些？
7. 什么是类变量和类方法？
8. final 关键字有何用途？
9. 什么是抽象类，如何定义抽象类？
10. 什么是接口，如何定义接口？
11. 接口与抽象类的区别有哪些？
12. 接口是否可继承接口？
13. Java 如何实现多重继承？
14. 如何定义包和引用包？
15. 定义创建一个 Rectangle 类，包括两个属性：weight 和 height；两个方法：计算矩形的周长和面积。
16. 编写一个完整的 Java 程序——复数类 Complex，使两个复数相加产生一个新的复数（如 1+2i 和 3+4i 相加的结果为 4+6i）。复数类 Complex 必须满足如下要求。

（1）复数类 Complex 的属性有以下两方面。

realPart : int 型，代表复数的实数部分。

imaginPart : int 型，代表复数的虚数部分。

（2）复数类 Complex 的方法有以下两种。

构造方法一：将复数的实部和虚部都设置为 0。

构造方法二：形参 r 为实部的初值，i 为虚部的初值。

complexAdd 方法：将当前复数对象与形参复数对象相加，所得的结果仍是一个复数值，返回给此方法的调用者。

toString( ) 方法：把当前复数对象的实部、虚部组合成 a+bi 的字符串形式，其中 a 和 b 分别为实部和虚部的数据。

（3）完成包含 main 方法的测试类，测试复数类的成员方法。

第 6 章 异常处理

本章主要内容

- 异常的概念
- Java 异常处理机制
- Java 异常类层次结构
- 处理异常和抛弃异常
- 自定义异常类

异常处理是面向对象软件系统的重要组成部分，是使用 Java 语言进行软件开发和测试脚本时不容忽视的问题之一，是否进行异常处理直接关系所开发软件的稳定性和健壮性。

6.1 异常与异常类

6.1.1 异常的概念

用任何一种计算机语言设计的程序在运行时都可能出现各种错误，常见的错误有除数为 0、文件不能打开、数组下标超过界限、内存不够用等。对于这种在运行中出现的错误，计算机系统中通常有两种处理办法。一种是由计算机系统本身直接检测程序错误，遇到错误时使程序终止运行。这种处理方法的优点是程序设计比较简单。但是，对程序错误一概采用终止运行办法，显然过于简单化。因为有些情况下，完全可以通过其他途径保持程序继续运行。如由于文件名不符合要求而无法打开文件，那么，可以提示用户输入一个新的文件名，从而使程序继续往下运行。另一种方法是由程序员在程序设计中兼顾错误检测、错误信息显示及做出处理。这种处理方法的优点是减少了中途终止程序运行的可能性。但是，要求程序员在程序设计中不仅将精力用于正常处理过程，还要精心考虑错误检测和处理，这会使程序变得复杂。并且，这类错误检测往往是在多数程序中重复甚至在一个程序中多次重复。而另一方面，如果程序中某处忽略了应有的检测，又将引起程序总体结果的错误。

Java 提供了异常处理机制来处理程序运行中的错误。按照这种机制，将程序运行中打断正常程序流程的任何不正常的情况称为错误（Error）或异常（Exception）,通过对语句块的检测，一个程序中所有的异常被收集起来放在程序的某一段中去处理。在 Java 系统中，专门设置了一个调用栈，此栈中装有指向异常处理方法的指针。在程序运行时，系统会把收集到的异常和异常处理指针所指的处理类型逐个比较，如果找到相符的类型，那么就转向相应的方法处理；如没有在调用栈中找到相应的类型指针，则终止程序运行，并显示解释信息。

在 Java 程序中，异常一般由以下两种原因引起。

（1）程序中存在非法操作，最简单的例子就是除数为 0 的除法操作。这种原因常常是程序员出于无意或大意造成的，所以称为隐式异常。

（2）程序员在程序中使用了 throw 语句引起的异常。这种异常是程序员出于某种考虑有意安排的，所以称为显式异常。

【例 6-1】观察以下源程序及其运行结果。

```
import java.io.*;
public class Ex6_1_ExceptionTest {
    public static void main(String[] args) {
        int i=0;
        String str[]={"One","Two","Three"};
        while(i<=3){
            System.out.println(str[i]);
            i++;
        }
        System.out.println("程序正常结束");
    }
}
```

程序运行结果如下所示。

```
One
Two
Three
Exception in thread "main" java.lang.ArrayIndexOutOfBoundsException: 3
    at Ex6_1_ExceptionTest.main(Ex6_1_ExceptionTest.java:7)
```

观察运行结果可以发现，程序运行中出现了异常，导致程序运行非正常结束。产生异常的位置是 Ex6_1_ExceptionTest.java 程序的第 7 行中的语句，异常的名称是“java.lang.ArrayIndexOutOfBoundsException”。其原因是当数组 str 的下标 i=3 时，数组下标越界。请注意，输出结果中没有“程序正常结束”，即最后一条 println 语句并没有执行。

在程序运行过程中出现异常时，如果不进行处理，将使程序在异常发生时终止运行。为了使程序能够正常运行，应对程序运行时可能出现的各种非正常情况进行分析并进行必要的处理。

6.1.2　Java 异常类

Java 的异常处理机制也是面向对象的。每发生一起异常事件，就会自动生成一个异常对象。在 Java 类库的各个包里定义了很多的异常类，所有异常类都直接或者间接地继承了 Throwable 这个类。图 6-1 是部分错误类和异常类的类层次结构。

Java 所有的异常都以类的形式存在，除预定义的异常类外，还允许自定义异常类。如果在一个方法的运行过程中发生了异常，则这个方法将会自动生成一个异常类对象，该异常类对象将被提交给 Java 运行时系统，这个过程称为抛出异常。抛出异常也可以在程序中使用 throw 语句强制进行。当 Java 运行时系统接收到异常对象，会查找能处理这一异常的代码并把当前异常对象交给其处理，这一过程称为捕获异常。如果 Java 运行时系统找不到可以捕获异常的代码，则运行时系统将终止，相应的 Java 程序也会终止运行。在例 6-1 中抛出了 ArrayIndexOutOfBoundsException 类的异常对象，但由于没有捕获和处理该异常的代码，所以当异常发生时程序将结束运行。

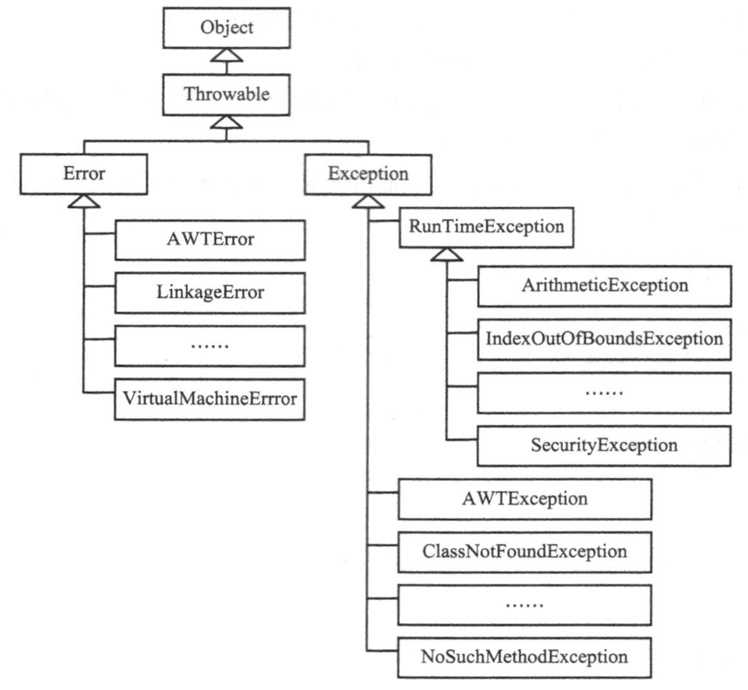

图 6-1 部分错误类和异常类的类层次结构

有关 Throwable、Error 和 Exception 的构造方法和方法可查看 JDK API 文档。在此只介绍几个常用的构造方法和方法。

（1）public Exception()：构造详细消息为 null 新异常。

（2）public Exception(String message)：构造带指定详细消息的新异常。

（3）public String getMessage()：返回异常抛出原因的字符串。

（4）public String toString()：返回异常的简短描述，包括异常类名、异常原因。

（5）public void printStackTrace()：输出调用堆栈跟踪信息。

从图 6-1 可知，Java 处理的异常分为两大类：Error 类和 Exception 类(包括 RunTimeException 及其他 Exception 类)。Java 对不同的异常采取以下 3 种不同处理方式。

1. 程序不能处理的错误

Error 类定义了在通常环境下不希望被程序捕获的异常，也就是说 Java 程序不应该捕获这类异常。因为它们通常是灾难性的致命错误，不是程序可以控制的，如内存溢出、虚拟机错误、栈溢出等。这类错误与程序本身无关，通常由系统进行处理。

2. 通过调试程序能避免而不捕获的异常

RuntimeException 类异常（运行时异常）主要是程序设计或实现问题，如数组下标越界、算术异常、使用空引用等。正确设计与实现的程序不应该产生这类异常。对这类异常可以通过调试程序尽量避免而不是去捕获。当然在必要的时候，也可以声明抛出或捕获这类异常。表 6-1 是常见的 RunTimeException 类的子类，更多的 RunTimeException 类的子类可查看 JDK API 文档。

3. 必须捕获的异常

有些异常在程序编写时无法预料，如中断异常、文件没有找到异常、无效的 URL 异常等，是除 RunTimeException 类的其他 Exception 异常（非运行时异常）。在正常条件下这些异常是不会发生的，什么时候发生也是不可预知的。为了保证程序的健壮性，Java 要求必须对可能出现的这类异常进行捕获并处理。表 6-2 是常见的 Exception 类的子类，更多的 Exception 类的子类可查看 JDK API 文档。

表 6-1　　　　部分 RunTimeException 类的子类

类　　名	异常原因
ArithmeticException	出现异常的运算条件，如一个整数“除以零”
ArrayIndexOutOfBoundsException	使用非法下标访问数组
ArrayStoreException	试图将错误类型的对象存储到一个对象数组
ClassCastException	试图将对象强制转换为不是实例的子类
IllegalArgumentException	向方法传递了一个不合法或不正确的参数
IndexOutOfBoundsException	指示某排序索引（如对数组、字符串或向量的排序）超出范围
NegativeArraySizeException	试图创建大小为负的数组
NullPointerException	试图访问一个空对象
SecurityException	由安全管理器抛出的异常，指示存在安全侵犯

表 6-2　　　　部分 Exception 类的子类

类　　名	异常原因
AWTException	发生了 Absract Window Toolkit 异常
DataFormatException	数据格式发生错误
InstantiationException	指定的类对象无法被实例化
InterruptedException	线程在活动之前或活动期间处于正在等待、休眠或占用状态，被另一个线程使用 Thread 类的方法中断
IOException	发生某种 I/O 异常
FileNotFoundException	试图打开指定路径名表示的文件失败
NoSuchMethodException	无法找到某一特定方法
ProtocolException	在底层协议中存在错误，如 TCP 错误
SocketException	在底层协议中存在错误，如 TCP 错误
MalformedURLException	出现了错误的 URL

6.2 异 常 处 理

异常处理是指在程序运行发生异常时，捕获异常并进行处理或抛弃异常，使程序继续正常运行。在 Java 语言中，异常处理可通过 5 个关键字实现控制：try、catch、finally、throw 和 throws。

6.2.1 try-catch-finally 语句

使用 try-catch-finally 语句处理异常的过程如下。

（1）将要异常监控的程序段放在 try 代码块中。

（2）如果 try 代码块中发生异常，抛出的异常会被捕获。

（3）抛出的异常用 catch 捕获，然后用某种合理的方法处理该异常。

【例 6-2】修改例 6-1 程序，对数组下标越界异常进行处理。

```
import java.io.*;
public class Ex6_2_ExceptionTest {
    public static void main(String[] args) {
        int i=0;
        String str[]={"One","Two","Three"};
        try{
            while(i<=3){
                System.out.println(str[i]);
                i++;
            }
        }catch(java.lang.ArrayIndexOutOfBoundsException e){
            System.out.println("数组下标越界异常！");
        }finally{
            System.out.println("finally  i="+i);
        }
        System.out.println("程序正常结束");
    }
}
```

程序运行结果如下。

```
One
Two
Three
数组下标越界异常！
finally  i=3
程序正常结束
```

与例 6-1 程序代码比较，其中第 6、第 11 ~ 15 行是增加的部分，这正是 Java 异常处理的语句。与例 6-1 程序的运行结果比较也发生了变化，程序能正常结束，在第 4 次执行 8 行中的语句时，str 数组下标越界，抛出 ArrayIndexOutOfBoundsException 类异常对象，程序的正常执行流程被打乱，9 行中的语句不再执行，而是执行其后的 catch 块中的语句，即第 12 行中的语句，输出“数组下标越界异常！”。接着执行 14 行中的语句，输出“finally i=3”。最后执行 16 行中的语句，输出“程序正常结束”。

上述程序中的异常是 RunTimeException 类异常，修改程序就可以避免这些异常。使用 try-catch-finally 语句捕获程序中产生的异常，然后针对不同的异常进行不同的处理。下面是 try-catch-finally 语句的基本格式。

```
try{
    //可能发生异常的语句块
}catch(ExceptionType1 e){
    //处理 ExceptionType1 异常的语句块
}catch(ExceptionType2 e){
    //处理 ExceptionType2 异常的语句块
}catch(      …      ){
    //处理其他异常的语句块
}finally{
    //无论异常是否发生都一定执行的语句块
}
```

一条 try 语句包含了一个可能发生异常(一种或多种异常)的语句块，后面紧跟着一条或多条 catch 子句（捕获一种或多种异常），在其后的 finally 子句是可选部分。catch 子句中包含的语句块，就是对执行 try 语句块时产生的异常进行处理的语句块。ExceptionType1、ExceptionType2 等代表某种异常类，e 为相应的异常类对象。如果使用了 finally 子句，则无论执行 try 语句块时是否发生异常，都将执行 finally 子句中的语句块。try 语句块不能单独使用，必须和 catch 或 finally 子句配合使用。也就是说，有一个 try 语句，至少要有一个 catch 或者 finally 和它配合。

try-catch-finally 语句的作用是：当 try 语句块中的代码执行时发生异常，程序的正常运行便中断，并抛出异常对象，然后在 try 语句块后面的各个 catch()中找出与异常对象相匹配的类。当异常对象符合下面 3 个条件之一时，就认为这个异常对象与对应的异常类相匹配。

- 异常对象所属的类与 catch()中参数类相同。
- 异常对象所属的类是 catch()中参数类的子类。
- catch()中参数类是一个接口时，发生的异常对象类实现了这一接口。

当找到第一个与之相匹配的参数类时，就执行包含这一参数类的 catch 语句块中的代码，即异常处理代码。执行完该 catch 语句块中的代码后，程序恢复运行，但不会回到异常发生处继续执行，而是执行 try-catch 结构后面的代码。

try 语句块中某条语句执行时发生异常，语句块中其后的语句不再执行，而是转至后面的某个 catch 语句块，执行 catch 语句块中的语句。有多个 catch 子句时，最多只会执行其中一个 catch 语句块中的异常处理代码；若处理的多个异常之间存在继承关系，则应先处理其子类异常，即处理子类异常的 catch 子句要放在前面，否则编译通不过。finally 子句为异常处理提供一个统一的出口，使得在控制流转到其他部分以前（即使有 return，break 语句），能够对程序的状态作统一的管理。

利用类的层次性可以把多个具有相同父类的异常统一处理，也可区分不同的异常分别处理，使用非常灵活。

【例 6-3】try-catch-finally 语句的使用举例如下。

```
import java.io.*;
public class Ex6_3_CatchException {
    public static void main(String args[]){
        int a,b,c;
        a=110;
        b=0;
        try{
            c=a/b;
            System.out.println(a+"/"+b+"="+c);
        }catch(ArithmeticException e){
            System.out.println("出现被 0 除的异常情况");
        }catch(Exception e){
            System.out.println("异常类型为"+e);
        }finally{
            System.out.println("除数="+a);
            System.out.println("被除数="+b);
        }
        a=110;
        b=10;
        try{
            c=a/b;
            System.out.println(a+"/"+b+"="+c);
```

```
        }catch(ArithmeticException e){
            System.out.println("出现被0除的异常情况");
        }catch(Exception e){
            System.out.println("异常类型为"+e);
        }finally{
            System.out.println("除数="+a);
            System.out.println("被除数="+b);
        }
    }
}
```

程序运行结果如下。

```
出现被0除的异常情况
除数=110
被除数=0
110/10=11
除数=110
被除数=10
```

程序中捕获两种异常 ArithmeticException 和 Exception，由于 ArithmeticException 是 Exception 的子类，所以捕获 ArithmeticException 异常的 catch 语句块要放在捕获 Exception 异常的 catch 语句块的前面。从程序结果可以看出，无论 try 语句块中语句是否发生异常，finally 语句块中语句都要执行。

6.2.2 throw 和 throws 语句

前面已经提到，程序中存在非法操作，会导致异常发生（隐式异常），在程序中也可以使用 throw 语句人为抛出异常（显式异常）。用 throw 语句抛出异常有以下 2 种方法。

（1）直接抛出异常类实例。

```
throw new ExceptionType(…);
```

其中 ExceptionType 是 Throwable 类的子类。

（2）先定义异常类对象并实例化，然后抛出

```
ExceptionType e = new ExceptionType(…);
  throw e;
```

【例 6-4】使用 throw 语句显式抛出异常举例如下。

```
import java.io.*;
public class Ex6_4_ThrowException {
    public static void main(String[] args){
        int age=200;
        try{
            if(age<0||age>120)
                throw new Exception("年龄数据超出范围");
            System.out.println("age="+age);
        }catch(Exception e){
            e.printStackTrace();
        }
    }
}
```

程序运行结果如下。

```
java.lang.Exception: 年龄数据超出范围
    at Ex6_4_ThrowException.main(Ex6_4_ThrowException.java:7)
```

程序中变量 age=200，超出了 0～120 的要求范围，执行到第 7 行语句时显式抛出异常，第 8 行中的语句没有执行，而是执行其后 catch 语句块中的语句（第 10 行）。若将程序的第 4 行语句修改为“**int** age=25;”，则程序的运行结果如下。

```
age=25
```

程序第 7 行中的抛出异常语句没有执行，程序正常运行。

在一个方法中抛出的异常，该方法可以对其处理，也可以不处理，而是把异常向上移交给调用该方法的方法来处理。若在方法中不处理抛出的**隐式异常**，该异常隐式上移交给调用该方法的方法，即默认异常处理方式；若在方法中不处理抛出的**显式异常**，则必须在定义该方法时使用 throws 子句作显式异常抛弃声明，否则编译不能通过。显式异常抛弃声明格式如下。

```
修饰符 返回类型 方法名(参数列表) throws 异常类名列表
{
    ……//方法体中的语句
}
```

例如，下面的方法同时声明抛弃 IOException 和 IndexOutOfBoundsException 两种异常。

```
public void test() throws IOException,IndexOutOfBoundsException
{……}
```

也就是在 test()的方法体中可以不处理 IOException 和 IndexOutOfBoundsException 异常，而是提交给调用 test()方法的方法处理。

【例 6-5】方法中抛弃隐式异常不需要用 throws 子句声明，自动上交给调用方法的方法。举例如下。

```
import java.io.*;
public class Ex6_5_ThrowsException {
    public static int calc(int x) {
        int z=0;
        z=110/x;
        return z;
    }
    public static void main(String[] args) {
        int a=0;
        try{
            a=calc(0);
            System.out.println("a="+a);
        }catch(ArithmeticException e){
            System.out.println("调用方法 calc 时发生异常"+e.getMessage());
            e.printStackTrace();
        }
    }
}
```

程序运行结果如下。

```
调用方法 calc 时发生异常/ by zero
java.lang.ArithmeticException: / by zero
    at Ex6_5_ThrowsException.calc(Ex6_5_ThrowsException.java:5)
    at Ex6_5_ThrowsException.main(Ex6_5_ThrowsException.java:11)
```

程序在执行到主方法的语句“a=calc(0);”时发生异常，该异常是 calc()方法体中的语句

“z=110/x;”产生的，是隐式异常，不需要用 throws 子句声明，当然声明也可以。

【例 6-6】方法中不处理的显式异常必须用 throws 子句声明抛弃，否则编译通不过。举例如下。

```
import java.io.*;
public class Ex6_6_ThrowsException {
    public static int calc(int x) throws Exception{
        int z=0;
        if(x==0)
            throw new Exception("除数为零! ");  //显式抛出异常
        z=110/x;
        return z;
    }
    public static void main(String[] args) {
        int a=0;
        try{
            a=calc(0);
            System.out.println("a="+a);
        }catch(Exception e){
            System.out.println("调用方法 calc 时发生异常:"+e.getMessage());
            e.printStackTrace();
        }
    }
}
```

程序运行结果如下。

```
调用方法 calc 时发生异常:除数为零!
java.lang.Exception: 除数为零!
    at Ex6_6_ThrowsException.calc(Ex6_6_ThrowsException.java:6)
    at Ex6_6_ThrowsException.main(Ex6_6_ThrowsException.java:13)
```

由于在方法 calc()中使用了显式抛出异常语句 throw，所以在 calc()的方法头中必须增加 throws Exception 子句声明抛弃异常，否则编译通不过。请分析下面的程序是否有问题。

【例 6-7】从键盘输入一行文本，再输出这些文本，源程序如下。

```
import java.io.BufferedReader;
import java.io.InputStreamReader;
public class Ex6_7_ThrowsException {
    public static void main(String args[]){
        System.out.println("输入一行文本:");
        InputStreamReader isr = new InputStreamReader(System.in);
        BufferedReader inputReader = new BufferedReader(isr);
        String inputLine = inputReader.readLine();
        System.out.println("输入的文本是:" + inputLine);
    }
}
```

表面看来上面的程序没有问题，但编译时给出如下信息。

```
Exception in thread "main" java.lang.Error: 无法解析的编译问题:
  未处理的异常类型 IOException
   at Ex6_7_ThrowsException.main(Ex6_7_ThrowsException.java:8)
```

错误出现在程序的第 8 行语句“String inputLine = inputReader.readLine();”。

查看 JDK API 文档，BufferedReader 类的方法 readLine()的声明如下。

```
public String readLine() throws IOException
```

由此可见，该方法显式抛出了 IOException 异常，所以调用该方法的方法必须处理该异常，或者继续用 throws 声明抛弃。解决例 6-7 程序中的问题有两种办法，一种是在主方法说明中增加异常抛弃声明“throws IOException”；另一种是在主方法中用 try-catch-finally 语句处理异常，下面是例 6-7 修改以后的程序。

```
import java.io.BufferedReader;
import java.io.IOException;
import java.io.InputStreamReader;
public class Ex6_7_1_ThrowsException {
     public static void main(String args[]){
          System.out.println("输入一行文本:");
          InputStreamReader isr = new InputStreamReader(System.in);
          BufferedReader inputReader = new BufferedReader(isr);
          try{
               String inputLine = inputReader.readLine();
               System.out.println("输入的文本是:" + inputLine);
          }catch(IOException e){
               System.out.println("发生异常:" + e);
          }
     }
}
```

另外，需要注意以下几方面的问题。

（1）方法声明了异常并不代表该方法肯定产生异常，也就是说异常是有条件发生的。

（2）在调用带异常的方法时，编译程序将检查调用者是否有异常处理代码，除非在调用者的方法头中也声明抛出相应的异常，否则编译会给出异常未处理的错误指示。

（3）在编写类继承代码时要注意，子类在覆盖父类带 throws 子句的方法时，子类的方法声明中的 throws 子句抛出的异常不能超出父类方法的异常范围。因此，throws 子句可以限制子类的行为。换句话说，子类方法抛出的异常可以是父类方法中抛出异常的子集，子类方法也可以不抛出异常，但不能出现父类对应方法的 throws 子句中没有的异常类型。

6.3 自定义异常类

除了可以使用 Java 包中预定义的异常类，Java 还允许自定义异常类来处理特殊的情况。用户自定义异常类主要用来处理用户程序中特定的逻辑运行错误。

自定义异常类一般都是以 Exception 类为父类。

自定义异常类对象只能用 throw 语句抛出。

【例 6-8】自定义异常类举例如下。

```
import java.util.Scanner;
public class Ex6_8_DefineException {
     public static void main(String[] args) {
          final int MIN=25,MAX=40;
          Scanner scan=new Scanner(System.in);
          OutOfRangException problem=new OutOfRangException();
          System.out.print("输入"+MIN+"至"+MAX+"之间的整数：");
          try{
               int value=scan.nextInt();
               if(value<MIN||value>MAX)
```

```
            throw problem;                          //抛出自定义异常
        }catch(OutOfRangException e){
            System.out.println(e.toString());
        }
        System.out.println("主方法结束.");
    }
}
//自定义一个异常类，类名为：OutOfRangException
class OutOfRangException extends Exception{
    OutOfRangException(){
        super("输入数据超出范围！");
    }
}
```

程序中用户自定义了一个异常类 OutOfRangException，继承了 Exception 类，只有一个不带参数的构造方法。当然，可以有更多的数据成员和方法成员，以满足用户的需要。

运行该程序时，主方法读入一个整数，检测该数据是否在有效值范围内，如果超出有效值范围，将执行 throw 语句，抛出一个用户自定义异常。

在主方法中使用 throw 语句显式抛出异常时，如果不使用 try-catch-finally 语句捕获和处理，则必须在主方法说明中增加异常抛弃声明“throws OutOfRangException”，否则有编译错误提示。

6.4 综合应用

下面是两个 Java 程序中处理异常的实例，以说明异常处理的应用。

【例 6-9】根据输入的元素位置值查找数组元素的值，源程序如下。

```
import java.io.*;
public class Ex6_9_ExceptionDemo {
    public static void main(String[] args){
        int arr[]={100,200,300,400,500,600};
        String index;
        int position;
        BufferedReader  inputReader  =  new  BufferedReader(new  InputStreamReader
(System.in));
        while(true){
            System.out.print("输入序号（输入 end 结束）：");
            try{
                index=inputReader.readLine();                //可能产生异常
                if(index.equals("end"))
                    break;
                position=Integer.parseInt(index);        //可能产生异常
                System.out.println("元素值为："+arr[position]); //可能产生异常
            }catch(ArrayIndexOutOfBoundsException e){
                System.out.println("数组下标越界！");
            }catch(NumberFormatException e){
                System.out.println("请输入一个整数！");
            }catch(IOException e){}
        }
        System.out.println("程序运行结束。");
```

```
    }
}
```

程序运行情况如下。

```
输入序号(输入 end 结束): 3
元素值为: 400
输入序号(输入 end 结束): a1
请输入一个整数!
输入序号 (输入 end 结束) : 5
元素值为: 600
输入序号(输入 end 结束): 7
数组下标越界!
输入序号(输入 end 结束): end
程序运行结束。
```

根据程序的运行情况，分析程序的控制流程，理解异常处理过程。

从本例可以看出，引入异常处理增强了程序的健壮性，将可能产生异常的代码安排在 try 语句块中，每个 try 语句块可对应多个 catch 方法，分别处理不同情形的异常。

【例 6-10】定义银行类,可以在银行存款或取款，若取款数大于余额时需要做异常处理。定义一个异常类 InsufficientFundsException。银行取款方法中可能产生异常，条件是余额小于取款额。在调用 withdrawal()方法时，withdrawal()方法可能抛出异常，由上一级方法（在此是主方法）捕获并处理。源程序如下。

```
public class Ex6_10_ExceptionDemo {
    public static void main(String args[]){
        try{
            Bank ba=new Bank(50);  //新建银行对象 ba 并存入 50
            ba.withdrawal(100);    //银行对象 ba 取款 100
            System.out.println("取款成功!");
        }catch(InsufficientFundsException e){
            System.out.println(e.toString());
            System.out.println(e.excepMessage());
        }
    }
}  //主类
class Bank{
    double balance;    // 存款数
    Bank(double  balance){this.balance=balance;}  //构造方法
    public void deposite(double dAmount){
        if(dAmount>0.0) balance+=dAmount;
    }    //存款方法
    public void withdrawal(double dAmount) throws InsufficientFundsException{
        if (balance<dAmount)
            throw new InsufficientFundsException(this, dAmount);
        balance=balance-dAmount;
    }    //取款方法
    public void showBalance(){
        System.out.println("The balance is "+(int)balance);
    }    //显示银行存款余额
}  //银行类
```

```
class InsufficientFundsException extends Exception{
    private Bank  excepbank;       // 银行对象
    private double excepAmount;    // 要取的钱
    InsufficientFundsException(Bank ba, double  dAmount){
        super("取款异常! ");
        excepbank=ba;
        excepAmount=dAmount;
    } //异常类构造方法
    public String excepMessage(){
        String  str="银行存款是: "+excepbank.balance
            + "\n"+"要取的钱是: "+excepAmount;
        return str;
    } //取款异常时显示的信息
}  //异常类
```

程序运行结果如下。

```
InsufficientFundsException: 取款异常!
银行存款是: 50.0
要取的钱是: 100.0
```

本章小结

在程序运行时打断正常程序流程的任何不正常的情况称为**错误**（Error）或**异常**（Exception）。一个**异常**代表一个非正常情况或错误的对象，由程序或运行时环境自动产生，也可以使用 throw 语句抛出。针对异常可以根据需要进行相应的捕获和处理。**错误**类似异常，不同之处是错误代表不可恢复的问题并且必须处理。

在程序中使用了异常处理，就可以在解决问题之后使程序继续运行，提高了应用程序的健壮性和容错能力。

Java 用于异常处理的关键字有 5 个：try、catch、finally、throw 和 throws。

在程序中应把可能产生异常的代码包含在一个 try 程序块中，try 程序块后面紧跟着一个或多个 catch 程序块。每个 catch 程序块都指定了它所能捕获和处理的异常类型，且都是一个异常处理程序。

在 try-catch 语句中还可以再包含 try-catch 语句，构成 try-catch 的嵌套结构。

如果一个 try 程序块中没有发生任何异常，那么就跳过该块的异常处理程序，继续执行最后一个 catch 块之后的代码。如果有 finally 程序块，就执行 finally 程序块。

finally 程序块中通常都包含一些用于资源释放的代码块。例如，在 finally 程序块中应将 try 程序块中打开的所有文件关闭。

异常可以在方法的 try 程序块中产生，也可以在 try 程序块中直接或间接调用的方法中产生。在异常处理程序中可以使用异常对象的 toString()方法获得异常类名和异常原因字符串，使用 printStackTrace()输出调用堆栈跟踪信息。

Error 类错误是不可恢复的系统错误，由系统处理。RunTimeException 类异常是在程序设计时的大意或粗心引起的，可以通过调试程序解决，程序中一般也不作处理。除此以外的其他异常程序应尽可能处理，以提高程序的健壮性。

在一个方法中产生异常时，有 3 种处理方式：（1）忽略异常从而引起程序运行终止；（2）在可能抛出异常的地方使用 try-catch 捕获并处理；（3）在方法说明中使用 throws 子句声明异常，由调用该方法的上层方法捕获并处理。

Java 要求对使用 throw 语句抛出的异常和使用 throws 子句声明的异常必须处理，否则会产生编译错误。

程序员可以定义自己的异常类，用来处理用户程序中特定的逻辑运行错误。

习　　题

1．什么是异常？为何需要异常处理？

2．列举 5 种常见的异常。

3．Java 中的异常处理主要处理哪些类型的异常？

4．如果在 try 程序块中没有发生异常，那么当该程序块执行完后，程序继续执行什么地方的语句？

5．如果在 try 程序块中发生了异常，但找不到与之匹配的异常处理程序，会发生什么情况？

6．在 try 程序块中发生了异常，其后如果有多个 catch 参数类与之匹配，会执行那个 catch 块中的异常处理程序。

7．什么情况下要使用 finally 程序块？

8．假设下列 try-catch 语句块中的第 2 个语句 s2 产生一个异常，试回答下述问题。

```
    try{
        s1;
        s2;
        s3;
    }catch(ExceptionType e1){
        …
    }catch(ExceptionType e2){
        …
}
s4;
```

（1）语句 s3 会执行吗？

（2）如果 catch 捕获异常，语句 s4 会执行吗？

（3）如果异常未被捕获，语句 s4 会执行吗？

9．发生一个异常一定会导致程序终止吗？

10．分析下面程序的执行流程并写出输出结果。

```
//Xt6_10_User_UserException.java
import java.io.*;
class MyException extends Exception{
    public String toString(){
        return "MyException";
    }
}
public class Xt6_10_UserException {
    static void action() throws MyException{
```

```
        String s=new String();
        if(s.equals(""))
            throw new MyException();
    }
    public static void main(String[] args) {
        try{
            action();
        }catch(MyException e){
            System.out.println(e);
        }
    }
}
```

11．设计并实现一个程序。新建一个异常类 StringTooLongException，当发现字符串长度太长时抛出该异常。在程序的 main 方法中循环输入字符串，直到输入“DONE”为止。如果输入的字符串长度超过 20 个字符，则抛出异常。考虑两种异常处理方式：（1）抛出异常终止程序；（2）捕获并处理异常，输出适当的提示信息并继续输入字符串。

第 7 章 多线程编程

本章主要内容：

- 线程的基本概念
- Thread 类和 Runnable 接口
- 线程的控制
- 线程的同步
- 线程综合示例

Java 作为一种主流的程序设计语言，为了充分利用软硬件资源，满足并发或并行以及分布式计算需要，它全面支持多线程编程技术，本章将重点介绍 Java 的线程技术。

7.1 线程的基本概念

进程（Process）和线程（Thread）是现代操作系统中两个必不可少的运行模型。操作系统可以运行多个进程，而每一个进程中又可以创建一个或多个线程。进程通常被区分为系统进程和用户进程，而每个 Java 程序可看成是一个用户进程，并可用 Java 语言提供的 Thread 类创建一个或多个线程，充分利用软硬件资源。

7.1.1 线程

线程是操作系统中重要概念之一，是程序运行的基本执行单元。在绝大多数平台上，Java 程序是直接利用操作系统中的线程来运行的。当操作系统（不包括如早期的 DOS 等单线程操作系统）启动一个程序时，先在系统中建立一个进程，接着在这个进程中至少建立一个线程（称为主线程）作为程序运行的入口点。因此，线程是依附于进程而存在的，并且每个运行在操作系统中的程序（即进程）至少包含一个主线程。线程和进程一样，也有创建、销毁和切换等状态，但负荷远小于进程，又称为轻量级进程。线程不仅可以共享进程的内存，而且还拥有一个属于自己的内存空间，这段内存空间被称为线程栈， 是在建立线程时由系统分配的，主要用来保存线程内部所使用的数据，如线程执行函数中所定义的变量。

属于进程的多个线程是在操作系统管理下并发执行的，这能极大提高程序的运行效率。虽然从宏观上看，多个线程是同时执行的，但对于单 CPU 的计算机，一次只能执行一条指令，则在微观上不同线程仍是交叉串行执行。实际上，操作系统为了能提高程序的运行效率，当一个线程空闲时会撤下这个线程，而执行其他的线程，即线程调度。简而言之，多个线程在操作系统的线程调度管理下，在微观上是频繁交替执行，在宏观上则表现为多个线程独立运行。

【例 7-1】线程执行示例的源程序如下。

```
public class Ex7_1_UnderstandThread {

    public static void main(String[] args) {
        MyThread myThread1 = new MyThread();
        myThread1.start();
        MyThread myThread2 = new MyThread();
        myThread2.start();
        for (int i = 0; i < 10; i++)
            System.out.print("主函数第" + (i + 1) + "次输出！ ");
    }
}

class MyThread extends Thread {
    public void run() {
        for (int i = 0; i < 10; i++)
            System.out.print(this.getName() + "第" + (i + 1) + "次输出！ ");
    }
}
```

程序运行结果如下。

```
Thread-1第1次输出！ 主函数第1次输出！ Thread-0第1次输出！ 主函数第2次输出！ Thread-1第2次输出！ 主函数第3次输出！ Thread-0第2次输出！ 主函数第4次输出！ Thread-1第3次输出！ 主函数第5次输出！ Thread-0 第 3 次输出！ 主函数第 6 次输出！ Thread-0 第 4 次输出！ Thread-0 第 5 次输出！ Thread-1第4次输出！ Thread-0第6次输出！ 主函数第7次输出！ Thread-0第7次输出！ Thread-1第5次输出！ Thread-0 第 8 次输出！ 主函数第 8 次输出！ Thread-0 第 9 次输出！ Thread-1 第 6 次输出！ Thread-0第10次输出！ 主函数第9次输出！ Thread-1第7次输出！主函数第10次输出！ Thread-1第8次输出！ Thread-1第9次输出！ Thread-1第10次输出！
```

由上例可知，主线程（主函数）和两个线程类实例（Thread-0 与 Thread-1）交替输出内容。事实上，如果修改主线程或线程输出内容，各线程执行时间也随之变化，运行结果也有所变化，往往是主线程和线程类实例不确定次序交替输出，或者是主线程完全输出完成后，才轮到线程类实例运行而产生输出。

一般来说，创建线程的线程称为父线程，而由它创建的线程则称为子线程，父线程往往是主线程。

7.1.2 使用线程的优势

如果能合理使用线程，能简化代码结构，降低开发和维护成本，甚至可以改善复杂应用程序的性能。在 GUI 应用程序中，通常将负责界面显示的工作由某一线程完成，而负责数据处理的工作由另一线程完成。例如，大家熟悉的办公自动化软件 Word，在输入文字的同时，后台拼写检查程序也在实时工作，当发现错误时立刻提醒，并不是等用户完全输入整句甚至整篇文章的内容后再进行拼写检查。

总地来说，使用线程将会从如下几方面改善应用程序。

（1）充分利用 CPU 资源：CPU 空闲时，可以立刻调入另一线程。

（2）简化编程模型：对于一些复杂的任务，将各子任务由单独的线程完成，有助于开发人员理解程序结构，简化开发模型，降低维护成本。

（3）简化异步事件的处理：不同线程可以负责处理不同的事件，不会因为某一事件未处理或未处理完成而无法响应其他事件，有利于提高 I/O 应用程序效率。

（4）使 GUI 程序更有效率：单线程处理 GUI 事件（如鼠标单击事件）时，必须采用循环来不断扫描随时可能发生的 GUI 事件。当某次 GUI 事件需要较长时间处理完时，这有可能延误及时处理后续 GUI 事件，而且界面会表现出"冻结"状态，而用多线程可以极快地处理 GUI 事件。

（5）节约成本：使用多线程是提高程序执行效率的方法之一，既不需要增加硬件，又比多进程方式更容易实现数据共享（在同一个进程上下文中），是最廉价的提高程序性能的方法。

7.1.3　线程的状态

Java 语言使用 Thread 类及其子类的对象来表示线程，线程至少处于以下 5 种不同的状态。

（1）New（新建）。

（2）Runnable（可运行、就绪）。

（3）Running（运行）。

（4）Blocked（被阻塞、挂起）。

（5）Dead（死亡）。

如图 7-1 所示，一个线程从它被创建到停止执行都要经历一个完整的生命周期。刚创建的线程称为新线程（New），当调用线程的 start()方法之后，线程处于"可运行"状态（Runnable），随时等候获得 CPU 资源转为"运行"状态（Running）执行代码序列；在"运行"状态的线程当分配给它的执行时间用完或遇到其他事件时，线程将转为"阻塞"（或"等待"、"睡眠"）状态（Blocked）；而获得资源后又被转到"可运行"状态，然后根据线程优先级情况进一步转为"运行"状态；线程正常运行结束后，被转到"死亡"状态（Dead），从而结束线程的整个生命周期。

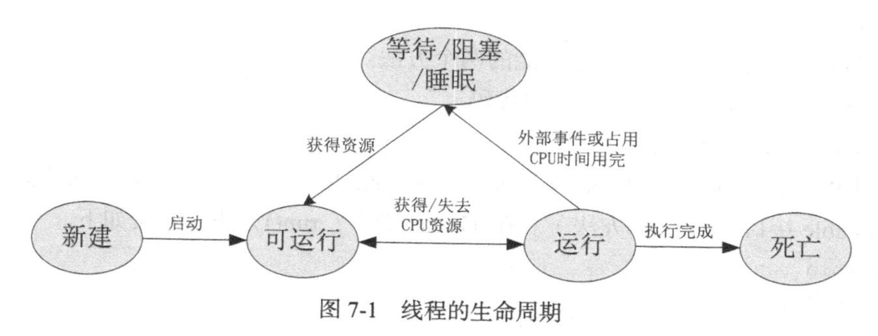

图 7-1　线程的生命周期

7.1.4　线程模型

进程是正在执行的程序。一个或多个线程构成了一个进程。一个线程（即执行上下文）由 3 个部分组成:处理机、代码和数据。线程的运行过程为:占用 CPU，然后执行特定的程序代码，最后该程序代码操纵内存中特定数据。

在 Java 平台中，类 java.lang.Thread 中封装了一个虚拟处理机，它控制整个线程的运行。CPU 执行的代码将被传递给 Thread 类，由 Thread 类控制顺序执行；而被处理的数据也要传递给 Thread 类，在代码执行过程中进行处理。代码可以由多个线程共享，也可以不被共享，它与数据是独立的。当两个线程执行同一个类的实例时，它们共享相同的代码，但每个实例都有各自的数据。同样，数据可被多个线程共享访问，也可不被共享，与代码是独立的。不同线程可以共享的方式访问同一个公共对象，实现数据交换。

多线程程序是指在一个程序内实现了并发执行的一组代码。实际上，编程语言一般提供的是串行程序设计的方法（指顺序结构、选择结构和循环结构），而计算机的并发能力由操作系统提供。在 Java 平台中，Thread 类中封装的虚拟处理机使其在语言级提供了多线程并发的概念，通过实例化多个 Thread 类，可实现多线程编程，这为编写多线程程序提供了极大的方便。

7.2 创 建 线 程

Java 语言中，可以通过继承线程类 Thread 或实现 Runnable 接口来创建用户自定义的线程。本小节主要介绍如何继承 Thread 类编写用户自己的线程类和如何通过实现 Runnable 接口来创建线程。

7.2.1 继承 Thread 类

线程类 Thread 是在 java.lang 包中定义的，但线程核心的内容并非定义在这个类中，而是存在于 Java 平台中。实际上，这个类是真正线程的“代理人”，当用户操作 Thread 类时，Thread 类将操作真正的线程，即将用户要执行的操作委托给 Java 平台真正的线程进行处理。对于用户来说，并不需要了解 Java 平台如何创建和控制线程，就可以使用 Thread 编写线程程序，它会在线程类 Thread“代理”下创建出真正的线程并交付给操作系统进行调度。在这种模式下，使用线程时只需注意以下两点。

（1）编写并指定线程需要执行的方法。

（2）启动一个线程。

线程类 Thread 中包含了实现上述功能的两个方法。

（1）run()：包含线程运行时所执行的代码。

（2）start()：用于启动线程。

用户的线程类必须继承自 Thread 类（或实现 Runnable 接口），并覆盖 Thread 类的 run()方法（或实现 Runnable 接口中的 run()方法）。在 Thread 类中，run()方法的定义如下。

```
public void run()
{//用户可以加入代码
  }
```

用户定义好自己的线程类 MyThread 后还必须实例化，并用 start()方法启动。

例 7-1 就是按照上述流程实现线程编程的。Ex7_1_UnderstandThread 类中包含用户自定义的线程类 MyThread 和主函数 main()。其中，MyThread 继承自 Thread 类，并覆盖了 run()方法，用户定义了新的功能（循环输出字符串）；而主函数 main()首先创建了 MyThead 实例，并用 start()启动线程，接下来是主函数的其他功能，即循环输出。事实上，这个程序包含两个线程，即用户自定义的线程和主函数线程，它们分别循环输出字符串。

线程类 Thread 除了包含 run()和 start() 方法外，还包含一个不带任何参数的构造方法。因此，例 7-1 创建线程时，没带任何参数。这使得编写线程程序变得十分简单。

【例 7-2】继承 Thread 类示例的源程序如下。

```
public class Ex7_2_TestThread extends Thread{
    String threadName;
```

```
    public Ex7_2_TestThread(String threadName)
    {   System.out.println("本线程的名字:" + threadName );
        this.threadName=threadName;
    }
    public void run()
    {
        for(int i=0; i<3; i++)
        {System.out.println("正在运行的线程是"+ threadName);
         try {
              Thread.sleep((int)(Math.random() * 1000));
         }
         catch (InterruptedException ex )
         {
                System.err.println(ex.toString());
         }
        }//for
    }//run
    public static void main(String[] args)
    {
        System.out.println("开始运行主函数!");
        Ex7_2_TestThread thread1 = new Ex7_2_TestThread("如来");
        Ex7_2_TestThread thread2 = new Ex7_2_TestThread("孙悟空");
        thread1.start();
        thread2.start();
        System.out.println("主函数运行结束!");
    }//main()
}
```

程序运行结果如下。

```
开始运行主函数!
本线程的名字:如来
本线程的名字:孙悟空
主函数运行结束!
正在运行的线程是如来
正在运行的线程是孙悟空
正在运行的线程是孙悟空
正在运行的线程是孙悟空
正在运行的线程是如来
正在运行的线程是如来
```

例 7-2 所示的是一个典型的多线程示例。Ex7_2_TestThread 继承自 Thread 类，并定义了一个构造方法 Ex7_2_TestThread()，实现了传入线程名字和输出的功能。该类同样覆盖了 run()方法，输出线程名后让线程休眠一段时间（随机函数决定长短）。与例 7-1 最大的区别是，该线程类中包含主函数，并且由主函数创建了 2 个线程实例，先后启动执行。显然该程序一共启动 3 个线程，即主函数线程、“如来”线程和“孙悟空”线程。

从上述运行结果可以看出，主函数线程被先调入内存，并由 Java 平台启动，因此，它先输出结果，而后创建并启动 2 个线程。这时由于它还未被调出 CPU，因此立刻输出“主函数运行结束!”，而后才是 2 个线程轮流执行，输出本线程的名字。由于系统为每个线程分配的时间片不固定，线程的执行时间也不固定，所以每次执行程序的结果不一定相同。

7.2.2 实现 Runnable 接口

由于 Java 语言不支持多继承，一个类如果为了使用线程而继承了 Thread 类就不能再继承其他类，这样很难满足实际应用的需要。因此，Java 语言提供了接口技术，通过实现一个或多个接口就能解决这一难题。

在 java.lang 包中有一个 Runnable 接口，通过实现这个接口就能实现线程编程。该接口只有一个抽象方法 void run()，用于实现线程要执行的代码。实现 Runnable 接口的类并不能直接作为线程运行，还需线程类 Thread 配合才能执行。Thread 类中有一个类型为 Runnable 的属性，名为 target。Thread 类中的 run()方法用到了这个属性，并调用该属性的 run()方法，达到执行线程的目的。Thread 类的 run()方法按如下代码实现调用。

```
public void run() {                  //线程类 Thread 的 run()方法
    if(target!=null){                //判断 target 属性是否为空，若不空，即为 Runnable 类型对
                                     //象的引用
     target.run();                   //执行 Runnable 对象的 run()方法
    }                                //否则什么都不做
}                                    //run()方法结束
```

从上述代码可以看出，如果将实现了 Runnable 接口的类的实例传给 target 属性，那么就可以通过线程类 Thread 的实例达到启动线程的目的。事实上，Thread 类提供的 5 个构造函数都可以为 target 属性赋值，例如，可用构造方法 Thread(Runnable runnableObject)给 target 属性赋值。

由上可知，使用 Runnable 接口创建线程的步骤如下。

（1）实现 Runnable 接口，比如实现了该接口的类为 MyRunnable，可在 MyRunnable 类的 run()方法里编写想让线程执行的代码。

（2）创建实现了 Runnable 接口类的实例，比如创建 MyRunnable 类的实例为 myRunnable。

（3）创建线程类 Thread 的实例，并用构造方法 Thread(Runnable)将 myRunnable 赋值给 target。

经过上述 3 步后，就得到了线程类实例，调用 start()方法后就启动了这个线程。这个线程实际上是执行 MyRunnable 类中的 run()方法的代码。

按照上述方法稍加修改例 7-2，可得到利用 Runnable 接口创建线程的完整过程。

【例 7-3】实现 Runnable 接口示例的源程序如下。

```
public class Ex7_3_MyRunnable implements Runnable {
    String threadName;

    public Ex7_3_MyRunnable(String threadName) {
        System.out.println("本线程的名字:" + threadName);
        this.threadName = threadName;
    }

    public void run() {
        for (int i = 0; i < 3; i++) {
            System.out.println("正在运行的线程是" + threadName);
            try {
                Thread.sleep((int) (Math.random() * 1000));
            } catch (InterruptedException ex) {
                System.err.println(ex.toString());
            }
```

```
        }// for
    }// run

    public static void main(String[] args) {
        System.out.println("开始运行主函数!");
        Ex7_3_MyRunnable myRunnable1 = new Ex7_3_MyRunnable("如来");
        Ex7_3_MyRunnable myRunnable2 = new Ex7_3_MyRunnable("孙悟空");
        Thread thread1 = new Thread(myRunnable1);
        Thread thread2 = new Thread(myRunnable2);
        thread1.start();
        thread2.start();
        System.out.println("主函数运行结束!");
    }// main()
}
```

运行结果和例 7-2 类似，但会因 MyRunnable 类中 run()方法执行的时间长短不同（休眠的时间是随机的）而导致输出顺序与例 7-2 的输出顺序不一致。

为了更好地理解用 Runnable 接口编写多线程的应用，例 7-4 展现了子类继承父类时实现 Runnable 接口的情况。在该例中首先定义了一个 Student 类，接着定义了继承自 Student 类的 Master 类，并实现了 Runnable 接口。

【例 7-4】子类实现 Runnable 接口示例的源程序如下。

```
public class Ex7_4_UseRunnable {

    public static void main(String[] args) {

        Master master = new Master("如来");
        Thread thread = new Thread(master);
        thread.start();

    }
}

class Master extends Student implements Runnable {

    Master(String Name) {
        super(Name);
    }

    public void printInformation() { //覆盖父类的方法，实现特定的功能
        System.out.println("我是一名研究生!我叫" + this.Name);
    }
    public void run() {
        printInformation();
    }
}

class Student {
    String Name;
    public Student(String Name) {
        this.Name = Name;
    }
```

```
    public void printInformation() {
        System.out.println("我是一名大学生!我叫" + this.Name);
    }
}
```

运行结果如下。

```
我是一名研究生!我叫如来
```

使用 Runnable 接口解决了只能继承一个类的限制问题，它可将线程的虚拟 CPU、代码和数据分开，形成一个比较清晰的模型。这种方式适合一个线程体所在的类已经继承了另一个类的场合，强调的是某类继承了其他类的特性后才需支持线程特性，而其他类还将被用于无需线程支持的场合。

实际上，上例也可通过继承 Thread 派生类的方式实现，编程模式更加简单。例 7-5 展现了这种方式，首先定义的 Thread 的派生类 Student1 类，使其作为 Thread 的子类而具备了支持线程的特性；而后又从 Student1 类派生出 Master1 类，当然 Master1 类也具备了支持线程的特性。这种方式可以更灵活地将继承和线程结合起来用于特定场景。

【例 7-5】继承 Thread 派生类示例的源程序如下。

```
public class Ex7_5_TestExtendsThread {
    public static void main(String[] args) {

        Master1 master1 = new Master1("如来");
        master1.start();
        //Student1 student1 = new Student1("孙悟空");
        //student1.start();
    }
}

class Master1 extends Student1 {
    Master1(String Name) {
        super(Name);
    }

    public void printInformation() {//覆盖父类的方法，实现特定的功能
        System.out.println("我是一名研究生!我叫" + this.Name);
    }
}

class Student1 extends Thread {
    String Name;

    public Student1(String Name) {
        this.Name = Name;
    }

    public void printInformation() {
        System.out.println("我是一名大学生!我叫" + this.Name);
    }

    public void run() {
        printInformation();
    }
}
```

程序运行结果和例 7-4 完全一样。虽然是在 Student1 类中定义 run()方法，调用的也是 Student1 类中的 printInformation()方法，但 Master1 类覆盖了父类的 printInformation()方法，因此，对于 Master1 类的 run()方法，则是调用本类的 printInformation()方法。显然，这种方式只需修改子类的某些方法就可以改变线程的功能，体现了面向对象编程的优点。

此外，如果把 main()方法中注释掉的"创建 student1 线程"的两条语句恢复的话，运行结果如下。

```
我是一名研究生！我叫如来
我是一名大学生！我叫孙悟空
```

特别要注意的是，在实际应用中，要清晰知道应在线程类 Thread 的哪个子类中覆盖 run()方法和具体应实现什么样的功能，以免无法掌控线程的执行。对于初学者来说，不鼓励通过继承 Thread 的派生类方式支持线程特性，而建议采用支持线程特性的类直接实现 Runnable 接口的方式（即例 7-4 采用的方式）。

7.3　深入学习 Thread 类

上一小节讲解了 Thread 类的 run()方法和 Start()方法的基本用法，也介绍了一个构造方法和 Runnable 接口的使用。本节将继续深入介绍 Thread 类的一些重要方法和属性，包括线程的名字、优先级以及调度等。

7.3.1　常用方法简介

表 7-1 所示的是线程类 Thread 常用的方法。

表 7-1　　Thread 类常用的方法

方　法	含　义
void run()	线程所执行的代码，子类必须通过覆盖该方法来实现自己的功能
void start() throws IllegalThreadStateException	启动线程方法，只需调用一次，多次调用会产生异常
void sleep(long milis)	休眠方法，可让线程休眠一段时间，此期间线程不消耗 CPU 资源。传入参数是休眠的时间，单位为毫秒
void interrupt()	中断线程
static boolean interrupted()	判断当前线程是否被中断（会清除中断状态标记）
boolean isInterrupted()	判断指定的线程是否被中断
boolean isAlive()	判断线程是否处于活动状态（即已调用 start，但 run 还未返回）
static Thread currentThread()	返回当前线程对象的引用
void setName(String threadName)	设置线程的名字，输入参数为线程的名字
String getName()	获取线程的名字，返回线程的名字
void join([long milis[,int nanos]])	等待线程结束，输入参数是等待时间
void destroy	销毁线程
static void yield()	暂停当前线程，让其他线程执行

续表

方　法	含　义
void setPriority(int p)	设置线程的优先级，输入参数可选 MAX_PRIORITY、MIN_PRIORITY 或 NORM_PRIORITY
notify()/notifyAll()/wait()	从 Object 继承而来的方法

此外，线程类 Thread 还提供如下 7 个构造方法。

1. public Thread();
2. public Thread(String name);
3. public Thread(Runnable target);
4. public Thread(Runnable target,String name);
5. public Thread(ThreadGroup group, String name);
6. public Thread(ThreadGroup group, Runnable target);
7. public Thread(ThreadGroup group, Runnable target,String name)。

其中，后 3 个构造方法在编写线程组时使用，在后面的小节将介绍这部分内容。

7.3.2　设置优先级

为了使线程发挥出最佳的性能，还可以调整其优先级。线程被创建时将继承父线程的优先级，而后可用方法 getPriority()返回线程的优先级，用方法 setPriority(int newPriority)改变线程的优先级。Java 平台预定义了 3 个变量，分别对应 3 个优先级（高、低、一般）。

1. Static int MAX_PRIORITY;
2. Static int MIN_PRIORITY;
3. Static int NORM_PRIORITY。

其中，MAX_PRIORITY、MIN_PRIORITY 和 NORM_PRIORITY 预定义的值分别为 10、1 和 5。

例 7-6 是在例 7-2 基础上稍加修改而成的，把线程类中的 run()方法内容改为输出优先级，而在 main()函数启动线程后，立即为两个线程设置不同的优先级。

【例 7-6】优先级设置示例的源程序如下。

```
    public class Ex7_6_ChangeThreadPriority extends Thread {
        String threadName;
        public Ex7_6_ChangeThreadPriority(String threadName)
        {   System.out.println("本线程的名字:" + threadName );
            this.threadName=threadName;
            System.out.println("创建线程\""+this.threadName+"\"时的优先级是"+this.
getPriority());
        }

        public void run()
        {
            System.out.println("正在运行的线程\""+this.threadName+"\"的优先级是"+this.
getPriority());
        }//run

        public static void main(String[] args)
        {
```

```
            System.out.println("开始运行主函数!");
            Ex7_6_ChangeThreadPriority thread1 = new Ex7_6_ChangeThreadPriority("如来");
            Ex7_6_ChangeThreadPriority thread2 = new Ex7_6_ChangeThreadPriority("孙悟空");
            thread1.start();
            thread1.setPriority(Thread.MIN_PRIORITY);
            thread2.start();
            thread2.setPriority(MAX_PRIORITY);
            System.out.println("主函数运行结束!");
        }//main()
    }
```

程序运行结果如下。

```
开始运行主函数!
本线程的名字:如来
创建线程"如来"时的优先级是 5
本线程的名字:孙悟空
创建线程"孙悟空"时的优先级是 5
主函数运行结束!
正在运行的线程"孙悟空"的优先级是 10
正在运行的线程"如来"的优先级是 1
```

从上述结果不难看出，主函数线程的优先级为一般，创建的子线程都继承了这一优先级，即输出为 5，而在线程启动后，子线程的优先级分别被调整成最低和最高。事实上，每个 Java 线程的优先级都在 Thread.MIN_PRIORITY 和 Thread.MAX_PRIORITY 之间，即 1 到 10 之间，而每个新线程默认优先级为 Thread.NORM_PRIORITY。

为了让优先级较高的线程优先执行，系统按线程的优先级调度，具有高优先级的线程会在较低优先级的线程之前得到执行。在本例中，后创建的“孙悟空”线程因被设置成最高优先级而优先于先创建的“如来”线程执行。

多个线程运行时，线程调度是抢先式的，即如果当前线程在执行过程中，一个具有更高优先级的线程进入可执行状态，则该高优先级的线程会被立即调度执行。若线程的优先级相同，线程在就绪队列中排队。在分时系统中，每个线程按时间片轮转方式执行。在某些平台上线程调度将会随机选择一个线程，或始终选择第一个可以得到的线程。因此，合理设置线程的优先级能使程序运行更高效。

7.3.3　线程的名字

Thread 类有一个类型为 String 的 name 属性用于存储线程的名字，另外有 String getName()和 void setName(String)两个方法来获取或设置这个属性的值。另外，Thread 类还提供了相应的构造方法，在创建对象时就可以指定线程的名字，具体内容如下。

（1）Thread(String name): 接受一个 String 类型的变量作为线程的名字。

（2）Thread(Runnable target,String name)：接受一个 Runnable 实例和一个 String 实例作为参数。前者的目的是传入要执行的代码，即 run()方法；后者则传入线程名字。

如果在创建线程时未指定名字，默认名字一般是“Thread-”加上一个递增的整数；对于主线程来说，它的默认名字一般会被设置为 main。

【例 7-7】线程名字示例的源程序如下。

```
public class Ex7_7_ShowThreadName {
```

```
        public static void main(String[] args) {
        ShowThreadName defaultName=new ShowThreadName();
        ShowThreadName name=new ShowThreadName("如来");
        defaultName.start();
        name.start();
        }// main
    }//public class Ex7_7_ShowThreadName

    class ShowThreadName extends Thread{
        public ShowThreadName(){
            super();
        }
        public ShowThreadName(String name){
            super(name);
        }
        public void run(){
            System.out.println("这个线程的名字是: "+this.getName());
        }
    }//class ShowThreadName
```

程序运行结果如下。

```
这个线程的名字是: 如来
这个线程的名字是: Thread-0
```

上述程序启动 2 个线程，第一个是输出默认线程名，第二个是输出用户设定的线程名。需要注意的是两个线程输出结果与语句顺序相反。

7.3.4 得到当前线程

Java 代码是由某一 Java 线程执行的，Thread 类提供一个静态方法 currentThread()用于获得这一线程，以便进一步控制线程的执行。该方法的返回值是 Thread 的引用，这个引用所指向的 Thread 类的实例正是“执行当前代码的线程”。

【例 7-8】当前线程示例的源程序如下。

```
public class Ex7_8_CurrentThreadName {
    public static void main(String[] args) {
        Thread thread=Thread.currentThread();
        System.out.println("当前线程的名字是: "+thread.getName());
        ShowCurrentThreadName cthread=new ShowCurrentThreadName();
        cthread.start();
    }
}//class Ex7_8_CurrentThreadName

class ShowCurrentThreadName extends Thread{
    public void run(){
        System.out.println("这个线程的名字是: "+this.getName());
        Thread thread=Thread.currentThread();
        System.out.println("当前线程的名字是: "+thread.getName());
    }
}//class ShowCurrentThreadName
```

程序运行结果如下。

```
当前线程的名字是: main
这个线程的名字是: Thread-0
```

```
当前线程的名字是：Thread-0
```

上述程序首先调用 CurrentThread()方法得到主线程的引用，然后调用 getName()方法输出名字，最后创建 ShowCurrentThreadName 类的实例并启动，该类继承自 Thread，在 run()方法中调用 CurrentThread()方法得到该线程的名字并输出。

上述示例虽然演示了得到当前线程的方法如何使用，但并未讲清这一方法的具体应用场合和作用，目前至少还存在这么一个疑问：所写程序难道不知道正被哪个线程执行吗？何必多此一举呢？事实上，多线程编程时，如果要创建一组协调工作的线程，而这些线程中的一部分又由同一线程类的派生类创建而成，那么同时工作的若干个线程运行代码是相同的，即会执行同一个 run()方法。若为了使某一特定线程执行一些特定的任务，则可在 run()方法中得到当前线程，进而加以控制。

7.3.5　线程的休眠

Thread 类还有另外一个静态方法 sleep()，可用于让线程沉睡若干毫秒。它没有返回值，只接受一个 long 类型的参数，这个参数就是传入让线程沉睡的毫秒数。例如，参数为 1000 时，sleep()方法的执行结果就是让当前线程沉睡 1 秒，而 1 秒后，线程会自动苏醒，并继续执行后续的代码。当然这里所说的“沉睡”就是前面介绍的线程状态之一，即线程会转入“被挂起”或者“挂起”状态，而当沉睡时间到时，线程又会被转为“运行”状态。显然，并不是严格地沉睡 1 秒，实际上可能被挂起 1.001 秒或更长点，而这对一般的应用程序来说，时间控制的精度足够了。需要注意的是在高速数据采集等时间精度要求极高的场合，需选用其他方法确保时间的精度。

sleep()方法并非一定能够运行成功，当线程处在挂起状态时，由于某种原因被打断了，它会抛出一个类型为 InterruptedException 的异常。例如，以 10000 为参数执行 sleep()方法时，线程应该挂起 10 秒左右，但是当线程被挂起 8 秒以后，因某种原因被打断了，那么就会抛出这个异常，即该线程只沉睡了约 8 秒。如果没特殊的需求，这个异常没必要向外传递，用 try-catch 语句直接处理即可。

可参见例 7-2 使用 Sleep()方法，即用如下格式调用。

```
 …
try {
    Thread.sleep(10000);
    }
    catch (InterruptedException ex )
    {
        System.err.println(ex.toString());
    }
…
```

这里强调的一点是 sleep()方法是让当前线程沉睡，即正在执行中的线程将被挂起。

7.3.6　简单控制线程

一个处于运行状态的线程遇到如下情况会转换状态。

（1）I/O 读写（或类似原因）而使该线程阻塞。

（2）调用 sleep、wait、join 或 yield 方法也将阻塞该线程。

（3）更高优先级的线程将抢占该线程。

（4）时间片的时间期满而退出运行状态或线程执行结束。

如果一个线程被激活，或休眠的线程醒来，或阻塞的线程所等待的 I/O 操作结束，或对某个先前调用了 wait()方法的对象调用 notify()或 notifyAll()方法，则优先级高于当前运行线程的线程将进入就绪状态（并且因此抢占当前运行的线程）。

除了前面介绍的 sleep()方法可以让当前线程沉睡（休眠或挂起）外，Thread 类的其他方法也可以用于控制线程的状态。yield()方法也是一个静态方法，可以用来使具有相同优先级的线程获得执行机会，即它会暂停当前的线程，并将其放入可运行队列，而选同优先级的另一线程运行。当然，如果没有相同优先级的可运行线程，yield()将什么也不做，继续让当前线程执行。需要注意的是 sleep()调用会给较低优先级的线程一个运行机会，而 yield()方法只会给相同优先级线程一个执行机会。

Thread 类提供的 join()方法也是用于控制线程的，它的特别之处在于应用的场合特殊。如果某线程（线程 A）只有在另一线程（线程 B）终止时才能继续执行，则这个线程（线程 A）可以调用另一线程（线程 B）的 join()方法，将两个线程“联结”在一起，即线程 A 先执行，而后被挂起，线程 B 接着执行，直到其终止时线程 A 回到可运行状态继续执行。另外，join(int time)方法可以传入一个最多等待时间的参数，用于控制等待时间。

【例 7-9】线程联结示例的源程序如下。

```
public class Ex7_9_UseJoin {
    public static void main(String[] args) {
        System.out.println("主线程启动执行，并创建子线程!");
        RunThread rthread = new RunThread();
        try {
        rthread.join();
        //rthread.join(2000);    //最多等待 2 秒
        } catch (InterruptedException ex) {
            System.err.println(ex.toString());
        }
        System.out.println("子线程终止，主线程继续执行!");
    }
}// Ex7_9_UseJoin

class RunThread extends Thread {
    RunThread() {
        start();
    }

    public void run() {
        System.out.println("子线程的名字是: " + this.getName() + ", 已开始运行，预计执行
3 秒!");
        try {
            Thread.sleep(3 * 1000);
        } catch (InterruptedException ex) {
            System.err.println(ex.toString());
        }
        System.out.println("子线程准备运行完毕退出!");
    }
}
```

程序运行结果如下。

```
主线程启动执行，并创建子线程!
```

```
子线程的名字是：Thread-0，已开始运行，预计执行 3 秒！
子线程准备运行完毕退出！
子线程终止，主线程继续执行！
```

上述程序如果为 join()方法传入参数 2000，即用加了注释的那条语句时，运行结果如下。

```
主线程启动执行，并创建子线程！
子线程的名字是：Thread-0，已开始运行，预计执行 3 秒！
子线程终止，主线程继续执行！
子线程准备运行完毕退出！
```

显然 2 次运行结果并不相同，前者主线程等待子线程完全运行结束后继续运行，而后者主线程等待 2 秒后，就开始执行，未等到子线程运行完。

除了可以控制线程沉睡、暂停和联结外，实际应用中更多的是控制线程同步、防止线程死锁和实现线程间的通讯等，下一小节将专门介绍。

7.4　多线程技术

多线程编程涉及线程的同步、通讯和死锁等，Java 语言除了提供相关技术外，还提供了线程组的概念。本小节将详细介绍这些技术，为实现高效、可靠的多线程程序提供支持。

7.4.1　线程同步

由于同一进程的多个线程有时需要共享一个对象，若它们同时访问该对象，必然会产生访问共享数据的冲突。例如，某一个线程在更新该对象的同时，而另一个线程也试图更新或读取该对象，这样将破坏数据的一致性。为避免多个线程同时访问一个共享对象带来的访问冲突问题，Java 语言提供了专门的机制来解决，即线程同步。

线程同步可以有效控制多个线程争抢访问同一对象的问题，从而避免一个线程刚生成的数据又会被其他线程生成的数据覆盖等问题。Java 语言是用监听器手段来达到这一目的的。监听器为受保护的资源（共享对象）加一个“访问锁”和配一把“钥匙”，每一要访问该资源的线程必须先申请“钥匙”，当得到“钥匙”后才能对受保护的资源执行操作，而其他线程只能等待，直到它们拿到这把“钥匙”。

Java 语言提供了关键字 synchronized 来实现多个线程的同步，并区分为两种实现方法：一种是方法同步，另一种是对象同步。

方法同步是为了防止多线程访问同一方法导致数据崩溃。具体来说，在定义方法时加上关键字 synchronized 修饰即可，这能保证某一线程在其他任何线程访问这一方法前完成一次执行，即某一线程一旦启动对该方法的访问，其他线程只能等待这个线程执行完这个方法后再访问。方法同步定义 synchronized 方法的格式如下。

```
public synchronized void methodName([parameterList]){
//对共享对象的操作
}
```

对象同步是针对某一数据对象而言的，即 synchronized 关键字还可以放在对象前面限制访问该对象的一段代码，表示该对象在任何时刻只能由一个线程访问。定义 synchronized 对象的格式如下。

```
…
synchronized (object){
//允许访问控制的代码
}
…
```

显然，方法同步和对象同步的代码可以互相等价转换。下面两段代码是等价的。

```
//方法同步
public synchronized void mymethodName(){  //修饰方法
  //对共享对象的操作
  }
```

```
//对象同步
public void mymethod(){
  synchronized(this){     //修饰对象的引用
  //对共享对象的操作
  }
}
```

事实上，对于一个需要较长时间执行的方法来说，其中访问关键数据的时间可能很短，如果将整个方法申明为 synchronized，将导致其他线程因无法调用该方法而长时间无法得到执行，这不利于提高程序的运行效率。这时，就可以使用对象同步，只把访问关键数据的代码段用花括号括起来，在其前面加上 synchronized(this)即可。

【例 7-10】线程同步示例的源程序如下。

```
public class Ex7_10_UseSynchronized {
    public static void main(String[] args) {
        int size = 100;
        for (int t = 0; t < 5; t++) {
            Sum sum = new Sum(0);
            AddOneThread[] rathread = new AddOneThread[size];
            for (int i = 0; i < size; i++) {
                try {
                    rathread[i] = new AddOneThread(sum);
                } catch (Exception e) {
                    e.printStackTrace();
                }
            }// for

            // 必须有这段代码，否则有可能主线程未等到子线程运行完就输出结果
            for (int i = 0; i < size; i++) {
                try {
                    rathread[i].join();
                } catch (InterruptedException ex) {
                    System.err.println(ex.toString());
                }
            }
            System.out.println("第" + (t + 1) + "次，sum=" + sum.sum);
        }// for

    }// main
}// class
```

```
class AddOneThread extends Thread {
    Sum sum;

    public AddOneThread(Sum sum) {
        this.sum = sum;
        start();
    }

    public void run() {
        try {
            Thread.sleep(500);
        } catch (InterruptedException ex) {
            System.err.println(ex.toString());
        }
        sum.addOne();
    }// run
}

class Sum {
    int sum;

    public Sum(int sum) {
        this.sum = sum;
    }

    public void addOne() {
        // synchronized(this){
        sum += 1;// }
    }
}
```

程序运行结果如下。

```
第1次，sum=93
第2次，sum=88
第3次，sum=90
第4次，sum=90
第5次，sum=85
```

如果将 Sum 类中 AddOne()方法前加上关键字 synchronized 或去掉该方法中的两处注释，即修改为如下代码。

```
…
    synchronized public void addOne() {
        // synchronized(this){
        sum += 1;// }
    }
…
```

或修改为如下代码。

```
…
    public void addOne() {
        synchronized(this){
        sum += 1;
        }
    }
…
```

程序运行结果如下。

```
第 1 次，sum=100
第 2 次，sum=100
第 3 次，sum=100
第 4 次，sum=100
第 5 次，sum=100
```

上述程序由以下 3 个类构成。

（1）Sum 类，封装了多线程要操作的数据和相关方法，即定义了属性 sum 和 AddOne()方法。

（2）AddOneThread 类，继承自 Thread 类，用于准备处理数据的线程类，实现加 1 功能，即在 run()方法中首先调用 sleep()，让线程有机会休眠，模拟实际数据读写准备（如打开数据库等），其次操作关键数据。

（3）Ex7_10_UseSynchronized 类，定义主函数，启动了 5 次测试，每次创建 100 个线程，并对创建的 Sum 实例进行加 1 测试，初值为 0，正确运行结果应为 100。

显然，未采用同步控制时，多线程并发执行有可能重复 AddOne()方法，导致 5 次测试结果并不是正确的，即不为 100；而加了同步控制后，5 次测试结果均为 100，结果正确。

为了彻底搞清该程序，需要特别注意以下 3 个地方。

（1）主函数中使用了 join()方法，目的是为了等 100 个线程全部执行后，主线程再输出结果。如果未使用 join()方法控制线程的执行顺序，很可能主函数会在 100 个线程未全部执行完就输出结果，即可能不为 100。

（2）AddOneThread 类 run()方法中必须调用 sleep()方法，为的是让线程休眠一段时间，模拟出真实的数据操作环境。否则因线程执行需要的时间非常短，会导致 100 个线程顺序执行，根本不会出现错误操作关键数据 sum 的情况，而这只是一种假象，事实上是不安全的。未对关键数据加锁，在线程频繁调度的运行情况下会出现错误。

（3）关键字 synchronized 放置的位置非常关键。对于本例，若加在 AddOneThread 类的 run()方法前，是无法实现对关键数据 sum 的同步控制。而若在 run()方法中使用对象同步，将完成加 1 操作的代码放在 synchronized(this)之后的大括号内，也是不正确的，不能实现对关键数据 sum 的同步控制。这是因为关键字 synchronized 是以对象为单位建立监视器的，并不能在任何位置对任何代码段或变量进行监视。请参考相关书籍深入了解。

线程同步虽然能解决共享数据访问异常的问题，但也存在一些缺点。除了前面提到的未正确使用关键字 synchronized，将执行时间长但无需同步控制的代码放入控制范围，会导致程序运行效率低外，对于复杂的多线程程序，没有正确处理多个线程访问关键数据的顺序，也有可能引发死锁问题。

7.4.2 线程通信

在一些多线程应用中，需要线程之间互相交流和等待，实现互相通信。具体来说，可以通过共享的数据做到线程互相交流，通过线程控制方法使线程互相等待。Java 语言的 java.lang. Object 类提供了 wait()、notify()和 notifyAll()3 个方法协调线程间的运行进度关系，实现线程通信。

线程通信是建立在生产者和消费者模型之上的，即一个（组）线程产生输出（相当于生产产品，该线程称为生产者，产生一串数据流），另一（组）线程进行输入（相当于消费者，该线程称为消费者，消耗数据流中的数据），先有生产者生产，才能有消费者消费。生产者没生产之前，通知消费者等待；而生产后通知消费者消费，消费者消费后再通知生产者生产，这就是等待通知机制（Wait/Notify）。

【例 7-11】线程通信示例的源程序如下。

```
public class Ex7_11_TestWaitNotify {
    public static void main(String[] args) {
        ProducerThread pt = new ProducerThread();
        System.out.println("生产结果为: sum=" + pt.getSum());
    }
}

class ProducerThread extends Thread {
    long sum = 0;
    ProducerThread() {
        start();
    }
    public void run() {
        synchronized (this) {
            for (int i = 0; i < 1000; i++)
                sum += i;

            System.out.println("生产者产生完毕数据: sum=" + sum);
            notify();
        }
    }// run

    synchronized public long getSum() {
        try {
            wait();
        } catch (InterruptedException ex) {
            ex.printStackTrace();
        }
        return sum;
    }
}
```

程序运行结果如下。

```
生产者产生完毕数据: sum=499500
生产结果为: sum=499500
```

上述程序中，生产者线程产生数据完成后发出通知信息，而后 getSum()才可以获取数据，即通过调用 wait()方法，不断测试，直到收到信号后才返回生产出的数据 sum。

一般而言，当线程获得某个对象的锁之后，若该线程调用 wait()方法，则会退出所占用的处理器，并打开该对象的锁，转为阻塞状态，并允许其他同步语句获得对象锁。当执行条件满足后，将调用 notify()方法，唤醒这个处于阻塞的线程，转为可运行状态，并有机会获得该对象的锁。但是，如果一个线程调用 wait()方法后进入对该共享对象的等待状态，应确保有一个独立的线程最终将会调用 notify()方法，以使等待共享对象的线程回到可运行状态。

7.4.3　死锁

死锁是指线程间因互相等待对方的资源，而不能继续执行的情况。Java 语言中未处理好同步问题，关键字 synchronized 使用不当就会导致死锁。一般来说，持有一个共享资源的锁并试图获取另一个时，就有可能发生死锁。

造成死锁问题的本质是无序使用造成的，在程序设计时应理清访问资源的顺序，确保每个线程获取资源和释放资源的顺序正好相反。例如，假设有 3 个资源，获得时顺序是资源 1→资源 2→资源 3，释放时的顺序则为资源 3→资源 2→资源 1。

7.4.4 线程组

线程组（Thread Group）是指包含了许多线程的对象集，并可以拥有一个名字和一些相关的属性，用于统一管理组中的线程。Java 中，将所有线程和线程组组织在一个线程组中，形成一棵树。若创建线程时不明确指定所属的线程组，将被放在一个默认的线程组（系统线程组）中。Java 语言提供了一个线程组类 ThreadGroup，可用于对线程组中的线程和线程组进行操作，如启动或阻塞组中的所有线程。该类的构造方法为 ThreadGroup(String groupName)。

在创建线程之前，可以创建一个 ThreadGroup 对象，而后将创建的线程依次加入。举例如下。

```
ThreadGroup tg=new ThreadGroup("myThreadGroup");
Thread myThread1=new Thread(tg, "writer");
Thread myThread2=new Thread(tg, "reader");
myThread1.start();
myThread2.start();
```

需要注意的是 ThreadGroup 类并不提供一次启动所有线程的 start()方法，所有被加入线程组中的线程需依次调用各自的 start()方法启动。该类提供如下几种主要方法。

（1）getName()：返回线程组的名字。

（2）getParent()：返回该线程的父线程组的名字。

（3）activeCount()：返回组中当前激活的线程数目，包括子线程组中的活动线程。

（4）setMaxPriority(int pri)/getMaxPriority()：设置/返回线程组中线程的最高优先级。

（5）interrupt()/resume()/stop()/suspend()：向线程组及其子组中的线程发送一个中断/唤醒/停止/挂起信号。

（6）setDaemon(boolean daemon)：将该线程组设置为守护（即常驻内存）状态。

（7）isDaemon()：判断是否为守护线程组。

（8）isDestroyed()：判断线程组是否已经被销毁。

（9）parentOf(ThreadGroup g)：判断线程组是否是线程组 g 或 g 的子线程组。

此外，当线程组中的某个线程由于一个异常而中止运行时，ThreadGroup 类包含的 uncaughtException(Thread t,Throwable e)方法将会打印这个异常的堆栈跟踪记录。

7.5 综合应用

生产者—消费者模型是典型的多线程应用的原型。本节介绍一个模拟生产者和消费者关系的程序。其中，生产者在一个循环中不断生产了从 1 到 10 的共享数据，而消费者则不断地消费生产者生产的 1 到 10 这些共享数据。

【例 7-12】生产者—消费者示例的源程序如下。

```
/* ==================================================================
 * 文件：Ex7_12_TestProducerConsumer.java
 * 描述：生产者-消费者
```

```
 * 包含5个类：主控类 Ex7_12_TestProducerConsumer，共享数据控制类 ShareData
 * 共享数据类 MyData，生产者 Producer 和消费者 Consumer
=====================================================================
 */
// 主控类
public class Ex7_12_TestProducerConsumer {

    public static void main(String[] args) {
        ShareData s = new ShareData();
        new Consumer(s).start();
        new Producer(s).start();
    }
}

// 共享数据类
class MyData {
    // 可以扩展，表达复杂的数据
    public int data;
}

// 共享数据控制类
class ShareData {
    // 共享数据
    private MyData data;
    // 通知变量
    private boolean writeable = true;

    // ----------------------------------------------------------------------
    // 需要注意的是：在调用 wait()方法时，需要把它放到一个同步段里，否则将会出现
    // "java.lang.IllegalMonitorStateException: current thread not owner"的异常。
    // ----------------------------------------------------------------------
    public synchronized void setShareData(MyData data) {
        if (!writeable) {
            try {
                // 若为未消费则等待
                wait();
            } catch (InterruptedException e) {
            }
        }

        this.data = data;
        // 标记已经生产
        writeable = false;
        // 通知消费者已经生产，可以消费
        notify();
    }

    public synchronized MyData getShareData() {
        if (writeable) {
            try {
                // 若未生产则等待
                wait();
            } catch (InterruptedException e) {
```

```
            }
        }
        // 标记已经消费
        writeable = true;
        // 通知需要生产
        notify();
        return this.data;
    }
}

// 生产者线程类
class Producer extends Thread {

    private ShareData s;

    Producer(ShareData s) {
        this.s = s;
    }

    public void run() {
        for (int i = 1; i <= 10; i++) {
            try {
                Thread.sleep((int) Math.random() * 100);
            } catch (InterruptedException e) {
            }
            MyData mydata = new MyData();
            mydata.data = i;
            s.setShareData(mydata);
            System.out.println("生产者产生一条数据: " + mydata.data + ".");
        }// for
    }// run
}

// 消费者线程类
class Consumer extends Thread {

    private ShareData s;

    Consumer(ShareData s) {
        this.s = s;
    }

    public void run() {
        MyData mydata;

        do {
            try {
                Thread.sleep((int) Math.random() * 100);
            } catch (InterruptedException e) {
            }

            mydata = s.getShareData();
            System.out.println("消费者消费一条数据: " + mydata.data + ".");
        } while (mydata.data <= 10);
    }//run
}
```

程序运行结果如下。

```
消费者消费一条数据：1.
生产者产生一条数据：1.
生产者产生一条数据：2.
…
生产者产生一条数据：9.
消费者消费一条数据：9.
生产者产生一条数据：10.
消费者消费一条数据：10.
```

上述程序展示了生产者—消费者多线程编程的原型，注释详细解释了各关键步骤，在此不赘述。实际应用程序往往修改上述程序中产生数据的部分以及共享数据类和共享数据控制类中的数据生产和消费规则。例如，共享数据类修改为一些视频或音频缓存区，而共享数据控制类则修改为从网络或本地读取或播放缓存的数据。

本章小结

本章介绍了 Java 编写多线程程序的基础知识，分析了使用线程的 5 点优势，介绍了线程的 5 种状态：新建、可运行（就绪）、运行、阻塞（休眠与等待）和死亡。在此基础上，讲述了 Java 语言创建线程的 2 种方法，即继承 Thread 类和实现 Runnable 接口；详细说明了覆盖 run()方法、设置优先级、得到线程名字与当前线程以及让线程休眠、等待与唤醒等简单控制线程的方法，并编写了示例，以便深入掌握 Thread 类。此外，本章还详细讲述了线程的方法同步与对象同步、基于生产者和消费者模型的线程通信原理、死锁的概念以及线程组的使用等多线程编程技术，并通过一个生产者-消费者多线程综合示例，展现了多线程程序的基本结构和所用主要知识点。

学习完本章内容之后就可以编写多线程程序，但需要根据特定应用场合的需要，明确是线程同步还是基于生产者和消费者模型的线程通信，同时也需合理使用 wait()等方法，防止产生线程的死锁。

习　　题

1. 什么是线程？与进程有何不同？
2. 使用多线程的优势何在？
3. 主要的线程状态有哪些？它们之间是如何转换的？
4. 简述创建线程的两种方法及各自的步骤。
5. 简述 sleep()方法的作用，并修改例 7-10 中休眠部分，体会线程有无休眠的差异。
6. 复习线程同步概念，编写一个读写队列的程序，要求至少包含一个写队列线程和一个读队列线程。
7. 深入理解 wait()和 notify()方法使用，设计一种发生死锁的程序，并修改正确。
8. 试着使用线程组来管理习题 6 编写的程序。

第 8 章 图形用户界面编程

本章主要内容：

- AWT 和 Swing 简介
- Swing 程序设计
- 简单的多媒体技术
- 综合示例

图形用户界面（Graphic User Interface，GUI）是当今一种十分流行的人机交互方式,它通过为用户呈现图形界面，用户看到什么就可以操作什么，取代了在字符方式下知道是什么后才能操作什么的方式。Java 语言通过提供一系列类和接口，为用户实现图形用户界面提供了方便，而不需要直接调用操作系统 API。本章将重点介绍 GUI 编程和简单多媒体技术。

8.1 图形用户界面概述

图形用户界面是指采用图形方式显示的计算机操作环境用户接口，也称为图形用户接口。图形用户界面可以说是当今计算机发展的重大成就之一，与字符（或命令行）界面相比，无需用户死记硬背大量的命令，更为简便易用，极大地方便了非专业用户的使用。

从界面上看，图形用户界面主要由窗口、菜单、按钮等组成，用户在窗口内选择菜单和按钮即可完成各种功能。从实现角度来看，组件（Component）是构成 GUI 的基本要素，通过对不同事件的响应来完成和用户的交互或组件之间的交互。组件一般作为一个对象放置在容器（Container）内，容器是能容纳和排列组件的对象，如 Applet（小应用程序）、Panel（面板）、Frame（窗口）等。通过容器的 add 方法把组件加入到容器中。

Java 语言提供了 AWT、Swing 等技术用于编写 GUI 程序，本节将简介 AWT 和 Swing 技术，为下一步编写 GUI 程序提供支持。

8.1.1 AWT 简介

抽象窗口工具包（Abstract Window Toolkit，AWT）是 Java 开发工具包（JDK）的一部分，是 Java 基础类（Java Foundation Classes，JFC）的核心部分之一（从 JDK1.0 开始），它的作用是给用户提供基本的界面组件，如窗口、按钮、菜单等。此外，还提供了事件处理结构，支持剪贴板、数据传输和图像操作等。

在 Java1.0 中，最初设计 AWT 的目标是通过提供一个抽象的层次使 GUI 编程达到跨平台的目的，使 GUI 程序能在所有平台上正常显示。遗憾的是，AWT 并没有很好地实现这一目标。但从 Java 1.1 以后，AWT 得到了很大的改进，而从 Java 1.2 开始，AWT 添加了被称为“Swing”的新 GUI 库。

AWT 由 java.awt 包提供，早期版本的 JDK 主要包括 BorderLayout，CardLayout，CheckBox-Group，Color，Dimension，Event，Font，FlowLayout，FontMetrics，Graphics，GridBagConstraints，GridBagLayout，GridLayout，Image，Insets，Point，Polygon，Rectangle，Toolkit 等类和两个子包：MenuComponent 与 Component。然而，随着 Java 语言的演变，AWT 包也发生了较大变化，如 JDK7.0 中 AWT 包和子包的结构如图 8-1 所示。

图 8-1　AWT 包和子包

虽然 AWT 所包含的类和子包有所变化，但核心概念和类并无太大变化。其中，组件类 Component 和它的子类——容器类 Container 是两个非常重要的类。

（1）组件类 Component 包含了按钮类 Button、画布类 Canvas、复选按钮类 CheckBox、下拉列表类 Choice、标签类 Label、列表类 List、滚动条类 Scrollbar、文本框类 TextField 与多行文本域类 TextArea 等，由它们创建的对象称为组件（即 Component 的子类或间接子类创建的对象），是构成图形界面的基本组成部分。

（2）容器类 Container 作为组件类的一个子类，实际上也是一个组件，具有组件的所有性质，但它是用来容纳其他组件和容器的，主要包括面板类 Panel、窗口类 Window、结构类 Frame、对话框类 Dialog 等。由这些类创建的对象称为容器，可通过组件类提供的 public add()方法将组件添加到容器中，即一个容器通过调用 add()方法将组件添加到该容器中。这样，用户可以操作在容器中呈现的各种组件，达到与系统交互的目的。

事实上，图形界面往往非常复杂，容器中可以放若干组件以及包含有若干组件的容器。Java 语言通过布局管理器（LayoutManager）管理容器中各种组件。在创建容器时，可以指定一种布局（即 BorderLayout、CardLayout、GridBagLayout 与 GridLayout 等中的一种），各组件按照布局确定放置位置，这样，当容器需要对某一组件进行定位或判断其大小时，就可通过调用对应的布局管理器来获得。在编写 GUI 程序时，安排组件位置和大小需要注意以下两点。

（1）各组件的大小和位置由容器中的布局管理器负责，组件的 setLocation()、setSize()和 setBounds()等方法被布局管理器覆盖，用户无法设置这些属性。

（2）如果用户想自己控制组件的大小和位置，可取消容器的布局管理器，即调用语句“setLayout(null)；”设置为空。

【例 8-1】理解 AWT 编程示例的源程序如下。

```
import java.awt.*;
public class Ex8_1_UnderstandAWT {
    public static void main(String[] args) {
        //创建容器和设置布局
        Frame frm=new Frame("理解 AWT");
        frm.setLayout(new BorderLayout());
        //创建组件，并添加到容器中
        Button myBtn=new Button("按钮");
        frm.add(myBtn);

        //设置结构(Frame)的位置与大小并显示
        frm.setBounds(400, 200, 400,200);
        frm.setVisible(true);
    }
}
```

程序运行结果如下。

8.1.2 Swing 简介

Swing 是一套由 Java 基础类库（JFC）提供的开发图形用户界面的类库，是 JFC 的最主要部分，为 Java 基于窗体的应用程序开发设计提供了一套精美、丰富的基本组件，以及一个能使 GUI 独立于特定平台的显示框架。Swing 是在 AWT 基础上扩展而来的，提供了非常丰富的组件，远远多于 AWT，并且引入了新的概念和性能，这使得基于 Swing 开发 GUI 应用程序比直接使用 AWT 开发更为灵活、方便、效率高，而且能设计出更优美的、感受更好的 GUI。

Swing 是由 javax.swing 包提供的，主要包括两种类型的组件：顶层容器和轻量级组件。它们都以“J”开头。其中，顶层容器主要包含 JFrame、JApplet、JDialog、JWindow 等；轻量级组件主要是继承自 AWT 的 Container 类的 JComponent 类及其子类，主要包括 JTextArea、JTextField、JButton、JMenu、JPanel、JScrollbar 等。JDK1.7 的 Swing 包和子包结构如下图所示。

图 8-2　例 8-1 运行界面

使用 Swing 编写 GUI 程序的基本流程和使用 AWT 编写类似，只是用的容器和组件为“J”类组件。

【例 8-2】理解 Swing 编程示例的源程序如下。

```
import javax.swing.*;
import java.awt.*;

public class Ex8_2_UnderstandSwing {
```

```
    public static void main(String[] args) {
        // 创建容器和设置布局
        JFrame frm = new JFrame("理解 Swing");
        frm.setLayout(new BorderLayout());

        // 创建组件，并添加到容器中
        JButton myBtn = new JButton("按钮");
        frm.add(myBtn);

        // 设置结构（JFrame）的位置与大小并显示
        frm.setBounds(400, 200, 400, 200);
        frm.setVisible(true);
    }
}
```

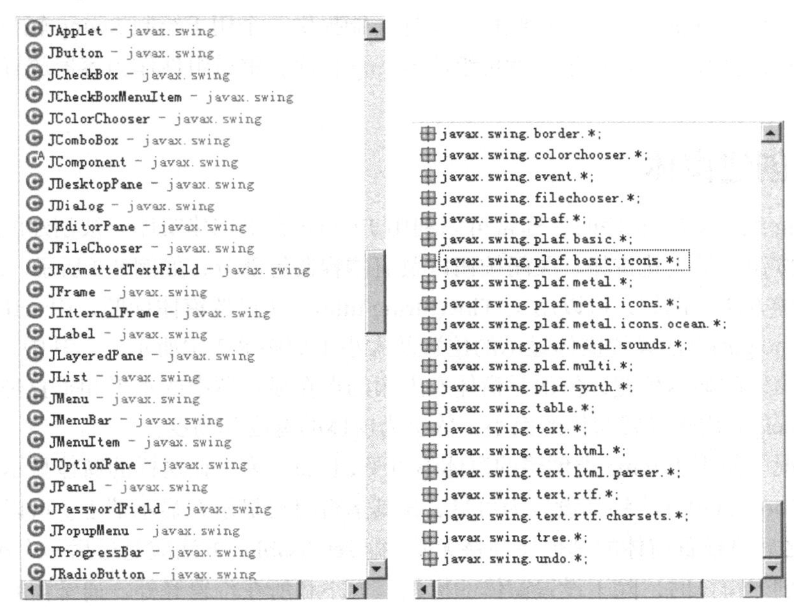

图 8-3　Swing 包及其子包

程序运行结果如下。

例 8-1 和例 8-2 使用了类似的组件和编写方法，但对比两者的运行界面，显然使用 Swing 组件编写的 GUI 程序界面美观许多，显示速度更快，并且窗体带有更多的功能。

鉴于 Swing 编写 GUI 程序的种种优点，下面只介绍 Swing 程序设计。

图 8-4　例 8-2 运行界面

8.2 Swing 程序设计

Swing 是于 1996 年末开始被设计的，在 Java1.2 版本中首次引入，作为 Java 基类的一部分。Swing 是基于 AWT 开发的，它功能更强大，性能更优化，更能体现 Java 语言的跨平台性。Swing 只保留了 AWT 中几个必要的重量组件，将其他的重量组件全部更改为了轻量组件，还增加了一些新的功能。此外，Swing 还提供了一个用于实现包含插入式界面样式等特性的图形用户界面的底层构件，这使得 Swing 组件在不同的平台上都能够保持组件的界面样式特性，如双缓冲、调试图形和文本编辑包等。

Swing 编写 GUI 程序主要使用轻量组件。轻量组件被绘制在包含它的容器中，而不是绘制在自己的窗口中，所以轻量组件最终必须包含在一个重量容器中。为此，Swing 提供的小应用程序、窗体、窗口和对话框等都必须是重量组件，这样才能提供一个用于绘制 Swing 轻量组件的窗口。这样，一个重量组件和多个轻量组件就可组成 Swing 程序，重量组件作为容器放置轻量组件实现的各界面元素。

8.2.1 创建窗体

使用 Swing 编写 GUI 程序时，通常可以利用 JFrame 类来创建窗体。被创建的窗体通常包含标题、最小化按钮、最大化按钮、关闭按钮以及窗体容器等部分，如例 8-2 所示。JFrame 类包含很多设置窗体的方法，例如，可以用 setTitle(String title)方法设置窗体标题，用 setBounds(int x,int y,int width,int height)方法设置窗体显示的位置及大小（如例 8-2 中所示），其中，前两个参数 x 和 y 用来设置窗体的显示位置，依次是窗体左上角的点在显示器中的水平和垂直坐标；而后两个参数 width 和 height 用来设置窗体的大小，依次为窗体的宽度和高度。

在默认情况下使用 JFrame 类创建的窗体不可见，因此，为了让这样的窗体显示出来还必须调用 setVisable(Boolean b)方法将其设置为可见，让其运行时可显示在显示器上。可以认为这时才开始绘制窗体，之后再设置窗体的其他属性将无效，即 setVisable()方法应是最后一个被调用的方法。

此外，在创建窗体时，除了设置窗体的标题、大小和所在位置等外，通常需要设置关闭按钮的动作。关闭按钮的默认动作为将窗体隐藏，可以通过 setDefaultCloseOperation(int operation)方法设置关闭按钮的动作。JFrame 类提供了 4 个静态常量可供选择，如下所示。

（1）DO_NOTHING_ON_CLOSE：不执行任何操作，常量值为 0。

（2）HIDE_ON_CLOSE：隐藏窗口，为默认设置，常量值为 1。

（3）DISPOSE_ON_CLOSE：移出窗口，常量值为 2。

（4）EXIT_ON_CLOSE：退出窗口，常量值为 3。

需要注意的是，与 AWT 组件不同，Swing 组件不能直接添加到顶层容器中，它必须添加到一个与 Swing 顶层容器关联的内容面板（Content Pane）上。内容面板是顶层容器包含的一个普通容器，它也是一个轻量级组件。把 Swing 组件放入一个顶层 Swing 容器的面板上，这样可避免使用非 Swing 的重量级组件。

向 JFrame 添加组件有两种方式。

（1）用 getContentPane()方法获得内容面板，而后向其中添加组件，即 getContentPane().add(yComponent)。

（2）创建一个中间容器并将组件添加其中，而后用 setContentPane()方法把该容器设置为 JFrame 的内容面板，如先创建一个 JPanel 对象并添加一些组件，而后将其设置为 JFrame 对象的内容面板。

8.2.2　常用面板

使用 JFrame 创建窗体后，可以先将面板（即 JPanel）放置在其中，而后再往面板中添加各种组件。当然，也可以将子面板添加到上级面板中后再添加组件。使用面板可以实现对所有组件进行分层管理，即对不同关系的组件采用不同的布局管理方式，使组件的布局更加合理和程序的界面更加美观。

常用的面板有 JPanel、JScrollPane 和 JSplitPane 等，它们均放在 javax.swing 包中。事实上，引入各类面板可以解决将所有组件都添加到由 JFrame 窗体提供的默认组件容器中带来的如下一些问题。

（1）如果不添加面板，界面将无法分区或分块，所有组件只能采用一种布局方式，这很难设计出美观的界面。

（2）有些布局方式只能管理有限的组件，这将妨碍设计者自由表达设计思想。例如，JFrame 窗体默认的布局管理器是 BorderLayout，它最多只能管理 5 个组件。初学者切忌不要以为任何容器都能无限地加入各种各样的组件，尤其是早期版本的 JDK 限制更多。

（3）窗体的可显区域有限，组件很多时很难合理安排，引入 JScrollPane 或 JSplitPane 将能更好地表达界面元素。

使用 JPanel 面板能很好地解决前两个问题。首先在 JFrame 窗体中添加几个面板或主要的组件，而后可继续在已添加的面板中添加多个子面板或组件，继续这样的方式，则可实现窗体上放置无数个组件，并且通过为每个面板设置不同的布局管理器的方式解决多组件的布局问题，达到美化界面的目的。JPanel 面板默认采用 FlowLayout 布局管理器。下面先举例介绍 JPanel 的使用，并顺便介绍 JFrame 相关的其他方法。

【例 8-3】使用 JPanel 编程示例的源程序如下。

```
import javax.swing.*;
import java.awt.*;

public class Ex8_3_UnderstandPanel {
    public static void main(String[] args) {
        // 创建窗体
        JFrame frm = new JFrame();
        //设置窗体标题
        frm.setTitle("使用 JPanel");
        //设置窗体关闭方式
        frm.setDefaultCloseOperation(JFrame.EXIT_ON_CLOSE);

        // 创建面板并放在窗体上半部分
        JPanel topPanel=new JPanel();
        frm.getContentPane().add(topPanel,BorderLayout.NORTH);

        // 创建搜索输入框，可编辑，左侧输入,25 列
        JTextField input=new JTextField();
        input.setEditable(true);
```

```
        input.setHorizontalAlignment(SwingConstants.LEFT);
        input.setColumns(25);

        // 创建搜索按钮
        JButton myBtn = new JButton("搜索");

        // 添加搜索输入框和按钮
        topPanel.add(input);
        topPanel.add(myBtn);

        // 创建面板并放在窗体下半部分
        JPanel bottomPanel = new JPanel();
        frm.getContentPane().add(bottomPanel, BorderLayout.CENTER);

        // 创建结果输出框，6 行 32 列，不可编辑
        JTextArea output = new JTextArea();
        output.setRows(6);
        output.setColumns(32);
        output.setEditable(false);

        // 添加结果输出框
        bottomPanel.add(output);
        bottomPanel.setVisible(true);

        // 设置结构（JFrame）的位置与大小并显示
        frm.setBounds(400, 200, 400, 200);
        frm.setVisible(true);
    }
}
```

程序运行结果如下。

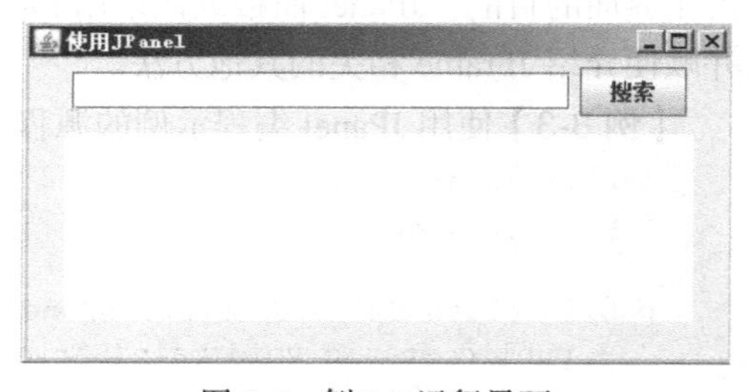

图 8-5　例 8-3 运行界面

上例为一个简单的搜索输入输出界面，共定义了 2 个面板和 3 个组件。其中，2 个面板按照 JFrame 默认的布局管理器（BorderLayout）设置位置为上方（NORTH）和中心（CENTER），而在上方面板中添加了一个文本框和按钮，而中心面板添加了一个文本输出区。

JScrollPane 类实现了一个带有滚动条的面板，可以用于为某些组件添加滚动条，例如，为 JTextArea 和 JList 等组件添加滚动条。为了使用好该类，必须了解如何使用 JScrollPane 类的常用方法和如何设置滚动条显示策略。

JScrollPane 提供了如下 4 个常用的方法。

（1）setViewportView(Component view)：设置在滚动面板中显示的组件对象。

（2）setHorizontalScrollBarPolicy(int policy)：设置水平滚动条的显示策略。

（3）setVerticalScrollBarPolicy(int policy)：设置垂直滚动条的显示策略。

（4）setWheelScrollingEnabled(boolean arg0)：设置滚动面板的滚动条是否支持鼠标的滚动轮。

利用上述第 2 个和第 3 个方法设置滚动条显示策略时，参数应选 JScrollPane 类提供的如下 6 个静态常量之一。

（1）HORIZONTAL_SCROLLBAR_AS_NEEDED：设置水平滚动条为只在需要时显示，为默

认策略。

（2）HORIZONTAL_SCROLLBAR_NEVER：设置水平滚动条为永远不显示。

（3）HORIZONTAL_SCROLLBAR_ALWAYS：设置水平滚动条为总是显示。

（4）VERTICAL_SCROLLBAR_AS_NEEDED：设置垂直滚动条为只在需要时显示，为默认策略。

（5）VERTICAL_SCROLLBAR_NEVER：设置垂直滚动条为永远不显示。

（6）VERTICAL_SCROLLBAR_ALWAYS：设置垂直滚动条为总是显示。

其中，前 3 个常量用于设置水平滚动条，而后 3 个用于设置垂直滚动条。

【例 8-4】使用 JScrollPane 编程示例的源程序如下。

```
import javax.swing.*;

public class Ex8_4_UseScrollPane {
    public static void main(String[] args) {
        // 创建窗体
        JFrame frm = new JFrame();
        // 设置窗体标题
        frm.setTitle("使用 JScrollPane");
        // 设置窗体关闭方式
        frm.setDefaultCloseOperation(JFrame.EXIT_ON_CLOSE);

        // 创建结果输出框，2 行 32 列
        JTextArea output = new JTextArea();
        output.setRows(2);
        output.setColumns(32);

        // 创建滚动面板并设置显示策略等
        JScrollPane outputScrollPane = new JScrollPane();
        outputScrollPane.setVerticalScrollBarPolicy(
              JScrollPane.VERTICAL_SCROLLBAR_AS_NEEDED);
        frm.getContentPane().add(outputScrollPane);
        outputScrollPane.setViewportView(output);
        output.setText("这是 JScrollPane 使用示例！\n\r 请输入或删除多行字符观察显示区的变
化！");

        // 设置结构（JFrame）的位置与大小并显示
        frm.setBounds(450, 230, 400, 80);
        frm.setVisible(true);
    }
}
```

程序运行结果如下。

图 8-6　例 8-4 运行界面

当在上例显示区输入多行文字后，垂直滚动条将自动出现，即需要时显示。JScrollPane 作为常用的面板，事实上一些常用组件已经默认实现了滚动条的功能。例如，本例中并未设置水平滚动条，但当输入较长的一行文本时水平滚动条将会出现这是因为 JTextArea 组件已经默认支持了滚动条按需出现。

JSplitPane 类实现了可以水平或垂直分割的面板，允许将容器分成两个区域，分别添加组件。

该类提供了如下 4 个常用的方法。

（1）setOrientation(int orientation)：设置面板分割方式，即水平或垂直，可选参数为 JSplitPane 类提供的 2 个静态常量，即 HORIZONTAL_SPLIT 和 VERTICAL_SPLIT。

（2）setLeftComponent(Component comp)：为面板左侧（或上方）添加组件。

（3）setRightComponent(Component comp)：为面板右侧（或下方）添加组件。

（4）setDividerLocation(double proportionalLocation)：设置分割比例的方法，即左右或上下区域所占比例，还提供一个重载方法，即 setDividerLocation(int location)，参数是一个整数。

【例 8-5】使用 JSplitPane 编程示例的源程序如下。

```
import javax.swing.*;
public class Ex8_5_UseSplitPane {

    public static void main(String[] args) {
        // 创建窗体
        JFrame frm = new JFrame();
        // 设置窗体标题
        frm.setTitle("使用 JSplitPane");
        // 设置窗体关闭方式
        frm.setDefaultCloseOperation(JFrame.EXIT_ON_CLOSE);

        // 创建垂直分割面板
        JSplitPane splitPane = new JSplitPane();
        splitPane.setOrientation(JSplitPane.VERTICAL_SPLIT);
        frm.getContentPane().add(splitPane);

        // 创建文本框并添加到面板的左侧（上侧）
        JTextField input = new JTextField();
        input.setEditable(true);
        input.setHorizontalAlignment(SwingConstants.LEFT);
        input.setColumns(25);
        splitPane.setLeftComponent(input);

        // 创建搜索按钮并添加到面板的右侧（下侧）
        JButton searchBtn = new JButton("搜索");
        splitPane.setRightComponent(searchBtn);

        // 设置分割比例，上侧为 140 个像素高
        splitPane.setDividerLocation(140);

        // 设置结构（JFrame）的位置与大小并显示
        frm.setBounds(450, 230, 400, 200);
        frm.setVisible(true);
    }
}
```

程序运行结果如下。

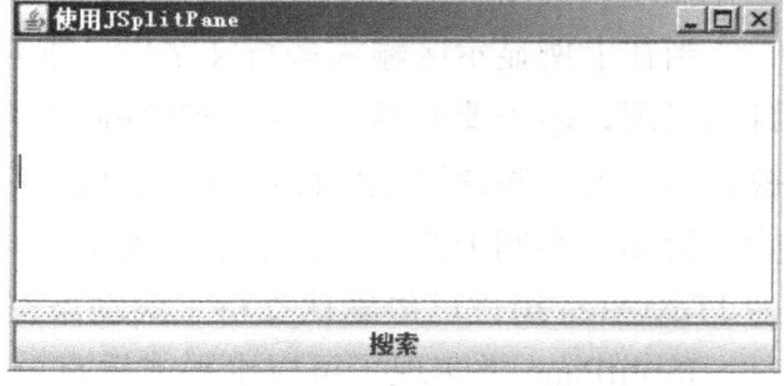

图 8-7　例 8-5 运行界面

8.2.3　常用组件

组件作为图形用户界面的基本元素，是用户和软件系统进行交流的桥梁。Swing 组件都是 AWT

的 Container 类的直接子类和间接子类，组件名均以“J”开头，除了有与 AWT 类似的按钮(Jbutton)、标签（JLabel）、复选框（JCheckBox）、菜单（JMenu）等基本组件外，还有一些高层组件，如表格（JTable）、树（JTree）等。

Swing 组件从功能上可区分为如下 6 类。

（1）顶层容器：JFrame、JApplet、JDialog、JWindow。

（2）中间容器：JPanel、JScrollPane、JSplitPane、JToolBar。

（3）特殊容器：在 GUI 上起特殊作用的中间层，如 JInternalFrame、JLayeredPane、JRootPane 等。

（4）基本组件：实现人机交互的组件，如 JButton、JTextFiled、JComboBox、JList、JMenu、JSlider 等。

（5）不可编辑信息的显示组件：向用户显示不可编辑信息的组件，如 JLabel、JToolTip、JProgressBar 等。

（6）可编辑信息的显示组件：向用户显示能被编辑的格式化信息的组件，如 JTable、JTextArea、JColorChooser、JFileChoose、JFileChooser 等。

由于 Swing 组件较多，不可能一一详细介绍。在掌握前面 2 小节已经介绍过的几个组件基础上，本小节将介绍一些常用的组件及其用法，而其它组件则可通过查看 javax.swing 相关文档进一步学习。

1. 标签（JLabel）

JLabel 组件是用来显示文本和图像的，既可显示其中之一，亦可同时显示，主要用于输出一些不修改的信息和配合其它组件而输出说明信息。JLabel 类提供了一系列用来设置标签的方法，最常用的方法如下。

（1）setText(String text)：设置标签待显示的文本。

（2）setFont(Font font)：设置标签文本的字体及大小。

（3）setHorizontalAlignment(int alignment)：设置文本对齐方式（即显示位置），传入参数为 JLabel 类提供的 3 个静态常量之一，即可选 LEFT（靠左侧显示）、CENTER(居中显示)或 RIGHT（靠右侧显示）；

（4）setIcon(Icon icon)：如果标签中需要显示图片，则可通过该方法设置。

（5）setHorizontalTextPosition(int textPosition)：设置文字相对图片在水平方向的位置，传入参数亦为 JLabel 类提供的 3 个静态常量之一，即可选 LEFT（文字显示在图片的左侧）、CENTER(文字与图片在水平方向重叠显示)或 RIGHT（文字显示在图片的右侧）。

（6）setVerticalTextPosition(int textPosition)：设置文字相对图片在垂直方向的位置，传入参数为 JLabel 类提供的另外 3 个静态常量之一，即可选 TOP（文字显示在图片的上方）、CENTER（文字与图片在垂直方向重叠显示）或 BOTTOM（文字显示在图片的下方）。

2. 按钮（JButton）

JButton 组件是最简单的按钮组件，只有按下和释放两种状态，是通过捕获按下并释放的动作来执行一些操作的。JButtion 类主要提供如下方法用于设置按钮的属性。

（1）setText(String text)：设置按钮的标签文本（指按钮上的文字）。

（2）setIcon(Icon defaultIcon)：设置按钮在默认状态下显示的图片。

（3）setRolloverIcon(Icon rolloverIcon)：设置当光标移动到按钮上方时显示的图片。

（4）setPressedIcon(Icon pressedIcon)：设置当按钮被按下时显示的图片。

（5）setMargin(Insets m)：当按钮设置为显示图片时，设置按钮边框和标签四周的间隔，建议均设置为 0，传入参数为 Insets 类实例，该类构造方法为 Insets(int top,int left,int bottom,int right)，4 个参数均为整数，依次为标签上方、左侧、下方和右侧的间距。

（6）setContentAreaFilled(boolean b)：当按钮设置为显示图片时，设置绘制按钮的内容区域与否，即设置按钮的背景为透明与否，默认为绘制（透明）。

（7）setBorderPainted(boolean b)：设置绘制按钮的边框与否，默认为绘制。

3. 文本框（JTextField）

JTextField 组件实现了一个文本框，与 VB、Delphi 等可视化编程语言中的文本编辑框类似，只用于接受用户输入的单行文本信息。可用 JTextField(String text) 构造方法创建带有默认文本的文本框对象，亦可在创建后用 setText(String t)方法设置文本信息。该类提供了如下常用方法。

（1）setText(String t)：设置文本框中的文本信息。

（2）setHorizontalAlignment(int alignment)：设置文本框内容的水平对齐方式，传入参数为 JTextField 类提供的 3 个静态常量之一，即 LEFT（靠左侧显示）、CENTER（居中显示）和 RIGHT（靠右侧显示）。

（3）setFont(Font f)：设置文本框中文字的字体。

（4）setColumns(int columns)：设置文本框最多可显示内容的列数（即字符数）。

（5）setScrollOffset(int scrollOffset)：设置文本框的滚动偏移量（以像素为单位）。

（6）scrollRectToVisible(Rectangle r)：向左或右滚动文本框中的内容。

（7）getPreferredSize()：获得文本框的首选大小，返回值为 Dimensions 类型的对象。

4. 密码框（JPasswordField）

JPasswordField 组件实现了一个密码框，专门用于需要密码输入的场合，与 JTextField 组件类似，也是接受单行文本信息，只是不回显输入的真实信息，但会用指定的回显字符作为占位符。该类主要有如下几个常用的方法。

（1）setEchoChar(char c)：指定回显字符，若不调用该方法，默认的回显字符为“*”。

（2）getEcho()：获得回显字符，返回类型为 char 型。

（3）echoCharIsSet()：查看是否已经设置了回显字符，若设置，返回 true，否则为 false。

（4）getPassword()：获得用户输入的文本信息，返回值为 char 型数组。

5. 文本域（JTextArea）

JTextArea 组件实现了一个文本域，用于需要多行文本输入和显示的场合。该组件是前述 JTextField 组件的扩展，只是支持多行文本和提供了相关方法。常用的方法如下。

（1）append(String str)：将指定文本追加到文档末尾。

（2）insert(String str,int pos)：将指定文本插入到指定位置。

（3）replaceRange(String str,int start,int end)：用给定的新文本替换掉指定的文本段，即替换掉从起始位置（start）到结束位置（end）部分的文本。

（4）getColumnWidth()：获取列的宽度。

（5）getColumns()：返回文本域中的列数。

（6）getLineCount()：确定文本区所包含的行数。

（7）getRows()：返回文本域中的行数。

（8）setLineWrap(Boolean wrap)：设置文本是否自动换行，默认为 false，即不自动换行，这时允许 1 行文本很长。

此外，还有例 8-3 和例 8-4 使用过的 setColumns()、setRows()和 setEditable()等方法。

6. 单选按钮（JRadioButton）

JRadioButton 组件实现一个单选按钮，只有选中和未选中两种状态，常用于选定多个选项之一的场合。JRadioButton 类可以单独使用，也可以与 ButtonGroup 类联合使用。单独使用时，只有选定和取消选定两种状态，而当与 ButtonGroup 类联合使用时，则将多个单选按钮组成一个按钮组，用户只能选定该组中的一个单选按钮，而取消选定操作将由 ButtonGroup 类自动完成。JRadioButton 类主要提供如下方法用于设置单选按钮的属性。

（1）setText(String text)：设置单选按钮的标签文本。

（2）setSelected(Boolean b)：设置单选按钮的状态，默认为未被选中，即 false。

配合 JRadioButton 类使用的 ButtonGroup 类是用于管理一组单选按钮，负责维护该组各按钮的“开启”状态（即选中），确保组中只有一个按钮处于“开启”状态。该类还可以用于维护 JRadioButtonMenuItem 和 JToggleButton 等对象组成的按钮组，主要提供如下常用方法。

（1）add(AbstractButton b)：添加按钮到按钮组中。

（2）remove(AbstractButton b)：从按钮组中移除按钮。

（3）getButtonCount()：返回按钮组中包含按钮的个数，返回值为整型。

（4）getElements()：返回一个 Enumertion 类型的对象，用于遍历按钮中的所有按钮对象。

7. 复选框（JCheckBox）

JCheckBox 组件实现一个复选框，同样只有选中和未选中两种状态，主要用于多选的场合，即可同时选定多个。与 JRadioButton 类使用方法类似，同样提供了 setText(String text)和 setSelected(Boolean b)等常用方法，但不同的是无需与 ButtonGroup 类联合使用。

8. 列表框（JList）

JList 组件实现一个列表框，主要用于供用户从下拉列表中选择某一项或多项的场合。在创建时可用构造方法 JList(Object[] list)直接初始化列表包含的选项。该类有 3 种选取列表框中选项的模式，可由 setSelectedMode(int selectionMode)方法设置，传入参数为该类提供的 3 个静态常量之一，即可选 SINGLE_INTERVAL_SELECTION（只允许连续选取多项）、SINGLE_SELECTION（只允许选取某一项）和 MULTIPLE_INTERVAL_SELECTION（既允许连续选取，又允许间隔选取，即任意选）。JList 类提供了如下常用的方法。

（1）setSelectedIndex(int index)/setSelectedIndex(int[] indices)：选中指定索引的一个选项/一组选项。

（2）setSelectedBackground(Color selectBackground)：设置被选项的背景颜色。

（3）setSelectedForeground(Color selectForeground)：设置被选项的字体颜色。

（4）getSelectedIndices()：以 int[]形式获得被选中的所有选项的索引值。

（5）getSelectedValues()：以 Object[]形式获得被选中的所有选项的内容。

（6）clearSelection()：取消所有被选中的项。

（7）isSelectionEmpty()：查看是否有被选中的项，如果有则返回 true。

（8）isSelectionIndex(int index)：判断指定索引值的项是否已被选中。

（9）ensureIndexIsVisble(int index)：使指定项在选择窗口中可见。

（10）setFixedCellHeight(int height)：设置选择窗口中每个选项的高度。

（11）setVisibleRowCount(int visibleRowCount)：设置在选择窗口中最多可见选项数。

（12）getPreferredScrollableViewportSize()：获取使指定个数的选项可见时需要的窗口高度。

（13）setSelectedMode(int selectionMode)：设置列表框选择模式，即单选、连选和任选。

9. 选择框（JComboBox）

JComboBox 组件实现了一个选择框，供用户从下拉列表中选择某一选项，同时可设置为编辑状态，在文本框中输入的值可添加到下拉列表中，可理解为是一个文本框和一个列表框的组合。在创建 JComboBox 类的对象时，可利用构造方法 JComboBox(Object[] items)直接初始化选择框包含的选项，当然也可以用如下 2 类方式。

（1）用 setModel(ComboBoxModel aModel)方法初始化。

（2）用 addItem(Object item)和 insertItemAt(Object item, int index)等添加或插入选项。

其中，第 1 类是 Java 语言常用的为表格类组件（如 JTable、JTree 等）传入初始数据的一种模式，即先定义一个 xModel 类对象，而后将数据添加到该对象中，再用表格类组件对象的 setModel()方法传入该数据模型，这是一种符合 MVC 的编程模式。

为了使用好 JComboBox 类，需要熟悉如下常用方法。

（1）addItem(Object item)：向选项列表尾部添加选项。

（2）insertItemAt(Object item, int index)：向选项列表指定位置添加选项，索引值从 0 开始计数。

（3）removeItem(Object item)/ removeItem(int index)：从选项列表中移除指定的选项，分别为按选项对象名移除和按索引值移除。

（4）removeAllItems()：移除选项列表中所有选项。

（5）setSelectedItem(Object item)/setSelectedItem(int index)：将指定的选项设置为选择框的默认选项，分别为按选项对象名选和按索引值选。

（6）setMaximumRoxCount(int count)：设置选项最大的显示行数，默认为 8 行。

（7）setEditable(Boolean isEdit)：设置选择框可否编辑，默认为不可编辑，即 false。

除上述常见组件外，比较常用的还有菜单类组件（JMenuBar、JMenu 和 JMenuItem）和对话框类组件（JDialog、JFileDialog），使用方法类似，在此不一一介绍。

【例 8-6】常用组件编程示例的源程序如下。

```
import javax.swing.JFrame;
import javax.swing.JLabel;
import javax.swing.ImageIcon;
import java.awt.Font;
import javax.swing.JButton;
import javax.swing.JScrollPane;
import javax.swing.JTextField;
import javax.swing.JPasswordField;
import javax.swing.JTextArea;
import javax.swing.JList;
import javax.swing.JComboBox;
import javax.swing.ListSelectionModel;

public class Ex8_6_UseComponents {
    public static void main(String[] args) {
        JFrame frm = new JFrame();
        frm.setTitle("使用常用组件");
        frm.setLayout(null);// 设置为不使用布局管理器
        // 创建各组件并添加到容器中
        //1.标签组件的使用
```

```
JLabel label = new JLabel("常用组件: ");
label.setBounds(5,5,160,80);
label.setFont(new Font("",Font.BOLD,22));
label.setIcon(new ImageIcon("label.jpg"));
label.setHorizontalAlignment(JLabel.CENTER);

//设置标记相对图片的位置，在 JDK 高版本中增加了新的静态常量
label.setHorizontalTextPosition(JLabel.CENTER);
label.setVerticalTextPosition(JLabel.BOTTOM);
frm.getContentPane().add(label);

//2.按钮组件的使用
JButton button=new JButton();
button.setText("这是一个按钮");
button.setBounds(170,5,120,30);
frm.getContentPane().add(button);

//3.文本框组件的使用
JTextField text=new JTextField();
text.setText("请输入文本");
text.setHorizontalAlignment(JTextField.CENTER);
text.setBounds(170,45,120,30);
frm.getContentPane().add(text);

//4.密码框组件的使用
JPasswordField pwdText=new JPasswordField();
pwdText.setText("mypassword");
pwdText.setEchoChar('?');
pwdText.setBounds(170,80,120,30);
frm.getContentPane().add(pwdText);

//5.文本域组件的使用
JTextArea textArea=new JTextArea();
textArea.setLineWrap(true);
textArea.setColumns(10);
textArea.setRows(3);
textArea.append("这是一个多行文本域，");
textArea.insert("将会自动回车。", 11);
textArea.setBounds(300,5,120,60);
frm.getContentPane().add(textArea);

//6.单选按钮组件的使用参见例 8-8
//7.复选框组件的使用参见例 8-9

//8.列表框组件的使用
String[] likes={"数学","网购","游戏","看电影","上网","聊天","编程"};
JList list=new JList(likes);
list.setSelectionMode(ListSelectionModel.MULTIPLE_INTERVAL_SELECTION);
list.setFixedCellHeight(20);
list.setVisibleRowCount(5);
JScrollPane scrollpane=new JScrollPane();
scrollpane.setViewportView(list);
```

```
        scrollpane.setBounds(30,130,120,120);
        frm.getContentPane().add(scrollpane);

        //9.选择框组件的使用
        JComboBox comboBox=new JComboBox(likes);
        comboBox.setEditable(true);
        comboBox.setMaximumRowCount(6);
        comboBox.insertItemAt("哲学", 3);

        comboBox.setBounds(230,130,120,25);
        frm.getContentPane().add(comboBox);

        frm.setBounds(400, 200, 450, 320);
        frm.setVisible(true);
    }
}
```

程序运行结果如下。

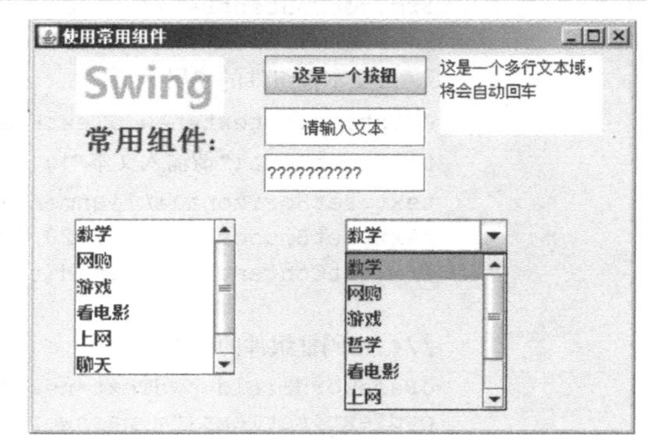

图 8-8 例 8-6 运行界面

8.2.4 常用布局管理器

为了使 Java 图形用户界面程序更好地适应不同平台，Java 语言引入了布局管理的概念，通过为 GUI 程序指定布局管理器的方法达到合理布局组件的目的。布局管理器负责管理组件在容器中的排列方式，即为每个容器指定一个布局管理器，由它来管理组件的布局，使程序自动适应特定平台显示组件的策略和方式。

Java 语言的布局管理器是一个实现了 LayoutManager 接口的任何类的实例，由容器类对象的 setLayout(LayoutManager layoutObj)方法设定，如果没调用该方法，那么容器将使用默认的布局管理器。当容器调整大小（或第一次形成）时，布局管理器将重新布局容器中的组件。常见的布局管理器有边界布局（BorderLayout）、顺序布局（FlowLayout）、网格布局（GridLayout）和卡片布局（CardLayout）等，它们都在 java.awt 这个包下。此外，Java 语言还提供了空布局管理的支持（指不用布局管理器），这将牺牲跨平台特性。

1. 不使用布局管理器

在计算机界未提出布局管理这一概念之前，所有的应用程序都使用直接定位的方式排列容器中的组件，如 VB、Delphi 等可视化开发语言中都采用这种方式。Java 语言同样支持这种方式，即用起始点坐标与宽和高来确定组件在窗体等容器中的位置，这样将不能保证在其他平台中能正常显示。对于只在某一平台运行的程序来说，可以采用这种布局管理方式。

将 null 传给组件容器的 setLayout(LayoutManager mgr)方法，即 setLayout(null)将使该组件不使用布局管理器，对于任何放入该容器的组件，可用 setBounds(Rectangle arg0)或 setBounds(int arg0,int arg1,int arg2,int arg3)来指定组件在容器中的位置，前两个参数指定起始点坐标，后两个参数分别为组件的宽和高，具体使用方法如例 8-6 所示。

2. 边界布局（BorderLayout）

BorderLayout 类实现的布局管理器称为边界布局管理器，这种布局将容器划分为 5 个部分，是 JFrame 类创建的默认布局管理器。边界布局管理器将窗体的显示区域分为容器顶部（NORTH）、容器底部（SOUTH）、容器左侧（WEST）、容器右侧（EAST）和容器中心（CENTER），如图 8-9 所示。而 BorderLayout 类提供了 5 个静态常量用于设置组件显示位置，在添加组件时指定显示方位。

【例 8-7】使用边界布局管理器编程示例的源程序如下。

```
import java.awt.BorderLayout;
import javax.swing.JFrame;
import javax.swing.JLabel;

public class Ex8_7_UseBorderLayout {

    public static void main(String[] args) {
        // 创建窗体
        JFrame frm = new JFrame();
        // 设置窗体标题
        frm.setTitle("使用边界布局管理器");
        frm.setLayout(new BorderLayout());
        JLabel northLabel = new JLabel("容器顶部(NORTH)");
        northLabel.setHorizontalAlignment(JLabel.HORIZONTAL);
        frm.getContentPane().add(northLabel, BorderLayout.NORTH);

        JLabel southLabel = new JLabel("容器底部(SOUTH)");
        southLabel.setHorizontalAlignment(JLabel.HORIZONTAL);
        frm.getContentPane().add(southLabel, BorderLayout.SOUTH);

        JLabel westLabel = new JLabel("容器左侧(WEST)");
        westLabel.setHorizontalAlignment(JLabel.HORIZONTAL);
        frm.getContentPane().add(westLabel, BorderLayout.WEST);

        JLabel eastLabel = new JLabel("容器右侧(EAST)");
        eastLabel.setHorizontalAlignment(JLabel.HORIZONTAL);
        frm.getContentPane().add(eastLabel, BorderLayout.EAST);

        JLabel centerLabel = new JLabel("容器中心(CENTER)");
        centerLabel.setHorizontalAlignment(JLabel.HORIZONTAL);
        frm.getContentPane().add(centerLabel, BorderLayout.CENTER);

        frm.setBounds(450, 230, 400, 200);
        frm.setVisible(true);
    }
}
```

程序运行结果如下。

此外，BorderLayout 类还提供如下 2 个常用方法。

（1）setHgap(int hgap)：设置各区之间水平间隔（以像素为单位）。

（2）setVgap(int vgap)：设置各区之间垂直间隔（以像素为单位）。

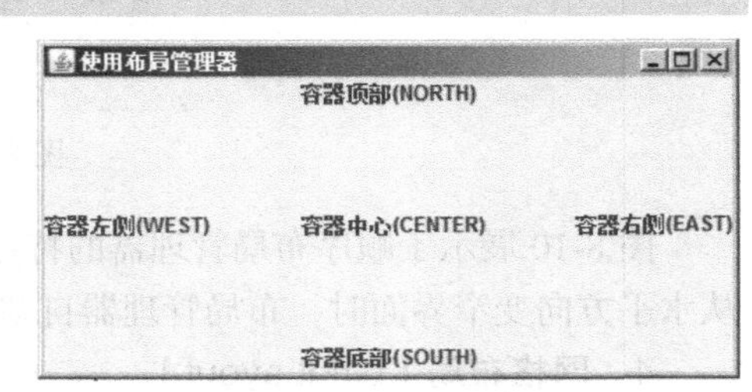

图 8-9　例 8-7 运行界面

3. 顺序布局（FlowLayout）

顺序布局管理器是由 FlowLayout 类实现的，它的布局策略是在一行上排列组件，而当该行没足够的空间时则换行显示，容器大小改变时，组件将自动重排，即原来在一行上的组件可能重新被调整到多行上，或者原来在不同行上组件会合并到一行上。该类默认居中显示组件，但可通过setAlignment(int align)方法设置组件的对齐方式，传入参数为FlowLayout提供的3个静态常量之一，即可选LEFT（靠左侧显示）、CENTER（居中显示，默认值）和RIGHT（靠右侧显示）。该类同样提供了setHgap(int hgap)和setVgap(int vgap)方法设置组件的水平间距和垂直间距。

【例 8-8】使用流布局管理器编程示例的源程序如下。

```
import java.awt.FlowLayout;
import javax.swing.JFrame;
import javax.swing.JRadioButton;
import javax.swing.JLabel;
import javax.swing.ButtonGroup;

public class Ex8_8_UseFlowLayout {
    public static void main(String[] args) {
        // 创建窗体
        JFrame frm = new JFrame();
        // 设置窗体标题
        frm.setTitle("使用流布局管理器");
        FlowLayout flowlayout = new FlowLayout();
        frm.setLayout(flowlayout);

        JLabel label = new JLabel("性   别: ");
        frm.getContentPane().add(label);
        ButtonGroup btnGroup = new ButtonGroup();
        JRadioButton manRadioButton = new JRadioButton("男人");
        manRadioButton.setSelected(true);
        JRadioButton womanRadioButton = new JRadioButton("女人");
        btnGroup.add(manRadioButton);
        btnGroup.add(womanRadioButton);
        frm.getContentPane().add(manRadioButton);
        frm.getContentPane().add(womanRadioButton);
        frm.setBounds(450, 230, 200, 100);
        frm.setVisible(true);
    }
}
```

程序运行结果如下。

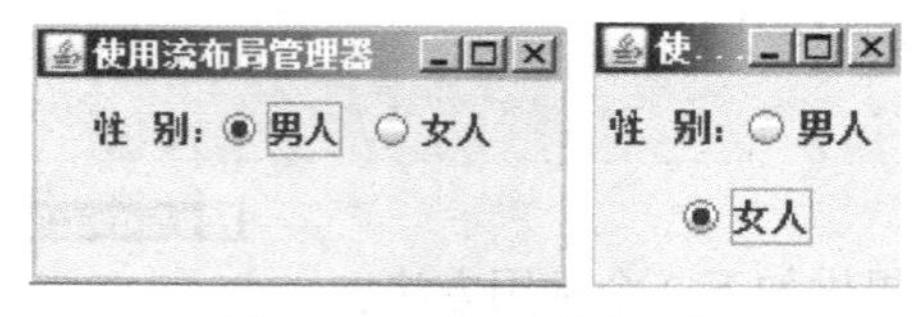

图 8-10 例 8-8 运行界面

图 8-10 展示了顺序布局管理器的特点，左侧界面是例 8-8 正常运行显示的界面，右侧的则是从水平方向变窄界面时，布局管理器自动重新布局组件后的界面。

4. 网格布局（GridLayout）

网格布局管理器是由GridLayout类实现的，它的布局策略是将容器按照用户的设置平均划分成若干个网格。该类提供的构造方法GridLayout(int rows,int clos)在创建布局管理器对象时可指定网格的行数和列数，其中，参数 rows 用来设置网格的行数，参数 cols 用来设置网格的列数，但也允许只设置行数或列数，甚至不设置，另外添加到容器中的组件有可能多于网格个数，为此有如下 4 种布局组件的情况。

（1）只设置了网格的行数（即 rows>0,cols=0）：容器将先按行排列组件，当组件个数多于 rows 时将自动增加 1 列，依次类推。

（2）只设置了网格的列数（即 rows=0,cols>0）：容器将先按列排列组件，当组件个数多于 cols 时将自动增加 1 行，依次类推。

（3）同时设置了网格的行数和列数（即 rows>0,cols>0）：容器将先按行排列组件，当组件个数多于 rows 时将自动增加 1 列，依次类推。

（4）同时设置了网格的行数和列数（即 rows>0,cols>0），当容器中组件个数大于网格数时，容器将自动增加 1 列，依次类推，直到能容纳下所有组件。

该类同样提供了 setHgap(int hgap)和 setVgap(int vgap)方法用于设置组件的水平间距和垂直间距。

【例 8-9】使用网格布局管理器编程示例的源程序如下。

```
import java.awt.GridLayout;
import javax.swing.JFrame;
import javax.swing.JCheckBox;
import javax.swing.JLabel;

public class Ex8_9_UseGridLayout {

    public static void main(String[] args) {
        JFrame frm = new JFrame();
        frm.setTitle("使用网格布局管理器");
        // 创建网格布局管理器并设置
        GridLayout gridlayout = new GridLayout(2, 2);
        frm.setLayout(gridlayout);

        // 创建各组件并添加到容器中
        JLabel label = new JLabel("课程：");
        frm.getContentPane().add(label);

        JCheckBox mathsButton = new JCheckBox("高等数学");
        mathsButton.setSelected(true); // 设置为默认选项
        frm.getContentPane().add(mathsButton);

        JCheckBox englishButton = new JCheckBox("英      语");
        frm.getContentPane().add(englishButton);

        // 为了对齐，加个空标签
        frm.getContentPane().add(new JLabel(""));

        JCheckBox introductionButton = new JCheckBox("计算机导论");
        frm.getContentPane().add(introductionButton);

        JCheckBox programmingButton = new JCheckBox("计算机程序设计");
        frm.getContentPane().add(programmingButton);

        frm.setBounds(450, 230, 400, 100);
```

```
        frm.setVisible(true);
    }
}
```

程序运行结果如下。

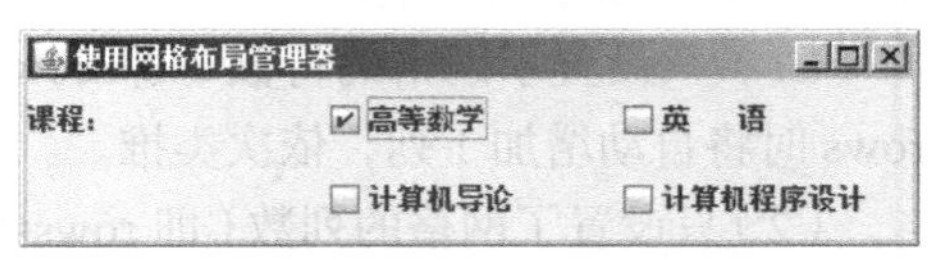

图 8-11　例 8-9 运行界面

8.2.5　常用事件处理

组件的动作是靠事件驱动的，事件对于 GUI 编程来说是必不可少的，只有这样才能实现用户与系统的交互，即系统需要通过事件响应用户的操作。常用的事件有动作事件、焦点事件、鼠标事件和键盘事件。

在事件处理过程中，主要涉及 3 类对象：事件、事件源和事件处理者。其中，对于 GUI 编程来说，事件是用户对界面的操作，常实现为特定事件的类，如键盘操作对应的事件类为 KeyEvent；事件源是事件发生的场所，通常是各个组件，如按钮等；事件处理者则是接收事件对象并对其进行处理的对象，有时也称为监听器。

事件相关的类被组织在 java.awt.event 下，Swing 的事件处理机制与 AWT 的完全一样，均使用该包下的相关类。该包主要包含如下 3 种类或接口。

（1）以 Event 结尾的类，它们都属于事件类，如 ActionEvent、WindowEvent、MouseEvent 和 KeyEvent 等。

（2）以 Listener 结尾的接口，是一些与特定事件相关的监听器接口，每个接口都定义了需要特定监听器实现的方法，这些接口决定了 Listener 对事件源做何种反应，是事件处理者的具体实现，如 ActionListener、WindowListener、MouseListener 和 KeyListener 等。

（3）以 Adapter 结尾的类（即适配器类），它们是已经实现了所有方法的特殊接口，这是为了方便用户使用，其实是对使用 Listener 接口的简化，即是一种简单的实现监听器的手段，可以缩短程序代码，只需重写需要的方法即可。但因为 Java 语言提供的是单一继承机制，当需要多种监听器或此类已有父类时，就无法采用适配器了，如 WindowAdapter、MouseAdapter 和 KeyAdapter 等（无 ActionAdapter）。

事实上，Java 语言是采取授权模型（Delegation Model）处理事件的。由于同一事件源上可能发生多种事件，事件源可以把自身所有可能发生的事件分别授权给不同的事件处理者来处理，监听器时刻监听事件源上所发生的事件类型，一旦该事件类型与自己所负责处理的事件类型一致，就可马上进行处理。这样做，实际上是把事件的处理委托给外部的处理实体，这实现了事件源和监听器的分离。事件处理者（监听器）通常是一个类（如实现了 ActionListener 接口的类），该类能够处理某种类型的事件，必须实现与该事件类型相对的接口（如 ActionListener 接口），事件将通过该接口中的方法传入，该方法为实现接口时必须实现的方法（如 void actionPerformed(ActionEvent e)方法）。例如，对于实现点击按钮的动作事件（即 ActionEvent），要实现与动作事件相关的 Listener 接口（即 ActionListener 接口），如例 8-10 所示。

【例 8-10】处理单击按钮事件编程示例的源程序如下。

```
import java.awt.BorderLayout;
import java.awt.event.*;
import javax.swing.*;

public class Ex8_10_UseButtonEvent {
    public static void main(String[] args) {
```

```
        JFrame frm = new JFrame("理解事件");
        frm.setLayout(new BorderLayout());

        // 创建按钮对象和注册监听器进行授权，参数为事件处理者对象
        JButton btn = new JButton("请单击本按钮");
        frm.getContentPane().add(btn);
        ButtonHandler btnHandler = new ButtonHandler();
        btn.addActionListener(btnHandler);        //与单击事件相关的授权处理的方法

        frm.setBounds(400, 200, 400, 200);
        frm.setVisible(true);
    }
}
//实现单击事件监听器接口，成为单击事件 ActionEvent 的处理者
class ButtonHandler implements ActionListener {
    public void actionPerformed(ActionEvent e) {
        System.out.println("发生了单击事件");
    }
}
```

程序运行结果如下。

在上例界面上单击按钮，将会在控制台输出提示信息，下面是单击 2 次后的结果。

```
发生了单击事件
发生了单击事件
```

该例介绍了使用事件的一般流程，可以总结为如下 3 步。

（1）定义某组件对象，并考虑将为该组件对象实现哪个或哪些事件，例如创建按钮对象，并考虑使用动作事件，即 ActionEvent。

（2）编写该组件对象的事件处理者类，即实现要处理事件对应的监听器接口，例如，编写事件处理者 ButtonHandler 类，实现 ActionEvent 对应的 ActionListenter 接口，具体实现该接口中的 void actionPerformed(ActionEvent e)方法，并在该方法中补充处理该事件的代码。

图 8-12　例 8-10 运行界面

（3）创建事件处理者类的实例，并调用组件对象对应的添加处理该类事件的方法进行添加，例如，调用按钮的 addActionListener(ActionListener l)方法添加 ButtonHandler 类的实例。

不同组件往往需要处理不同事件，而不同事件被封装成不同的类。与 AWT、Swing 有关的所有事件类都由 java.awt.AWTEvent 类派生，而它为 java.util.EventObject 的子类，共有 10 个事件类，可归纳为如下两大类。

（1）低级事件：指基于组件和容器的事件，当一个组件上发生事件（如鼠标经过、单击、拖放等）时，触发了组件事件，包括 ComponentEvent（组件事件：组件尺寸的变化与移动等）、ContainerEvent（容器事件：组件增加或移动等）、WindowEvent（窗口事件：关闭窗口、激活窗口闭合、最大化、最小化等）、FocusEvent（焦点事件：焦点的获得与失去）、KeyEvent（键盘事件：键被按下与释放）和 MouseEvent（鼠标事件：鼠标单击与移动等）。

（2）高级事件：指基于语义的事件，可以不与特定的动作相关联，而依赖于触发此事件的类，例如，在 JTextField 组件中输入文字和按回车键（Enter 键）会触发 ActionEvent，而不只是动作

关联的 KeyEvent，包括 ActionEvent（动作事件：按钮按下、在文本框中按 Enter 键等）、AdjustmentEvent（调节事件：滚动条上移动滑块以调节数值）、ItemEvent（项目事件：从选择框或列表框中选一项）和 TextEvent（文本事件：文本对象改变）。

每个事件都有对应的事件监听器，监听器被实现为接口，可根据动作来定义或重载方法。常用事件类对应的接口以及接口中的方法如下。

（1）ActionEvent：激活组件，对应接口为 ActionListener，需实现的方法为 void actionPerformed(ActionEvente)。

（2）FocusEvent：组件焦点获得或失去，对应接口为 FocusListener，有 2 个方法需实现，即 void focusGained(FocusEvent e)和 void focusLost(FocusEvent e)。

（3）MouseEvent：对于鼠标移动，对应的接口为 MouseMotionListener，需要实现的方法有 void mouseDragged(MouseEvent e)和 void mouseMoved(MouseEvent e)，而对于单击鼠标等，对应的接口为 MouseListener，需要实现的方法有 void mousePressed (MouseEvent e)、void mouseReleased(MouseEvent e)、void mouseEntered (MouseEvent e)、void mouseExited (MouseEvent e)和 void mouseClicked(MouseEvent e)。

（4）KeyEvent：键盘输入，对应接口为 KeyListener，需要实行的方法包括 3 个：void keyPressed(KeyEvent e)、void keyReleased(KeyEvent e)和 void keyTyped (KeyEvent e)。

（5）WindowEvent：窗口级事件，对应接口为 WindowsListener，可实现的方法较多，包括 void windowClosing(WindowEvent e)、void windowOpened(WindowEvent e)、void windowClosed (WindowEvent e)、void windowIconified(WindowEvent e)、void windowDeiconified(WindowEvent e)、void windowActivated(WindowEvent e)和 void windowDeactivated(WindowEvent e)。

常用组件可能产生事件的对应关系如表 8-1 所示。

表 8-1 常用组件可能产生事件的对应关系表

AWT 事件源	Swing 事件源	产生事件的类型
Buttion	JButtion	ActionEvent
CheckBox	JCheckBox	ActionEvent、ItemEvent
MenuItem	JMenuItem	ActionEvent
ScrollBar	JScrollBar	AdjustmentEvent
TextField	JTextField	ActionEvent
TextArea	JTextArea	ActionEvent
Window	JWindow	WindowEvent
Component	JComponent	ComponentEvent、FocusEvent、KeyEvent、MouseEvent

基于上述介绍的事件源、事件、监听器接口以及相关方法，就可以知道哪个组件触发什么事件，该组件需要添加实现哪个监听器接口以及相关方法的事件处理者类对象。

【例 8-11】鼠标事件编程示例的源程序如下。

```
import javax.swing.*;
import java.awt.event.*;

public class Ex8_11_UseMouseEvent {
    public static void main(String[] args) {
        JFrame frm = new JFrame("鼠标事件使用示例");
        frm.setLayout(null);
```

```
        JLabel label = new JLabel("请在窗体内按住鼠标左键,拖动鼠标! ");
        label.setBounds(45, 5, 200, 25);
        frm.getContentPane().add(label);

        // 创建文本框对象
        JTextField text = new JTextField(30);
        text.setBounds(45, 65, 300, 30);
        frm.getContentPane().add(text);

        // 注册监听器，参数为事件处理者对象
        MouseListenerImp mouse = new MouseListenerImp(text);
        frm.addMouseListener(mouse);
        frm.addMouseMotionListener(mouse);
        frm.addWindowListener(mouse);

        frm.setBounds(500, 250, 400, 200);
        frm.setVisible(true);
    }
}

// 实现鼠标、窗体相关的接口
class MouseListenerImp implements MouseMotionListener, MouseListener,
        WindowListener {
    JTextField text;

    public MouseListenerImp(JTextField text) {
        this.text = text;
    }

    public void mouseDragged(MouseEvent e) {
        String s = "拖曳鼠标，坐标: X=" + e.getX() + ",Y=" + e.getY();
        text.setText(s);
    }

    public void mouseEntered(MouseEvent e) {
        String s = "鼠标进入了窗体";
        text.setText(s);
    }

    public void mouseExited(MouseEvent e) {
        String s = "鼠标离开了窗体";
        text.setText(s);
    }

    public void windowClosing(WindowEvent e) {
        // 为了使窗口能正常关闭，程序正常退出
        System.exit(1);
    }

    // 不打算实现新功能的方法，让方法体为空即可。
    public void mouseMoved(MouseEvent e) {
    }
```

```
    public void mouseClicked(MouseEvent e) {
    }

    public void mousePressed(MouseEvent e) {
    }

    public void mouseReleased(MouseEvent e) {
    }

    public void windowOpened(WindowEvent e) {
    }

    public void windowIconified(WindowEvent e) {
    }

    public void windowDeiconified(WindowEvent e) {
    }

    public void windowClosed(WindowEvent e) {
    }

    public void windowActivated(WindowEvent arg0) {
    }

    public void windowDeactivated(WindowEvent arg0) {
    }
}
```

程序运行结果如下。

上例介绍了鼠标拖曳、进入窗体、离开窗体的使用，其他鼠标事件相关的方法均实现为空，可根据应用实现鼠标单击、移动等相关的方法。其他事件的使用方法与该例类似，可查阅 JDK 中事件处理的相关文档或利用集成开发环境提供的自动补全事件接口必须实现的方法等功能。

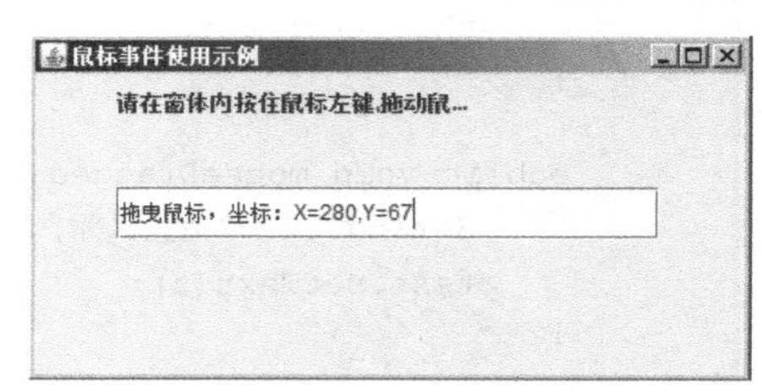

图 8-13　例 8-11 运行界面

上例中事件处理者类 MouseListenerImp 实现了 MouseMotionListener、MouseListener 和 WindowListener 等 3 个接口，这使得该类中列出很多空的事件处理方法，实际上可使用事件适配器类来简化代码。对于该类，因 Java 语言只支持单继承，虽然无法一起继承对应的 3 个事件适配器类（MouseMotionAdapter、MouseAdapter 和 WindowAdapter），但可通过继承 WindowAdapter 类，并实现剩下的 2 个接口这一方式来简化代码。那么，MouseListenerImp 可重写源程序如下。

```
// 继承窗体事件的适配器，实现鼠标相关的接口
class MouseListenerImp extends WindowAdapter implements MouseMotionListener,
        MouseListener {
    JTextField text;

    public MouseListenerImp(JTextField text) {
        this.text = text;
    }

    public void mouseDragged(MouseEvent e) {
```

```
        String s = "拖曳鼠标，坐标：X=" + e.getX() + ",Y=" + e.getY();
        text.setText(s);
    }

    public void mouseEntered(MouseEvent e) {
        String s = "鼠标进入了窗体";
        text.setText(s);
    }

    public void mouseExited(MouseEvent e) {
        String s = "鼠标离开了窗体";
        text.setText(s);
    }

    public void windowClosing(WindowEvent e) {
        // 为了使窗口能正常关闭，程序正常退出
        System.exit(1);
    }

    // 不打算实现新功能的鼠标相关的方法，仍让方法体为空即可。
    public void mouseMoved(MouseEvent e) {
    }

    public void mouseClicked(MouseEvent e) {
    }

    public void mousePressed(MouseEvent e) {
    }

    public void mouseReleased(MouseEvent e) {
    }
}
```

显然，上述代码片段中未列出那些处理窗体事件相关的空方法。实际上，使用 Java 语言提供的匿名类机制同样可以达到上述目的。下面所示的代码片断是为 JFrame 对象注册事件处理者对象的语句，传入参数为使用匿名类机制的窗体事件适配器类对象（详见 8.4 小节的综合应用举例），同时定义了事件处理方法。

```
// 匿名类关闭窗口
    addWindowListener(new WindowAdapter() {
        public void windowClosing(WindowEvent e1) {
            System.exit(0);
        }
    });
```

然而，对于 GUI 程序来说，一些组件的事件处理者类有时需要与创建组件的容器类进行交互。但是通过传递参数来实现交互往往会使事件处理者类变得复杂，因为需要增加代码，降低了程序的可读性。使用匿名类的机制同样可以解决这一问题，使用格式如下。

```
xCompObj.addXXListener(new XXAdapter(){
    public void yyMethod(XXEvent e){
      //直接操作外部变量，即使用与 xCompObj 同一作用域的变量。
    }
});
```

8.3 简单多媒体技术

Java 语言内置的类库中包含了很强的多媒体技术相关类，为声音（Sound）、图形（Graphic）、图像（Image）以及动画（Animation）等媒体的处理提供了极其方便而又丰富的接口，可以编出跨平台的程序。本节将简要介绍声音、图形、图像与动画方面的多媒体技术。

8.3.1 声音

优美的音乐、漂亮的界面不但是网页、Java 小应用程序成功的必备条件，甚至对于 GUI 应用程序来说，也是需要的。在 JDK1.0 中，Java 只支持单声道 8kHz 的采样频率存储的 au 格式的声音文件，但随着 JDK 版本的升级，Java 2 的 API 以及声音包提供了对多种音频格式的支持，可以处理 AIFF、WAV 和 MIDI 等文件格式。

由于 Java 程序与操作系统无关，因此，Java 环境下播放声音的方法也与计算机硬件无关，这可简化 Java 处理多媒体编程的难度。Java 的 Applet 小应用程序提供了最简单的声音播放技术，其中，Applet 类中的 play()方法可以播放声音文件，有如下 2 种用法。

（1）public void play(URL url)：可播放 URL 地址为 url 的声音文件。

（2）public void play(URL url,String name)：可播放 URL 地址为 url，文件名为 name 的声音文件。

当然，如果系统没有找到声音文件，应用程序将不播放任何声音。为了获得声音文件的 URL 地址，程序中需要使用 getCodeBase()方法返回 Applet 小应用程序的 URL，而声音文件则需要放在 Java 小应用程序所在的目录中，否则程序将无法找到声音文件。play()方法只播放声音文件一次，如果需要循环播放和停止，可利用 AudioClip 接口。

java.applet 包中 AudioClip 接口提供了多个播放声音的文件，可以对声音文件的播放进行较高级的控制。需要如下 3 个步骤使用该接口。

（1）使用 import 语句引入该接口，如下所示。

```
import java.applet.AudioClip;
```

（2）创建 AudioClip 对象并用 getAudioClip()方法将其初始化，如下所示。

```
AudioClip audio=getAudioClip(getCodeBase(),"test.wav");
```

（3）利用 AudioClip 类提供的 3 个声音播放相关方法进行播放控制。

其中，第 2 步中的 audio 是 AudioClip 对象，是用 Applet 类的 getAudioClip()方法获得的，该方法可将声音文件从指定的 URL 装入到 Applet 小应用程序中，与 Appplet 类的 play()方法的参数与使用方法类似，有如下 2 种加载声音文件的方法。

（1）AudioClip getAudioClip(URL url)。

（2）AudioClip getAudioClip(URL url,String name)。

参数 url 指明声音文件的位置，可用 getCodeBase()方法获得，而 name 指明声音文件的文件名，该文件应放在 Applet 小应用程序的目录中，若放在该目录的子目录下时还应包含相应的路径。

第 3 步可用的播放声音的方法如下。

（1）play()：播放声音文件一次。

（2）loop()：循环播放声音文件。

（3）stop()：停止正在播放或循环播放的声音文件。

【例 8-12】播放声音文件示例的源程序如下。

```
/* 小应用程序对应的类*/
import java.applet.*;
import javax.swing.*;
import java.awt.event.*;

public class Ex8_12_UnderstandMusic extends Applet {
    private static final long serialVersionUID = 1L;
    JCheckBox box1, box2;
    JButton play, loop, stop;
    AudioClip audio1 = null;
    AudioClip audio2 = null;
    JLabel label;

    public void init() {
        resize(400, 200);
        this.setLayout(null);
        box1 = new JCheckBox("张学友的\“祝福\”");
        box2 = new JCheckBox("莫文蔚的\“他不爱我\”");
        box1.setBounds(65, 15, 140, 35);
        box2.setBounds(200, 15, 180, 35);
        add(box1);
        add(box2);

        play = new JButton("Play");
        loop = new JButton("Loop");
        stop = new JButton("Stop");

        play.setBounds(50, 65, 80, 30);
        loop.setBounds(150, 65, 80, 30);
        stop.setBounds(250, 65, 80, 30);
        stop.setEnabled(false);

        audio1 = getAudioClip(getCodeBase(), "1.mid");
        audio2 = getAudioClip(getCodeBase(), "2.mid");

        add(play);
        play.addActionListener(new ActionListener() {
            public void actionPerformed(ActionEvent event) {
                playActionPerformed(event);
            }
        });

        add(loop);
        loop.addActionListener(new ActionListener() {
            public void actionPerformed(ActionEvent event) {
                loopActionPerformed(event);
            }
        });

        add(stop);
        stop.addActionListener(new ActionListener() {
            public void actionPerformed(ActionEvent event) {
                stopActionPerformed(event);
```

```
            }
        });

        label = new JLabel();
        label.setBounds(65, 100, 400, 35);
        add(label);
        label.setText("请选择歌曲后按键！");
    }

    private void playActionPerformed(ActionEvent event) {
        if (audio1 != null && box1.isSelected()) {
            audio1.play();
            play.setEnabled(false);
            loop.setEnabled(false);
            stop.setEnabled(true);
            label.setText("正在单次播放！");
        }
        if (audio2 != null && box2.isSelected()) {
            audio2.play();
            play.setEnabled(false);
            loop.setEnabled(false);
            stop.setEnabled(true);
            label.setText("正在单次播放！");
        } else
            label.setText("请确保 1.mid 和 2.mid 与测试程序在同一路径下！");
    }

    private void loopActionPerformed(ActionEvent event) {
        if (audio1 != null && box1.isSelected()) {
            audio1.loop();
            play.setEnabled(false);
            loop.setEnabled(false);
            stop.setEnabled(true);
            label.setText("正在循环播放多次！");
        }
        if (audio2 != null && box2.isSelected()) {
            audio2.loop();
            play.setEnabled(false);
            loop.setEnabled(false);
            stop.setEnabled(true);
            label.setText("正在循环播放多次！");
        } else
            label.setText("请确保 1.mid 和 2.mid 与测试程序在同一路径下！");
    }

    private void stopActionPerformed(ActionEvent event) {
        audio1.stop();
        audio2.stop();
        play.setEnabled(true);
        loop.setEnabled(true);
        stop.setEnabled(false);
        label.setText("停止播放！");
    }
}
```

如果是在 Eclipse 等集成开发环境中，可直接用鼠标点住该类，右键弹出上下文菜单，选择“Run as”项下的“Java Applet”项测试该程序，即按照图 8-14 所示的界面启动并测试上例。但要注意的是，声音文件应放在 Eclipse 项目的根目录下，即包含“.project”文件的目录中。在 Eclipse 集成开发环境中测试上例的运行界面如图 8-15 所示。

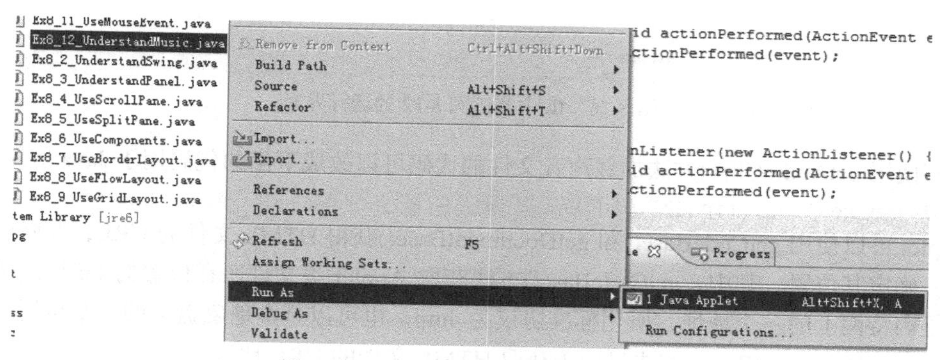

图 8-14　Eclipse 中启动例 8-12 的界面

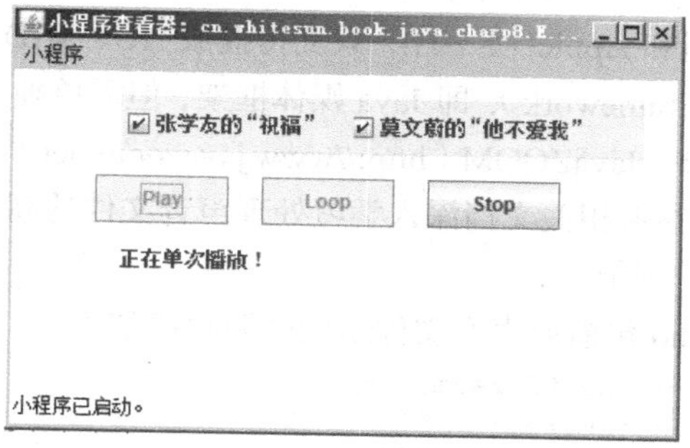

图 8-15　Eclipse 中测试例 8-12 的运行界面

此外，也可编写如下 HTML 文件，保存为 Ex8_12_UnderstandMusic.htm，用 IE 或 FireFox 等浏览器打开并测试本例，运行结果如图 8-16 所示。

```
<html>
    <head><title>理解 Java 小应用程序播放声音</title></head>
<body>
    <applet code=" Ex8_12_UnderstandMusic.class" WIDTH=400 HEIGHT=200>
    </applet>
</body>
</html>
```

需要注意的是声音文件和编译后的 class 文件应放在同一个目录中，如果编写该类时使用了包，上述程序片断中的.class 文件名前应加上包，即若该类放在名为 xx.yy 的包下，那么上述 HTML 文件中应使用“xx.yy.Ex8_12_UnderstandMusic.class”，而且该文件应放在“xx\yy”目录下，而.htm 和声音文件应放在“xx”目录的同级目录。此外，在 IE 浏览器中运行该页面时，还需要启用访问计算机的脚本或 ActiveX 控件。

上例中介绍了声音相关类及其方法的基本使用方法，但它们仅能在 applet 内调用，在 Java 应用程序里是不能使用该方法的。在 Java 2 中，应用程序可以用 Applet 类的 newAudioClip() 方法装入声音文件，使用方法如下。

```
public static final AudioClip newAudioClip(URL url);
```

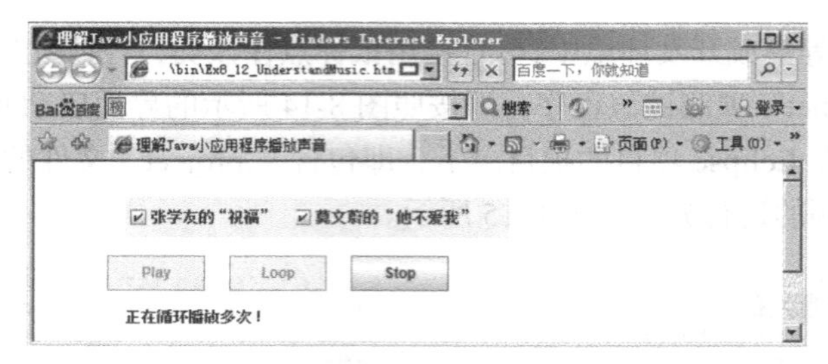

图 8-16　IE 中测试例 8-12 的运行界面

上例使用 getAudioClip()方法加载声音文件的代码可以改成下面的代码用于 Java 应用程序。

```
audio1 = newAudioClip ("1.mid");
```

Applet 可以使用 getCodeBase()和 getDocumentBase()获得 HTML 文件的 URL，并联合输入声音文件，确定其位置。其中，getCodeBase()方法获取 Applet 类文件所在位置的 URL 地址，该地址可以是因特网上的一个地址，所用标准协议为 http，也可以是本地磁盘上的一个位置，所用协议为 File。getDocumentBase()方法只用于获取 HTML 文档的 URL 地址。

Java 中还有 sun.audio、javax.sound、javax.media.bean.playerbean 等有关声音处理的包，其中前 2 个包 JDK 中就自带，但和 Applet 类一样，只支持播放 AU、MID、WAVE 等格式，第 3 个包需要用到 JMF（Java Media Framework），即 Java 媒体框架，但需单独安装，该包支持较多的格式，如可以播放 MP3 文件。此外，JavaZOOM（http://www.javazoom.net）下的 JLayer 也可以用于播放声音文件。读者可以进一步参考相关文档深入学习处理声音文件的高级方法。例 8-13 所示的是使用 sun.audio 播放声音的一个例子。

【例 8-13】 使用 sun.audio 包播放声音文件示例的源程序如下。

```
import java.io.BufferedInputStream;
import java.io.FileInputStream;
import java.io.FileNotFoundException;
import java.io.IOException;

import sun.audio.AudioData;
import sun.audio.AudioDataStream;
import sun.audio.AudioPlayer;
import sun.audio.AudioStream;

public class Ex8_13_sunAudio {
    public static void main(String[] args) {
        // 获得声音文件
        FileInputStream fis = null;
        try {
            fis = new FileInputStream("./3.au");
        } catch (FileNotFoundException e) {
            e.printStackTrace();
            System.out.println("找不到声音文件！");
        }
        BufferedInputStream sb = new BufferedInputStream(fis);
        // 打开声音流
        AudioStream as = null;
        try {
            as = new AudioStream(sb);
        } catch (IOException e) {
```

```
            e.printStackTrace();
            System.out.println("文件读写错误！");
        }

        AudioData ad = null;
        try {
            ad = as.getData();// 获得声音数据
        } catch (IOException e) {
            e.printStackTrace();
            System.out.println("文件过大或装入了不支持的格式！");
        }
        if (ad != null) {
            // 播放声音文件
            AudioDataStream ads = new AudioDataStream(ad);
            AudioPlayer.player.start(ads);
        }
    }
}
```

该例播放的声音文件是 AU 格式，是 sun.audio 包能处理的一种声音格式，实际上并不常用。需要注意的是该包播放过大的声音文件或不支持的格式时会报如下错误。

```
Exception in thread "main" java.lang.NegativeArraySizeException
    at sun.audio.AudioStream.getData(Unknown Source)
```

实际上，AU 格式适合 GUI 程序中一些提示声音的场合，如果想播放 MP3 等格式，建议使用 Java 媒体框架或第三方媒体库。

8.3.2　图形

java.awt.Graphics 类是 Java 语言中最基本也是最重要的处理图形的类，包含了大量的图形、文本和图像的操作方法，可以绘制出线、文字、几何形状等图形。编写处理图形、本文、图像的程序时，必须先把该类导入到 Java 程序中。

Graphics 类的使用方法比较特殊，当在屏幕上绘制图形等时，并不需要直接使用 new 关键字来创建一个该类的对象实例，而是需要一个画板，它在这个画板上直接进行各种各样的画图操作，而画板必须是一个实体。所有 Java 组件都具有一个 getGraphics()方法，该方法能返回一个图形对象，这样就可以在所有的 Java 组件上进行画图操作了。其实每个 Java 组件（java.awt.Component 类及其子孙类的对象）就是前面提到的画板。而在 Java 小应用程序中，需使用 java.awt.Applet 类的 paint()方法绘图，系统直接将生成的 Graphics 对象通过参数形式传给 paint()方法，在该方法中使用 Graphics 对象的引用即可绘图，即可继承 Applet 类，在该类的 paint()方法中直接用系统传递进的 Graphics 对象引用绘图。当然，该方法对于 Java 组件也适用，而且绘图过程更简单、稳定，如例 8-14 所示。

【例 8-14】使用 paint()方法绘图示例的源程序如下。

```
import java.awt.Color;
import java.awt.Graphics;
import javax.swing.JFrame;
import javax.swing.JPanel;

public class Ex8_14_UnderstandGraphics {
    public static void main(String[] args) {
        JFrame frm = new JFrame("理解绘图");
```

```
            frm.setLayout(null);
            DrawPanel p = new DrawPanel();
            p.setBounds(0, 0, 160, 140);
            frm.getContentPane().add(p);

            frm.setBounds(400, 200, 400, 200);
            frm.setVisible(true);
        }
    }

    // 充当画板的组件
    class DrawPanel extends JPanel {
        public void paint(Graphics g) {
            g.setColor(Color.black);

            g.drawString("理解绘图", 20, 20);

            g.drawLine(20, 20, 90, 90);
            g.drawRect(100, 20, 70, 70);
            g.drawRoundRect(200, 20, 70, 70, 30, 30);
            g.fillRoundRect(300, 20, 70, 70, 30, 30);

            g.drawArc(20, 100, 70, 70, 0, 180);
            g.draw3DRect(100, 100, 70, 70, true);
            g.drawOval(200, 100, 70, 40);
            g.fillOval(300, 100, 70, 40);
        }
    }
```

程序运行结果如图 8-17 所示。

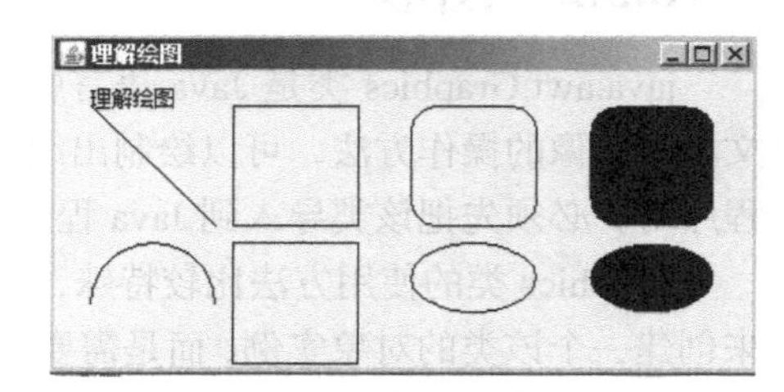

图 8-17　例 8-14 的运行界面

在上例中自定义的 DrawPanel 类继承自 JPanel 类，并重载了 paint()方法，在该方法中使用系统传入的 Graphics 对象 g 绘制图形。下面是绘制图形时需要注意的几点。

（1）绘制图形前需指定图形所用的颜色。

一般来说，可用 Graphics 类对象的 setColor(Color c)方法来改变缺省或先前指定的绘图颜色，而用 getColor()方法获得当前的绘图颜色，代码如下。

```
g.setColor(Color.black);
```

其中，该方法的传入参数为 Java 提供的 java.awt.Color 类的静态颜色属性，该方法创建了一个指定颜色的颜色对象用于绘制图形。Color 类有很多静态颜色属性，如 WHITE（白色）、RED（红色）、BLACK（黑色）、BLUE（蓝色）、CYAN（青色）、GRAY（灰色）、GREEN（绿色）、ORANGE（橙色）、PINK（粉色）和 YELLOW（黄色）等都是常用的颜色，当然也可以使用 Color 类的构造方法 Color(int r,int g, int b)来创建自定义的颜色对象，以便调配出所需的颜色，但应为该方法传入红（r）、绿（g）和蓝（b）三种颜色的值，取值范围为 0 ~ 255。举例如下。

创建一个黑色对象代码如下。

```
Color black=Color.BLACK;
```

创建一个自定义的颜色对象代码如下。

```
Color backgroudColor=new Clolor(128,128,128);
```

另外，Color 类提供了 getRed()、getGreen()和 getBlue()方法可分别得到当前使用颜色中的红色、绿色和蓝色成分的值。

（2） 绘制文字前可指定字体。

调用 Griaphics 类的绘制文字方法前可使用 Java 提供的 java.awt.Font 类创建字体对象，并调用 Griaphics 类对象的 setFont()方法将创建的 Font 对象设置为当前所用字体。Font 类的构造方法 Font(String name,int style,int size)有 3 个传入参数，分别为字体的名称、风格和大小。其中，常用的字体名称有 “黑体”、“宋体”，常用的字体风格有：Font.BOLD（粗体）、Font.ITALIC（斜体）、Font.PLAIN（普通体），常用的字体大小为 12、14 等字号。典型的创建字体语句如下。

```
Font f=new Font("宋体",Font.BOLD,12);
```

此外，可调用 Griaphics 类对象的 getFont()方法获得当前字体。

（3）绘制图形时应正确使用绘图方法。

Graphics 类提供了很多绘图方法，使用时应搞清各参数的含义，具体解释如下。

（1）drawLine(int x1,int y1,int x2,int y2)：绘制从（x1，y1）到（x2，y2）的直线。

（2）drawRect(int x,int y,int w, int h)：绘制以点（x，y）为左上角坐标、宽为 w 和高为 h 的矩形框。

（3）drawRoundRect(int x,int y,int w, int h,int arcWidth ,int arcHeight)：绘制圆角矩形框，其中 arcWidth,arcHeight 分别为圆角的横向和纵向直径。

（4）draw3DRect(int x,int y, int w, int h, Boolean raised)：绘制具有凸出或凹进的 3D 矩形，raised 为真表示凸出效果，为假表示凹进效果。

（5）drawArc(int x, int y,int w, int h,int startAngle, int arcAngle)：绘制圆弧或椭圆弧，startAngle 为弧的起始角度，arcAngle 为圆弧角度，而弧的中心为矩形的中心，角度的单位为度（非弧度），0 度位置为水平向右方向，正值指示逆时针旋转，负值指示顺时针旋转。

（6）drawOval(int x,int y,int w,int h)：在以点（x，y）为左上角坐标、宽为 w 和高为 h 的矩形框中绘制椭圆或圆。

（7）drawString(String s,int x,int y)：以点（x，y）为左下角坐标绘制字符串 s。

（8）fillRect（int x, int y, int w,int h）：绘制填充矩形。

（9）fillRoundRect(int x,int y,int w, int h,arcWidth,arcHeight)：绘制填充圆角矩形。

（10）fillOval(int x, int y, int w, int h)：绘制填充椭圆。

（11）clearRect(int x, int y, int w, int h)：清除矩形区域的图形。

上面介绍的只是基本的绘图方法，如想实现高性能绘图或实现交互式绘图，还需联合使用其他相关的类或方法，或直接使用专门的绘图包。

8.3.3　图像

Java 提供的 java.awt.Image 类是绘制图像和实现动画的基础，该类支持 JPEG 和 GIF 等图像格式。显示图像需要 2 个步骤：获取图像数据和显示图像。

（1）获取图像数据。

对于 Java 小应用程序，可用 java.applet.Applet 类的 getImage(URL url, String name)方法装载，返回值是一个 Image 类对象；对于普通的 GUI 程序，可以用 javax.imageio 包中的类处理图像的读写问题，一般来说，可用 ImageIO 类的 read(File file)方法直接装入一个图片文件。其中，getImage()方法中第 1 个参数为图像文件的 URL 地址，与 8.3.1 小节获取音频文件 URL 地址一样，可用 Applet 类的 getCodeBase()和 getDocumentBase()方法通过相对路径获取图像数据，而第 2 个参数为*.gif

和*.jpg 的图像文件名字符串；对于 ImageIO 类的 read()方法有 4 种形式，可以直接传入一个 File 对象或 URL 对象等。

另外，Image 类封装了图像的信息，并提供获取图像有关信息的方法，以便得到有关图像的属性，如用 getHeight(ImageObserver observer)获取图像的高度，用 getWidth(ImageObserver observer)获取图像的宽度。

（2）显示图像。

Graphics 类的 drawImage()方法可用于显示图像，该方法的具体定义如下。

```
drawImage(Image img,int x,int y[,int width,int height]
    [,Color bgcolor], ImageObserver observer);
```

其中,img 是要显示的图像文件，（x，y）是指定显示位置的左上角坐标，width 和 height 分别为显示图像区域的宽和高，bgcolor 为图像的背景颜色，observer 是跟踪图像下载情况的 ImageObserver 型参数，在调用异步方法时，应指定这一参数用于调用它的 imageUpdate()方法对下载的图像不断更新。

【例 8-15】使用 Image 示例的源程序如下。

```
import java.io.*;
import java.awt.Graphics;
import java.awt.Image;
import javax.swing.*;
import javax.imageio.*;

public class Ex8_15_UnderstandImage {
    public static void main(String[] args) {
        JFrame frm = new JFrame("理解图像");
        frm.setLayout(null);
        ImagePanel ip = new ImagePanel();
        ip.setBounds(0, 0, 400, 200);
        frm.getContentPane().add(ip);
        frm.setBounds(400, 200, 400, 200);
        frm.setVisible(true);
    }
}

// 显示图像的组件
class ImagePanel extends JPanel {
    Image img;

    public void paint(Graphics g) {
        try {
            // 装载图像
            img = ImageIO.read(new File("./iphone.jpg"));
        } catch (IOException e) {
            e.printStackTrace();
        }
        // 绘制图像
        g.drawImage(img, 0, 0, 400, 200, null);
    }
}
```

程序运行界面如图 8-18 所示。

需要注意的是加载图片往往需要一定的时间，在尚未完全准备好时就显示图像会引起画面闪烁。例如，从网络加载或同时加载几个图片时，并不会立刻或同时显示出图片，而会从顶部慢慢开始显示，整个画面会伴随着强烈的闪烁。为了解决这个问题，Java 提供了一个能自动追踪一个或多个图片装载进度的类，即 java.awt.MediaTracker 类。

图 8-18　例 8-15 的运行界面

使用 MediaTracker 类的最简单方法是在创建该类的实例后调用 addImage()方法添加需要跟踪的图片对象，然后在显示图片对象前，使用 waitForAll()方法跟踪图片对象的装载状态，当所有图像的数据都装载完毕后再进行显示。为了指定应跟踪哪个组件，该类提供了唯一的构造方法 MediaTracker(Component c)。此外，该类还提供了如下常用的方法。

（1）addImage(Image img)：把图片添加到需跟踪的图片组中。

（2）checkAll()：检查所有图片是否加载完毕。

（3）checkForID(int id, boolean t)：检查指定 ID 的图片是否加载完毕。

（4）waitForAll()：开始装入所有图片。

（5）waitForID(int id)：开始装入所有带标志的图片。

下面是修改例 8-15 中的 ImagePanel 类，引入使用 MediaTracker 类的源代码片段。

```
class ImagePanel extends JPanel {
    Image img;
    MediaTracker mt=new MediaTracker(this);
    public void paint(Graphics g) {
        try {
            // 装载图像
            img = ImageIO.read(new File("./iphone.jpg"));
            mt.addImage(img, 1);
        } catch (IOException e) {
            e.printStackTrace();
        }
        // 绘制图像
        try {
            mt.waitForAll();
        } catch (InterruptedException e) {
            e.printStackTrace();
        }
        g.drawImage(img, 0, 0, 400, 200, null);
    }
}
```

记得使用上述代码片断前，应用 import 语句导入 java.awt.MediaTracker 类。

8.3.4　动画

根据人的视觉原理，如果将一系列的图形以 30 帧/秒以上的速度快速切换时，人眼看到的是动画效果，而且能保证动作的连续性，不会造成跳动的感觉。动画播放速率越高，所呈现的动作越细腻。在计算机上实现动画，只需不停地更新动画帧即可。具体来说，可创建一个线程来循环显示图形或图片，即在线程的 run()方法中循环体内调用 repaint()方法绘制一帧图像，调用 paint()方法重绘制一幅图像（要清除或覆盖原有图像）。

【例 8-16】动画示例的源程序如下。

```
import java.awt.Graphics;
import javax.swing.*;

public class Ex8_16_UnderstandAnimation {

    public static void main(String[] args) {
        JFrame frm = new JFrame("理解动画");
        frm.setDefaultCloseOperation(JFrame.EXIT_ON_CLOSE);
        frm.setLayout(null);
        AnimationPanel ap = new AnimationPanel();
        ap.setBounds(0, 0, 400, 200);
        frm.getContentPane().add(ap);
        frm.setBounds(400, 200, 400, 200);
        frm.setVisible(true);
    }
}

class AnimationPanel extends JPanel implements Runnable {
    Thread runner;
    int r = 25, x = 0, y = 0, d = 1;

    AnimationPanel() {
        start();
    }

    public void start() {
        if (runner == null)
            runner = new Thread(this);
        runner.start();
    }

    public void run() {
        while (true) {
            x = x + d;
            y = y + d;
            if (x > 400 - 2 * r)
                x = r;
            if (y > 200 - 2 * r)
                y = r;
            repaint();
            try {
                Thread.sleep(33);
            } catch (InterruptedException e) {
                e.printStackTrace();
            }
        }
    }

    public void paint(Graphics g) {
        g.clearRect(0, 0, 400, 200);
        g.drawOval(x, y, r, r);
    }
}
```

程序运行界面如图 8-19 所示。

不断重绘图像往往会造成闪烁，调用 repaint()等于调用 update()方法，而 update()方法会先消除原有画面，然后再去调用 paint()方法完成重绘。为此，可以重载 update()方法使其不再清除原有画面而直接调用 paint()方法绘制，代码如下。

```
public void update(Graphics g) {
        paint(g);
    }
```

图 8-19　例 8-16 的运行界面

此外，为了提高绘制图像的质量，Java 语言支持双缓冲区技术，即用次画面的图像覆盖主画面的图像。具体的用法请查阅相关文档。

8.4　综 合 应 用

本节介绍一个简单的计算器图形用户界面程序。该程序涉及按钮、本文框、事件、面板、布局等多个组件以及字体的用法，是一个完整的 GUI 程序。

【例 8-17】简单计算器示例的源程序如下。

```
import java.awt.*;
import java.awt.event.*;
import javax.swing.*;

public class Ex8_17_SimpleCalculator {

    public static void main(String[] args) {
        SimpleCalculator sc = new SimpleCalculator();
    }
}

class SimpleCalculator extends JFrame {
    GridLayout gl1, gl2, gl3;
    JPanel resultPanel, controlPanel, statisticsPanel, computationPanel;
    JTextField tf1;
    TextField tf2;
    Button[] btn = new Button[27];
    String[] btnCaption = { "Backspace", "CE", "C", "MC", "MR", "MS", "M+",
            "7", "8", "9", "/", "sqrt", "4", "5", "6", "*", "%", "1", "2", "3",
            "-", "1/X", "0", "+/-", ".", "+", "=" };

    StringBuffer str;// 显示屏所显示的字符串
    double x, y; // x 和 y 都是运算数
    int z; // Z 表示单击了那一个运算符，0 表示“+”，1 表示“-”，2 表示“*”，3 表示“/”
```

```
    static double m; // 记忆的数字

    public SimpleCalculator() {
        super("计算器");
        setLayout(null);
        setResizable(false);// 禁止调整框架的大小

        // 实例化所有按钮、设置其前景色并注册监听器
        for (int i = 0; i < 27; i++) {
            btn[i] = new Button(btnCaption[i]);
            btn[i].setFont(new Font("", Font.PLAIN, 12));
            btn[i].setForeground(Color.red);
            btn[i].addActionListener(new Bt());
        }

        // 创建结果面板，添加显示屏等
        resultPanel = new JPanel();
        resultPanel.setBounds(10, 10, 300, 40);
        tf1 = new JTextField(27); // 显示屏
        tf1.setHorizontalAlignment(JTextField.RIGHT);
        tf1.setEnabled(false);
        tf1.setText("0");
        resultPanel.add(tf1);
        getContentPane().add(resultPanel);

        // 创建控制键面板，添加记忆框及 3 个控制键
        controlPanel = new JPanel();
        controlPanel.setBounds(10, 50, 300, 25);
        gl1 = new GridLayout(1, 4, 10, 0); // 1 行 4 列
        controlPanel.setLayout(gl1); // 设置布局
        tf2 = new TextField(8); // 显示记忆的索引值
        tf2.setEditable(false);
        controlPanel.add(tf2);
        for (int i = 0; i < 3; i++)
            // 添加 3 个控制键
            controlPanel.add(btn[i]);
        getContentPane().add(controlPanel);

        // 添加统计面板以及 4 个按键
        statisticsPanel = new JPanel();
        statisticsPanel.setBounds(10, 90, 40, 150);
        gl2 = new GridLayout(4, 1, 0, 15); // 4 行 1 列
        statisticsPanel.setLayout(gl2);
        for (int i = 3; i < 7; i++)
            statisticsPanel.add(btn[i]);
        getContentPane().add(statisticsPanel);

        // 添加计算面板以及数字、运算符按键
        computationPanel = new JPanel();
        computationPanel.setBounds(60, 90, 250, 150);
        gl3 = new GridLayout(4, 5, 10, 15); // 4 行 5 列
        computationPanel.setLayout(gl3);//
```

```
        for (int i = 7; i < 27; i++)
            computationPanel.add(btn[i]);
        getContentPane().add(computationPanel);

        // 创建一个空字符串缓冲区
        str = new StringBuffer();

        // 匿名类关闭窗口
        addWindowListener(new WindowAdapter() {
            public void windowClosing(WindowEvent e1) {
                System.exit(0);
            }
        });
        setBackground(Color.lightGray);
        setBounds(400, 200, 320, 280);
        setVisible(true);
    }

    // 构造监听器
    class Bt implements ActionListener {
        public void actionPerformed(ActionEvent e2) {
            try {

                if (e2.getSource() == btn[1])// 选择“CE”清零
                {// 把显示屏清零
                    tf1.setText("0");
                    // 清空字符串缓冲区以准备接收新的输入运算数
                    str.setLength(0);
                } else if (e2.getSource() == btn[2])// 选择“C”清零
                {
                    tf1.setText("0");// 把显示屏清零
                    str.setLength(0);
                    // 单击“+/-”选择输入的运算数是正数还是负数
                } else if (e2.getSource() == btn[23]) {
                    x = Double.parseDouble(tf1.getText().trim());
                    tf1.setText("" + (-x));
                    // 单击加号按钮获得 x 的值和 z 的值并清空 y 的值
                } else if (e2.getSource() == btn[25]) {
                    x = Double.parseDouble(tf1.getText().trim());
                    str.setLength(0);// 清空缓冲区以便接收新的另一个运算数
                    y = 0d;
                    z = 0;
                    // 单击减号按钮获得 x 的值和 z 的值并清空 y 的值
                } else if (e2.getSource() == btn[20]) {
                    x = Double.parseDouble(tf1.getText().trim());
                    str.setLength(0);
                    y = 0d;
                    z = 1;
                    // 单击乘号按钮获得 x 的值和 z 的值并清空 y 的值
                } else if (e2.getSource() == btn[15]) {
                    x = Double.parseDouble(tf1.getText().trim());
                    str.setLength(0);
```

```
            y = 0d;
            z = 2;
            // 单击除号按钮获得 x 的值和 z 的值并空 y 的值
        } else if (e2.getSource() == btn[10]) {
            x = Double.parseDouble(tf1.getText().trim());
            str.setLength(0);
            y = 0d;
            z = 3;
            // 单击等号按钮输出计算结果
        } else if (e2.getSource() == btn[26]) {
            str.setLength(0);
            switch (z) {
            case 0:
                tf1.setText("" + (x + y));
                break;
            case 1:
                tf1.setText("" + (x - y));
                break;
            case 2:
                tf1.setText("" + (x * y));
                break;
            case 3:
                tf1.setText("" + (x / y));
                break;
            }
        } else if (e2.getSource() == btn[24])// 单击“.”按钮输入小数
        {// 判断字符串中是否已经包含了小数点
            if (tf1.getText().trim().indexOf('.') != -1) {

            } else// 如果没有小数点
            {
                if (tf1.getText().trim().equals("0"))// 如果初时显示为 0
                {
                    str.setLength(0);
                    tf1.setText((str.append("0" + e2.getActionCommand()))
                            .toString());
                    // 如果初时显示为空则不做任何操作
                } else if (tf1.getText().trim().equals("")) {
                } else {
                    tf1.setText(str.append(e2.getActionCommand())
                            .toString());
                }
            }

            y = 0d;

        } else if (e2.getSource() == btn[11])// 求平方根
        {
            x = Double.parseDouble(tf1.getText().trim());
            tf1.setText("数字格式异常");
            if (x < 0)
                tf1.setText("负数没有平方根");
            else
```

```
                tf1.setText("" + Math.sqrt(x));
            str.setLength(0);
            y = 0d;
        } else if (e2.getSource() == btn[16])// 单击了"%"按钮
        {
            x = Double.parseDouble(tf1.getText().trim());
            tf1.setText("" + (0.01 * x));
            str.setLength(0);
            y = 0d;
        } else if (e2.getSource() == btn[21])// 单击了"1/X"按钮
        {

            x = Double.parseDouble(tf1.getText().trim());
            if (x == 0) {

                tf1.setText("除数不能为零");
            } else {
                tf1.setText("" + (1 / x));
            }
            str.setLength(0);
            y = 0d;
        } else if (e2.getSource() == btn[3])// MC为清除内存
        {
            m = 0d;
            tf2.setText("");
            str.setLength(0);
        } else if (e2.getSource() == btn[4])// MR为重新调用存储的数据
        {
            if (tf2.getText().trim() != "")// 有记忆数字
            {
                tf1.setText("" + m);
            }
        } else if (e2.getSource() == btn[5])// MS为存储显示的数据
        {
            m = Double.parseDouble(tf1.getText().trim());
            tf2.setText("M");
            tf1.setText("0");
            str.setLength(0);

    // M+为将显示的数字与已经存储的数据相加，要查看新的数字单击MR
        } else if (e2.getSource() == btn[6]) {
            m = m + Double.parseDouble(tf1.getText().trim());
        } else// 选择的是其他的按钮
        {// 如果选择的是"0"这个数字键
            if (e2.getSource() == btn[22]) {// 如果显示屏显示的为零，不做操作
                if (tf1.getText().trim().equals("0")) {
                } else {
                    tf1.setText(str.append(e2.getActionCommand())
                            .toString());
                    y = Double.parseDouble(tf1.getText().trim());
                }
```

```
                // 选择的是“BackSpace”按钮
            } else if (e2.getSource() == btn[0]) {// 如果显示屏显示的不是零
                if (!tf1.getText().trim().equals("0")) {
                    if (str.length() != 1) {
                        // 可能抛出字符串越界异常
                        tf1.setText(str.delete(str.length() - 1,
                                str.length()).toString());
                    } else {
                        tf1.setText("0");
                        str.setLength(0);
                    }
                }
                y = Double.parseDouble(tf1.getText().trim());
            } else// 其他的数字键
            {
                tf1.setText(str.append(e2.getActionCommand())
                        .toString());
                y = Double.parseDouble(tf1.getText().trim());
            }
        }
    } catch (NumberFormatException e) {
        tf1.setText("数字格式异常");
    } catch (StringIndexOutOfBoundsException e) {
        tf1.setText("字符串索引越界");
    }
  }
 }
}
```

程序运行界面如图 8-19 所示。

上述程序展现的是一个简单的计算器原型，注释详细解释了各关键语句的含义，在此不再赘述。实际的图形用户界面应用程序往往与本例类似，定义一个 JFrame 的派生类，并在其中初始化布局、大小并添加各种组件以及相关的事件，在事件处理程序中定义按键或其他动作时产生的动作。

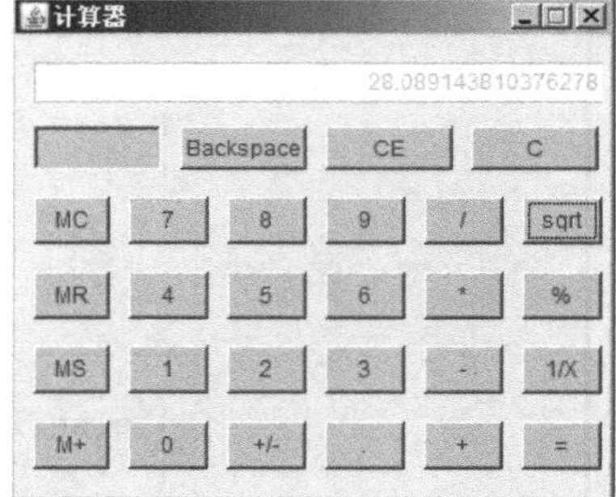

图 8-20　例 8-17 的运行界面

本章小结

本章介绍了 Java 编写图形用户界面程序和简单多媒体程序的基础知识。首先概述了图形用户界面的基本概念，介绍了使用 Java 语言编写图形用户界面程序的 2 种常用技术，即 AWT 和 Swing 。在此基础上，详细讲述了 Swing 程序设计和简单多媒体技术。

Swing 程序设计作为本章重点内容，主要介绍了使用 JFrame 创建窗体，JPanel、JScrollPane 和 JSplitPane 等面板的使用，按钮（Jbutton）、标签（Jlabel）、复选框（JCheckBox）等 9 种常用组件的用法，无布局、边界布局（BorderLayout）、顺序布局（FlowLayout）和网格布局（GridLayout）等 4 种布局管理方式，还介绍了图形用户界面编程常用的事件处理技术。对于常用事件处理，详细说明了事件相关的 3 种类或接口，即以 Event 结尾的类（事件类）、以 Listener

结尾的类（监听器类）和以 Adapter 结尾的类（适配器类），总结了使用事件的 3 步流程，即定义事件源组件、编写对应的事件处理者类和将二者建立关联，将 Java 的 10 个事件类归纳为高级事件和低级事件 2 大类，给出了常用事件类对应的接口以及接口中的方法和组件可能产生的事件，还分析了使用事件适配器类和匿名类简化编程的常见用法。窗体、各组件、面板、布局管理与事件的使用均配有单独示例程序，并带有解释文字。综合应用举例介绍了一个计算器的完整实现，覆盖了上述各项内容的使用。

本章另一主要内容就是介绍了简单的多媒体技术，讲解了声音、图形、图像和动画编程的基本知识，主要介绍了处理声音的 AudioClip 和 newAudioClip 类及 getAudioClip ()方法，处理图形、图像和动画的 Graphics 与 Image 及相关的 paint()与 repaint()方法，而且对于各种用法均编写了示例，以便深入掌握相关概念。

学习完本章内容之后就可以使用 Swing 编写一般的图形用户界面程序和简单的多媒体程序，掌握了编写 GUI 程序的基本方法，学会了常见组件、面板和布局管理的使用，懂得了事件的工作原理和常见用法，也掌握了编写处理声音、图形、图像和动画基本知识。

习 题

1. 什么是组件？什么是容器？并说明各自的作用。
2. 叙述 AWT 和 Swing 组件的关系，指出 Swing 组件的优点。
3. 总结 JFrame 的使用要点，并说明如何实现窗体的正常退出。
4. 总结常用 Swing 组件使用特点。
5. 查阅资料，简述 3 个菜单类组件之间的关系，并编写一个带有文件菜单的 GUI 程序。
6. 简述使用面板的原因，编写一个继承自 JPanel 的面板类 MyPanel。
7. 对比各种布局管理方式，指出各自的应用场合。
8. 什么是事件源？什么是监听器？使用 Java 语言编写 GUI 程序时，两者分别是什么？
9. 简述常用组件可以处理的事件。
10. 何谓事件适配器类？使用这种类有何好处？
11. 简述 GUI 编程的注意事项，给出事件处理的基本步骤。
12. 使用 Swing 组件编写一个学生基本信息录入 GUI 程序。
13. 简述使用 AudioClip 类编写声音处理程序的步骤。
14. 总结 getAudioClip()方法的使用方法。
15. 简述图形、图像和动画之间的区别与联系。
16. 分析 Graphics 和 Image 类的联系，简述 paint()等主要方法的使用。
17. 采用第三方多媒体库编写一个 MP3 播放器。
18. 编写一个字符串循环滚动的程序（从窗体左侧进入，从右侧移出，而后又从左侧移入）。

第9章 输入/输出和文件操作

本章主要内容：

- 输入、输出和流的基本概念
- 流的分类和流类的层次结构
- 节点流和过滤流的使用
- 随机文件的读写
- 文件操作

输入输出是程序设计的主要内容之一。在程序设计中，经常需要将程序处理得到的数据输出到控制台（显示器）、保存在文件中或传送到其他的计算机上，这就是输出；程序也经常从键盘、文件或其他的计算机上获取数据，这就是输入。Java把所有的输入和输出抽象为流，适用于所有类型的外部设备。就是说一个输入流能够抽象诸如磁盘文件、键盘、网络设备等多种不同类型的输入。同样，一个输出流可以输出到控制台、磁盘文件或相连的网络。

9.1 流的基本概念

9.1.1 流式输入/输出（流式I/O）

一个**流**（stream）是一个有序的字节序列。当进行输入（读）或输出（写）数据操作时，数据从信息源流向目的地就像水在水管中流淌一样。给水管注入水的一端就是信息源，水流出的一端就是目的地。流既可以作为输入源，也可以作为输出的目的地。流中的字节具有严格的顺序，按先进先出要求操作，因此流式I/O是一种顺序存取方式。

输入流是从某种数据源（如键盘、磁盘文件、网络等）到程序的一个流，程序可以从这个流中读取数据；同样，**输出流**是从程序到某种目的地（如键盘、磁盘文件、网络等）的一个流，程序可以将信息写入到这个流。显然，流是有方向的。程序从外部设备输入数据时要使用输入流；反之，将程序中的数据输出到外部设备时要使用输出流。一个程序可以同时处理多个输入流和输出流，但一个流不能同时既是输入流又是输出流。

前面章节的程序中曾使用过流System.in和System.out，分别对应标准输入流和标准输出流。还有一个流是System.err，对应标准错误流。in、out和err是System类中的3个对象成员，被声明为public可见性和static属性，可以通过System类名直接访问。在默认情况下，System.in代表键盘，System.out和System.err代表显示器屏幕或屏幕上的一个窗口。

Java 流式 I/O 类都包含在 java.io 包中。有各种不同的流类来满足不同性质的输入 / 输出需要。依据流中的数据单位不同，Java 提供了字节流和字符流两个类的层次体系来处理输入 / 输出。

9.1.2　字节流与字符流

1. 字节流

字节流是面向字节的流，流中的数据以 8 位字节为单位进行读写。它是抽象类 InputStream 和 OutputStream 的子类。通常用于读写二进制数据，如图像和声音。图 9-1 是输入字节流类层次结构图。图 9-2 是输出字节流类层次结构图。

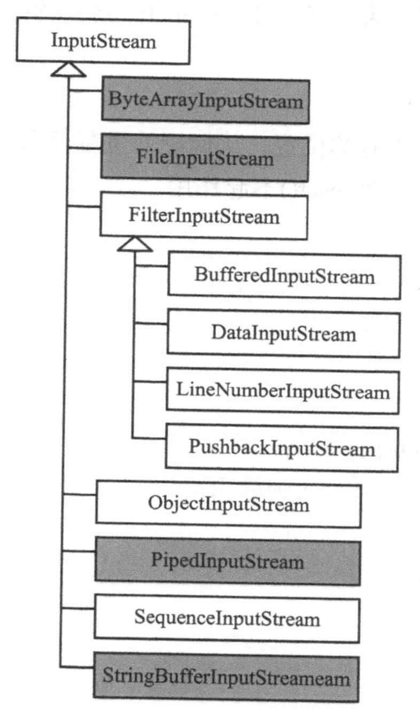

图 9-1　输入字节流类层次结构图

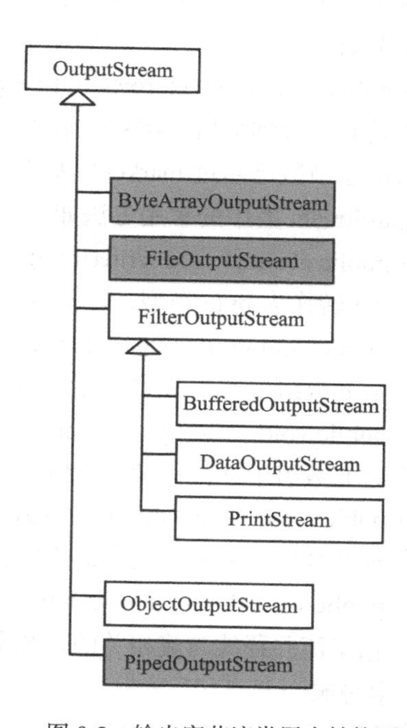

图 9-2　输出字节流类层次结构图

InputStream 和 OutputStream 是抽象类，它们分别为字节输入和输出操作定义了方法，它们的子类重载或覆盖了这些方法。

InputStream 类中的常用方法如下。

（1）public abstract int read() throws IOException。

读取一个字节数据，返回值是高位补 0 的 int 类型值，如果返回-1，则表示文件结束。

（2）public int read(byte b[]) throws IOException。

读取 b.length 个字节的数据放到 b 数组中，返回实际所读取的字节数。

（3）public int read(byte b[],int off,int len) throws IOException。

最多读取 len 个字节的数据，存放到偏移量为 off 的 b 数组中。返回实际所读取的字节数。读取的第一个字节存储在数组元素 b[off] 中，下一个存储在 b[off+1] 中，依次类推。

（4）public int available() throws IOException。

返回输入流中可以读取的字节数。在读取大块数据前，常使用该方法进行测试。

（5）public long skip(long n) throws IOException。

忽略输入流中的 n 个字节，返回实际忽略的字节数。主要用来跳过一些字节再读取。

（6）public void close() throws IOException。

关闭输入流并释放与该流关联的所有系统资源。

以下 3 个方法提供书签功能，在支持回读的流上实现已读数据的重复读取。

（7）public boolean markSupported()。

测试输入流是否支持 mark 和 reset 方法，如果此输入流实例支持 mark 和 reset 方法，则返回 true，否则返回 false。

（8）public void mark(int readlimit)。

在输入流中标记当前的位置。readlimit 参数指定了将来通过调用 reset()方法后能够重复读取的最大字节数。

（9）public void reset() throws IOException。

将流重新定位到最后一次对此输入流调用 mark 方法时的位置，从标记处重复读取。如果标记后读取的字节数已超过 mark()方法参数指定的字节数，则 reset()不起作用。

OutputStream 类中的常用方法如下。

（1）public abstract void write(int b) throws IOException。

先将 int 转换为 byte 类型，再把 b 低字节写入到输出流。

（2）public void write(byte b[]) throws IOException。

将参数 b 数组中的字节数据写入到输出流。

（3）public void write(byte b[],int off,int len) throws IOException。

将参数 b 数组中从偏移量（下标）off 开始的 len 个字节写入到输出流。

（4）public void flush() throws IOException。

将数据缓冲区中数据强制全部输出，并清空缓冲区。

（5）public void close() throws IOException。

关闭输出流并释放与流相关的系统资源。

2. 字符流

字符流是面向字符的流，流中的数据以 16 位字符为单位进行读写。这里要特别注意，为满足字符的国际化表示要求，Java 的字符编码是采用 16 位表示一个字符的 Unicode 码，而普通的文本文件中采用的是 8 位的 ASCII 码。字符流是抽象类 Reader 和 Writer 的子类。通常用于字符数据的处理。图 9-3 是输入字符流类层次结构图。图 9-4 是输出字符流类层次结构图。

Reader 和 Writer 是抽象类，它们分别为字符输入和输出操作定义了方法，它们的子类重载或覆盖了这些方法。这些方法与 InputStream 和 OutputStream 类中定义的方法类似，只是读写的数据由 8 位 byte 数据变为 16 位 char 数据。

Reader 类中的常用方法如下。

（1）public int read() throws IOException。

从字符输入流读取单个字符作为方法的返回值。如果已到达流的末尾，则返回-1。

（2）public int read(char[] cbuf) throws IOException。

从字符输入流将字符读入数组。返回读取的字符数，如果已到达流的末尾，则返回-1。

（3）public abstract int read(char[] cbuf,int off,int len) throws IOException。

从字符输入流将字符读入数组的某一部分。off 是开始存储字符处的偏移量，len 是要读取的最多字符数。返回实际读取的字符数，如果已到达流的末尾，则返回-1。

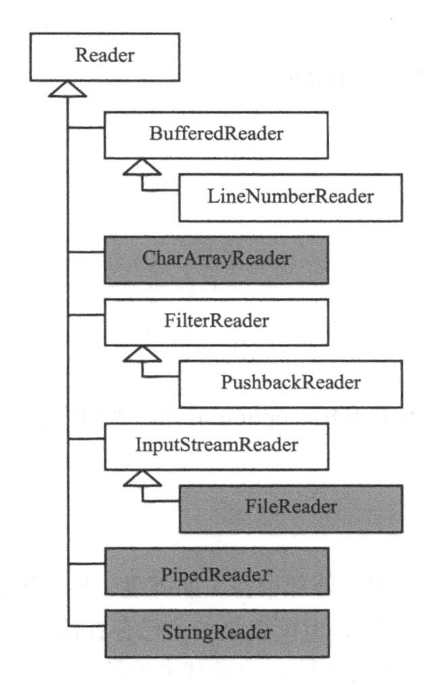

图 9-3 输入字符流类层次结构图

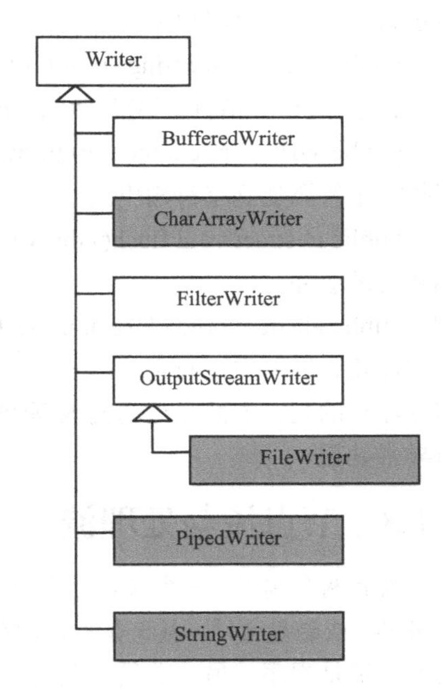

图 9-4 输出字符流类层次结构图

（4）public long skip(long n) throws IOException。

跳过字符输入流中的 *n* 个字符，返回实际跳过的字符数。

（5）public boolean ready()throws IOException。

判断输入字符流中的数据是否准备好。若准备好，则返回 True，否则返回 false。

（6）public boolean markSupported()。

测试字符输入流是否支持回读。

（7）public void mark(int readLimit) throws IOException。

在输入字符流中标记当前的位置。readlimit 参数指定了将来通过调用 reset()方法后能够重复读取的最大字符数。

（8）public void reset() throws IOException。

将流重新定位到最后一次对此输入字符流调用 mark 方法时的位置。如果标记后读取的字符数已超过 mark()方法参数指定的字节数，则 reset()不起作用。

（9）public abstract void close() throws IOException。

关闭该流并释放与之关联的所有资源。

Writer 类中的常用方法如下。

（1）public void write(int c) throws IOException。

写入单个字符到字符流。要写入的字符包含在给定整数值的低 16 位中，高 16 位被忽略。

（2）public void write(char[] cbuf) throws IOException。

将字符数组中的字符写入字符输出流。

（3）public abstract void write(char[] cbuf,int off,int len) throws IOException。

将字符数组中从下标 off 开始的 len 个字符写入字符输出流。

（4）public void write(String str) throws IOException。

将字符串写入字符输出流。

（5）public void write(String str, int off,int len) throws IOException。

将字符串中从第 off 个字符开始的 len 个字符写入字符输出流。

（6）public Writer append(char c) throws IOException。

将指定字符添加到字符输出流。

（7）public abstract void flush() throws IOException。

刷新流的缓冲。

（8）public abstract void close()throws IOException

关闭此流，但要先刷新它。

需要注意的是，上面介绍的输入/输出方法都声明抛出了 IOException 异常，使用这些方法时要进行异常处理。

9.1.3 节点流与处理流

一个流有两个端点。一个端点是程序；另一个端点是特定的外部设备（如键盘、显示器、已连接的网络等）或磁盘文件，甚至是一块内存区域（统称为节点），也可以是一个已存在流的目的端。

流的一端是程序，另一端是节点的流，称为**节点流**。节点流是一种最基本的流。以其他已经存在的流作为一个端点的流，称为**处理流**。处理流又称**过滤流**，是对已存在的节点流或其他处理流的进一步处理。在图 9-1 ~ 图 9-4 中，带阴影的流是节点流，其他的流是处理流。

FilterInputStream 和 FilterOutputStream 是典型的处理流。FilterInputStream 包含其他一些输入流，它将这些流作为其基本数据源，并可以直接传输数据或提供一些诸如缓冲、监视行号或者将数据字节集中到原始数据类型的单元中等额外的功能。FilterOutputStream 将已存在的输出流作为其基本数据接收器，但可以直接传输数据或提供一些额外的功能。

从流类的构造方法可以区分节点流和处理流。节点流构造方法的参数是节点数据源，而处理流构造方法总有一个其他流对象作参数，如下面的代码。

```
InputStream is = new FileInputStream("data.dat");    //构造方法参数是文件
InputStreamReader isr = new InputStreamReader(is);   //构造方法参数是流对象
BufferedReader br = new BufferedReader(isr);         //构造方法参数是流对象
```

is 是一个节点流对象，使用该对象可以从文件 data.dat 中按字节读取数据。isr 是一个处理流对象，将字节流 is 中的字节转换为字符，通过该流可以间接从文件 data.dat 中按字符读取数据。br 也是一个处理流对象，是一个缓冲流，使用该对象可以间接从文件 data.dat 中按行读取数据。

节点流在程序中一般不单独使用，而是通过过滤流将多个流套接在一起，利用各种流的特性共同处理数据。套接的多个流形成一个流链。如图 9-5 中的输入流链，为了能从一个字节文件（data.dat）中按行读取数据，一个缓冲字符流（br）套接了字符流（isr），字符流（isr）又套接了文件流（is）。同样，也可以构造一个输出流链。

图 9-5　输入流链示意图

程序可以根据对外界输入/输出数据的需要构造相应的 I/O 流链，以方便数据的处理并提高程序效率。

9.1.4　其他流类

除了图 9-1 ~ 图 9-4 中介绍的 InputStream、OutputStream 和 Reader、Writer 类及其子类外，与流有关的类还有：File 类、FileDescriptor 类、StreamTokenizer 类和 RandomAccessFile 类。

File 类能够使程序获得一个文件或目录的信息。其内容在本章第 4 节介绍。

FileDescriptor 类用以构造文件描述符对象。程序中一般不使用 FileDescriptor 类对象。

StreamTokenizer 类用于将任何 InputStream 分割为一系列“记号”（Token）。这些记号实际是一些断续的文本块，中间用我们选择的任何东西分隔。例如，我们的记号可以是单词，中间用空白（空格、回车、TAB 等）以及标点符号分隔。在此不作介绍。

RandomAccessFile 类用于实现对随机访问文件的读取和写入。其内容在本章第 3 节介绍。

9.2　常用 I/O 流的使用

程序中使用流对象输入输出数据操作过程如下。

（1）新建流对象并实例化。

（2）对流进行读写操作。

（3）关闭流。

9.2.1　文件 I/O 流的使用

文件 I/O 流是程序中最常用的节点流，包括字节流 FileInputStream 和 FileOutputStream 以及字符流 Reader 和 Writer。使用文件流可以对文件系统中的文件内容进行读写操作。

1. FileInputStream 类和 FileOutputStream 类的常用构造方法

（1）public FileInputStream(String fileName) throws FileNotFoundException。

通过打开一个到实际文件的连接来创建一个 FileInputStream 对象。fileName 是要从中读取数据的文件名称，包括盘符、路径和文件名。

（2）public FileInputStream(File file) throws FileNotFoundException。

通过打开一个到实际文件的连接来创建一个 FileInputStream 对象，该文件由 File 类对象 file 指定。关于 File 类在第 4 小节介绍。

（3）public FileOutputStream(String fileName) throws FileNotFoundException。

创建一个能向具有指定名称的文件中写入数据的 FileOutputStream 对象。

（4）public FileOutputStream(File file) throws FileNotFoundException。

创建一个能向指定 File 对象表示的文件中写入数据的 FileOutputStream 对象。

FileInputStream 类覆盖了 InputStream 类的 read()、skip()、avaliable()、close()等方法。同样，FileOutputStream 类也覆盖了 OutputStream 类的 write()、close()等方法，同时增加了获取文件指示符方法 getFD()等。

【例 9-1】将字节数据写入到一个磁盘文件中，然后再将文件的内容读出来并显示。源程序如下。

```
import java.io.*;
public class Ex9_1_FileInputOutputStream {
```

```
    public static void main(String[] args)throws IOException {
        FileOutputStream fos;
        fos=new FileOutputStream(".\\filestream.dat"); //打开文件输出流
        byte[] array={1,3,5,7,9,11,13,15,17,19};
        for(int i=0;i<array.length ;i++)
            fos.write(array[i]); //写数据到文件输出流，也就是写入文件
        fos.close(); //关闭文件输出流，即关闭文件
        FileInputStream fis;
        fis=new FileInputStream(".\\filestreamtest.dat"); //打开文件输入流
        int value;
        while((value=fis.read())!=-1)  //从文件输入流读数据，也就是从文件读
            System.out.print(value+" ");
        fis.close(); //关闭文件输入流，即关闭文件
    }
}
```

程序运行的输出结果如下。

```
1 3 5 7 9 11 13 15 17 19
```

在用 read()方法读数据时，若返回值为-1，则读取的文件流结束。

2. FileReader 类和 FileWriter 类的常用构造方法

（1）public FileReader(String fileName) throws FileNotFoundException。

根据给定的文件名 fileName 构造一个 FileReader 对象。

（2）public FileReader(File file) throws FileNotFoundException。

根据给定的 File 对象构造一个 FileReader 对象。

（3）public FileWriter(String fileName) throws IOException。

根据给定的文件名构造一个 FileWriter 对象。

（4）public FileWriter(String fileName，boolean append) throws IOException。

根据给定的文件名构造一个 FileWriter 对象。如果第二个参数为 true，就将字符写入文件末尾处，而不是写入文件开始处。

（5）public FileWriter(File file) throws IOException。

根据给定的 File 对象构造一个 FileWriter 对象。

（6）public FileWriter(File file, boolean append) throws IOException。

根据给定的 File 对象构造一个 FileWriter 对象。如果第二个参数为 true，就将字节写入文件末尾处，而不是写入文件开始处。

FileReader 和 FileWriter 没有增加新的方法，所有的方法都继承自 InputStreamReader 和 OutputStreamReader 以及 Reader 和 Writer 类的 mark(),markSupported(),read()，ready(),reset(),skip()和 append(),close(),flush(),write()等方法。

要特别注意，InputStreamReader 是字节流通向字符流的桥梁，它使用指定（或默认）的字符集读取字节并将其解码为字符；OutputStreamWriter 是字符流通向字节流的桥梁，可使用指定(或默认)的字符集将要写入流中的字符编码成字节。InputStreamReader 和 OutputStreamWriter 的常用构造方法如下，其他的方法可查看 JDK API 文档。

public InputStreamReader(InputStream in) 创建一个使用默认字符集的输入字符流。

public OutputStreamWriter(OutputStream out) 创建一个使用默认字符集的输出字符流。

【例 9-2】将文本数据写入到一个磁盘文本文件中，然后再将文件的内容读出来并显示。源程

序如下。

```
import java.io.*;
public class Ex9_2_FileReaderWriterStream {
    public static void main(String[] args)throws IOException {
        FileWriter fw;
        fw=new FileWriter(".\\filestream.txt"); //打开文件输出流
        char array[]={'文','本','输','入','输','出','实','例','。'};
        for(int i=0;i<array.length ;i++)
            fw.write(array[i]); //写数据到文件输出流，也就是写入文件
        fw.close(); //关闭文件输出流，即关闭文件
        FileReader fr;
        fr=new FileReader(".\\filestream.txt"); //打开文件输入流
        int value;
        while((value=fr.read())!=-1)  //从文件输入流读数据
            System.out.print((char)value);
        fr.close(); //关闭文件输入流，即关闭文件
    }
}
```

程序运行结果如下。

```
文本输入输出实例。
```

将例 9-1 和例 9-2 比较，例 9-1 建立的文件是二进制文件，而例 9-2 建立的文件是文本文件。两个程序的结构一样，使用的文件读写方法也一样，但前者使用的是文件字节流对象，按 8 位二进制字节读写文件；而后者使用的是文件字符流对象，按 16 位字符编码读写文件。

【例 9-3】向一个已有文件（例 9-2 中建立的文件 filestream.txt）中追加写入新的数据，写入的新数据为："Welcome to Java!"，然后再将文件的内容读出来并显示。源程序如下。

```
import java.io.*;
public class Ex9_3_FileAppendStream {
    public static void main(String[] args)throws IOException {
        String str="Welcom to Java!";
        FileWriter fw;
        fw=new FileWriter(".\\filestream.txt",true); //打开输出流
        fw.write(str); //写字符串到文件输出流
        fw.close(); //关闭文件输出流
        FileReader fr;
        fr=new FileReader(".\\filestream.txt"); //打开输入流
        int value;
        while((value=fr.read())!=-1)  //从文件输入流读数据
            System.out.print((char)value);
        fr.close(); //关闭文件输入流
    }
}
```

程序运行结果如下。

```
文本输入输出实例。Welcom to Java!
```

9.2.2　缓冲流的使用

设置缓冲是一种 I/O 操作的增强技术。在对流进行读写操作时，使用一块称作缓冲区的内存

区域，输出的数据先存入缓冲区，当缓冲区满了或调用缓冲流的 flush()后，才完成对输出设备或文件的实际输出；输入数据时，从输入设备或文件每次读入尽可能多的数据到缓冲区，程序需要的数据从缓冲区取得，当缓冲区变空时再读入一个数据块。这样可以减少对物理设备的读写次数，从而提高程序的读写性能。

缓冲流包括 BufferedInputStream 和 BufferedOutputStream 以及 BufferedReader 和 BufferedWriter。它们都是处理流，在创建其具体的流实例时，需要给出一个 InputStream、OutputStream、Reader 或 Writer 流作为前端流。

1. BufferedInputStream 和 BufferedOutputStream 的构造方法

（1）public BufferedInputStream(InputStream in)。

创建一个缓冲区默认大小（512 字节）BufferedInputStream，从底层输入流读数据。

（2）public BufferedInputStream(InputStream in, int size)。

创建具有指定缓冲区大小为 size 字节的 BufferedInputStream，从底层输入流读数据。

（3）public BufferedOutputStream(OutputStream out)。

创建一个缓冲输出流，将默认缓冲区的数据写入指定的底层输出流。

（4）public BufferedOutputStream(OutputStream out, int size)

创建一个缓冲输出流，将具有指定缓冲区大小的数据写入指定的底层输出流。

BufferedInputStream 和 BufferedOutputStream 类覆盖了其父类 InputStream 和 OutputStream 类中的对应方法。

2. BufferedReader 和 BufferedWriterStream 的构造方法

（1）public BufferedReader(Reader in)

创建一个使用默认大小（512 字节）输入缓冲区的缓冲字符输入流。

（2）public BufferedReader(Reader in, int size)

创建一个使用指定大小输入缓冲区的缓冲字符输入流。

（3）public BufferedWriter(Writer out)

创建一个使用默认大小输出缓冲区的缓冲字符输出流。

（4）public BufferedWriter(Writer out, int size)

创建一个使用给定大小输出缓冲区的缓冲字符输出流。

BuffereReader 和 BuffereWriter 分别继承或覆盖了其父类 Reader 和 Write 的读写方法，在 BuffereReade 类中增加了 readLine()方法，在 BuffereWriter 类中增加了 newLine()方法。

（5）public String readLine() throws IOException

读取一个文本行。遇换行(\n)、回车(\r)或回车后直接跟着换行认为某行已终止。如果已到达流末尾，则返回 null。

（6）public void newLine() throws IOException

写入一个行分隔符。

【例 9-4】从键盘循环输入文本行，保存到磁盘文本文件“buffer.txt”中，直到输入“end”为止，然后再将文件的内容读出来并显示。源程序如下。

```
import java.io.*;
public class Ex9_4_BuffereStream{
    public static void main(String[] args) throws IOException{
        InputStreamReader isr = new InputStreamReader(System.in);
        BufferedReader br = new BufferedReader(isr);
```

```
        FileWriter fout = new FileWriter(".\\buffer.txt");//打开文本文件写
        BufferedWriter bout=new BufferedWriter(fout);//字符流转换为缓冲流
        String str;
        while(true){
            str=br.readLine(); //从键盘读一行字符
            if(str.equals("end"))
                break;
            bout.write(str); //将读入的字符写入文件中
            bout.newLine(); //写行分隔符到文件中
        }
        bout.close(); //关闭文件
        FileReader fin=new FileReader(".\\buffer.txt");//打开文本文件读
        BufferedReader bin=new BufferedReader(fin);//字符流转换为缓冲流
        while((str=bin.readLine())!=null)//从文件中读一行字符
            System.out.println(str); //显示
        bin.close();
    }
}
```

请仔细体会程序中流的使用。System.in 是 InputStream 流，是字节流。isr 是由 System.in 作为底层流构造的 InputStreamReader 流，是字符流。br 是由 isr 作为前端流构造的 BufferedReader 流，是字符缓冲流。其它流的使用情况请自行分析。

利用 InputStreamReader 类和 OutputStreamWriter 类可以实现需要读写的字节和字符之间的转换。请修改例 9-4 中的程序，将键盘输入的文本行写入一个字节文件中，再从字节文件读取文本行并显式。例 9-4 程序中的语句如下。

```
FileWriter fout = new FileWriter(".\\buffer.txt"); //打开字符文件写
```

将其改写为以下两行。

```
OutputStream os=new FileOutputStream(".\\buffer.bin");//打开字节文件写
OutputStreamWriter fout = new OutputStreamWriter(os);//字节流转换为字符流
```

就可以将程序中的字符写入到字节文件中。同样，例 9-4 程序中的如下语句。

```
FileReader fin=new FileReader(".\\buffer.txt");//打开文本文件读
```

将其改写为以下两行。

```
InputStream is=new FileInputStream(".\\buffer.bin");//打开字节文件读
InputStreamReader fin = new InputStreamReader(is);//字节流转换为字符流
```

就能从字节文件中读取字符。

9.2.3　数据流的使用

DataInputStream 和 DataOutputStream 允许应用程序以与机器无关的方式从底层输入流中读取基本类型数据和将基本类型数据写到底层输出流中，基本类型数据在流中的格式和在内存中的格式一样，不需转换。Java 定义了 DataInput 和 DataOutput 接口。DataInput 接口规定了基本类型数据的输入方法，主要有 readBoolean()、readByte()、readUnsignedByte()、readShort()、readUnsignedShort()、readChar()、readInt()、readLong()、readFloat()、readDouble()、readLine()以及读取字符串的 readUTF()等。DataOutput 接口规定了基本类型数据的输出方法，这些方法与 DataInput 接口中的方法对应，主要有 writeBoolean()、writeByte()、writeChar()、writeInt()、 writeLong()、writeFloat()、writeDouble()、writeBytes()、writeChars()、writeUTF()等。DataInputStream 实现了 DataInput 接口，DataOutputStream 实现了 DataOutput 接口。

DataInputStream 和 DataOutputStream 的构造方法如下。

（1）public DataInputStream(InputStream in)。

使用指定的底层 InputStream 创建一个 DataInputStream。

（2）public DataOutputStream(OutputStream out)。

创建一个新的数据输出流，将数据写入指定的基础输出流。

【例 9-5】将 Java 基本类型数据写入文件，然后读出这些数据并显示。源程序如下。

```
import java.io.*;
public class Ex9_5_DataInputOutputStream {
    public static void main(String[] args) throws IOException{
        char c='A';
        int i=3721;
        long l=123456;
        float f=3.14f;
        double d=3.1415926535;
        String  str="基本类型数据输入输出示例";
        DataOutputStream output=
           new DataOutputStream(new FileOutputStream("c:\\datastream.dat"));
        output.writeChar(c);
        output.writeInt(i);
        output.writeLong(l);
        output.writeFloat(f);
        output.writeDouble(d);
        output.writeUTF(str);
        output.close();
        DataInputStream input=
           new DataInputStream(new FileInputStream("c:\\datastream.dat"));
        char cc=input.readChar();
        int ii=input.readInt();
        long ll=input.readLong();
        float ff=input.readFloat();
        double dd=input.readDouble();
        String sstr=input.readUTF();
        input.close();
        System.out.println(cc+"\n"+ii+"\n"+ll+"\n"+ff+"\n"+dd+"\n"+sstr);
    }
}
```

程序运行结果如下。

```
A
3721
123456
3.14
3.1415926535
基本类型数据输入输出示例
```

需要注意的是，使用 DataInputStream 不能从键盘输入基本类型数据。请看以下示例。

【例 9-6】从键盘输入一个整数，然后原样输出。源程序如下。

```
import java.io.*;
public class Ex9_6_InputInt {
    public static void main(String[] args) throws IOException{
```

```
        DataInputStream din=new DataInputStream(System.in);
        System.out.print("输入一个整数：");
        int x=din.readInt();
        System.out.println("输入的整数是："+x);
    }
}
```

程序运行结果如下。

```
输入一个整数：123
输入的整数是：825373453
```

输入的数据是 123，而输出的不是 123，这是因为输入数据不符合基本类型数据的格式。从键盘提供的数据是字符的字节码表示，如果输入 123，则只代表 1、2、3 三个字符的字节数据（每个字符占 2 个字节），绝不是代表整数 123 的字节码（一个整数是 32 位，有 4 个字节），也就是数据格式与需要的不匹配。

要从键盘输入基本类型的数据只能先读取字符串，再用 Integer.ParseInt(String)等方法将数字字符串转化为整数或其他类型的数据。修改例 9-6 程序如下。

```
import java.io.*;
public class Ex9_6_1_InputInt {
    public static void main(String[] args) throws IOException{
        InputStreamReader isr = new InputStreamReader(System.in);
        BufferedReader br = new BufferedReader(isr);
        System.out.print("输入一个整数：");
        String str=br.readLine(); //从键盘输入一个字符串
        int x=Integer.parseInt(str); //将字符串转换为整数
        System.out.println("输入的整数是："+x);
    }
}
```

程序运行结果如下。

```
输入一个整数：123
输入的整数是：123
```

9.2.4　对象流的使用

ObjectOutputStream 将 Java 对象的基本类型数据和图形写入 OutputStream。可以使用 ObjectInputStream 读取（重构）对象。如果流是网络套接字流，则可以在另一台主机上或另一个进程中重构对象。

只有支持 java.io.Serializable 接口的对象才能写入流中或从流中读出。类通过实现 java.io.Serializable 接口以启用其序列化功能，未实现此接口的类将无法使其进行任何状态序列化或反序列化。可序列化类的所有子类本身都是可序列化的。序列化接口没有方法或字段，仅用于标识可序列化的语义。

ObjectOutputStream 和 ObjectInputStream 类分别与 FileOutputStream 和 FileInputStream 类一起使用时，可以为应用程序的对象提供持久存储功能。

writeObject()方法用于将对象写入流中。所有对象（包括 String 和数组）都可以通过 writeObject 写入，也可将多个对象或基元写入流中。必须使用与写入对象时相同的类和顺序从相应 ObjectInputstream 中读回对象。readObject()方法用于从流读取对象。

同时，ObjectOutputStream 和 ObjectInputStream 实现了 DataInput 和 DataOutput 接口，可以使用 DataInput 和 DataOutput 接口规定的方法从流读取或向流中写入基本类型数据。

对象流的构造方法和方法如下：

（1）public ObjectInputStream(InputStream in) throws IOException。

创建从指定 InputStream 读取的 ObjectInputStream。

（2）public ObjectOutputStream(OutputStream out) throws IOException。

创建写入指定 OutputStream 的 ObjectOutputStream。

（3）public final Object readObject()throws IOException,ClassNotFoundException。

从 ObjectInputStream 读取并重构对象。

（4）public final void writeObject(Object obj) throws IOException。

将指定的对象写入 ObjectOutputStream。

【例 9-7】对象流应用举例，源程序如下。

```
import java.io.*;
public class Ex9_7_ObjectStream{
    public static void main(String arg[])throws Exception{
        Employee e1 = new Employee(1001,"Wang",5678.50);
        FileOutputStream fos = new FileOutputStream("c:\\object.dat");
        ObjectOutputStream out=new ObjectOutputStream(fos);//创建输出对象流
        out.writeObject(e1); //写入对象
        out.close();
        FileInputStream fis = new FileInputStream("c:\\object.dat");
        ObjectInputStream in = new ObjectInputStream(fis);  //创建输入对象流
        Employee e2 = (Employee)in.readObject(); //读取对象
        System.out.println("Id: "+e2.id);
        System.out.println("Name: "+e2.name);
        System.out.println("Salary: "+e2.salary);
        in.close();
    }
}
class Employee  implements Serializable{//必须实现 Serializable 接口
    int id;
    String name;
    double salary;
    Employee(int i,String n,double s)
    {
        id=i;
        name=n;
        salary=s;
    }
}
```

程序运行结果如下。

```
Id: 1001
Name: Wang
Salary: 5678.5
```

9.2.5 其他流的使用

【例 9-8】从 C 盘根目录下文本文件 Ex9_8_AddlineNo.java 中读取数据，并加上行号后显示，源程序如下。

```
import java.io.*;
public class Ex9_8_AddlineNo {
    public static void main(String[] args) {
        String str=null;
        try{
            FileReader file=new FileReader(".\\src\\Ex9_8_AddlineNo.java");
            LineNumberReader in=new LineNumberReader(file);
            while((str=in.readLine())!=null)
                System.out.println(in.getLineNumber()+":"+str);
            in.close();
        }catch(IOException e){
            System.out.println("文件打不开或读文件错误！");
        }
    }
}
```

程序运行结果如下。

```
1:import java.io.*;
2:public class Ex9_8_AddlineNo {
3:   public static void main(String[] args) {
4:       String str=null;
5:       try{
```

程序中使用了跟踪行号的缓冲字符输入流 LineNumberReader 流。方法 readLine()从流中读取一行字符。方法 getLineNumber()获得当前行号。

管道（Pipes）是线程间的同步通讯通道。在两个线程间建立一个管道，一个线程用 PipedOutputStream 向另一个线程传送数据，目标线程通过 PipedInputStream 从管道中读取数据。

PrintStream 用来向显示器屏幕输出。事实上，System 类中的 in、out 和 err 就是 PrintStream 类对象。

ByteArrayInputStream 和 ByteArrayOutputStream 类从内存中的字节数组读取数据或向内存中的字节数组写入数据。一个字节数组的 I/O 应用程序完成对数据的确认工作。

StringBufferInputStream 类创建的输入流，允许在指定的字符串中读取字节数据，与 ByteArrayInputStream 类似。

SequenceInputStream 类能够联接几个 InputStream，以便程序能够把这些流看成一个连续的 InputStream。每个输入流结束的时候，该流被关闭，序列中的下一个流被打开。

9.3　随机访问文件

字节流 InputStream/OutputStream 的子类流和字符流 Reader/Writer 的子类流都是顺序流，在读写流中的数据时只能按顺序进行。换言之，在读取流中的第 *n* 个字节或字符时，必须已经读取了流中的前 *n*-1 个字节或字符；同样，在写入了流中 *n*-1 个字节或字符后，才能写入第 *n* 个字节或字符。顺序文件的缺点是文件中数据的修改比较麻烦。例如，为了将文件中的姓名“张三”修改为“章珊”，需要将顺序文件中“张三”之前的数据先读取并写入一个新文件中，然后将修改后的数据“章珊”写入新文件中，最后把“张三”之后的数据也全部读取并写入新文件中。为了修改个别数据，需要对文件中的所有数据进行操作。显然，在许多场合下这样的操作是不合适的，甚至是不可接受的。

Java 提供了 RandomAccessFile 类用于实现对随机访问文件的读取和写入。所谓随机访问就是从文件位置指针所确定的位置开始读或写，而不必读写文件位置指针之前的数据。

随机访问文件中的数据都被作为原始数据类型（与数据在内存中的存储格式相同）来读或写。即写一个整数值，就会写入文件 4 个字节；写一个双精度浮点数，就会写入文件 8 个字节。这样就可以计算出数据在文件中的位置指针，然后读写指定位置的数据。RandomAccessFile 流可以读写基本类型数据，具有 DataInputStream 和 DataOutputStream 流的全部功能。但一般的情况下，一次只读写一个对象（一条记录）。

1. RandomAccessFile 类的构造方法

（1）RandomAccessFile(File file,String mode) throws FileNotFoundException。

创建从中读取和向其中写入（可选）的随机访问文件流，该文件由 file 参数指定。

（2）RandomAccessFile(String name,String mode) throws FileNotFoundException。

创建从中读取和向其中写入（可选）的随机访问文件流，该文件由名称 name 指定。

以上 2 个构造方法中参数 mode 指明文件使用模式，允许的值及其含义如表 9-1 所示。

表 9-1　mode 允许的值及其含义

mode 值	含　义
"r"	以只读方式打开。调用结果对象的任何 write 方法都将导致抛出 IOException
"rw"	以读写方式打开。如果指定的文件不存在，则尝试创建该文件
"rws"	以读写方式打开。同时对文件的内容或元数据的每个更新都同步写入到底层存储设备
"rwd"	以读写方式打开。同时对文件内容的每个更新都同步写入到底层存储设备

2. RandomAccessFile 类的主要方法

（1）public int read() throws IOException。

从文件中读取一个字节数据。以整数形式返回此字节，如果到达文件的末尾，则返回-1。

（2）public int read(byte[] b, int off,int len) throws IOException。

将最多 len 个字节数据从文件读入 byte 数组。返回读入数组的总字节数，如果到达文件的末尾，则返回-1。

（3）public int read(byte[] b) throws IOException。

将最多 b.length 个字节数据从文件读入 byte 数组。返回读入数组的总字节数，如果到达文件的末尾，则返回-1。

（4）public final void readFully(byte[] b) throws IOException。

从当前文件指针开始，将 b.length 个字节从文件读入 byte 数组。

（5）public final void readFully(byte[] b,int off, int len) throws IOException。

从当前文件指针开始，将正好 len 个字节从文件读入 byte 数组。

（6）public int skipBytes(int n) throws IOException。

文件位置指针跳过 n 个字节，返回跳过的实际字节数，若 n 为负数，则不跳过任何字节。

（7）public void write(int b) throws IOException。

从当前文件指针开始，向文件写入指定的字节。

（8）public void write(byte[] b) throws IOException。

从当前文件指针开始，将 b.length 个字节从指定 byte 数组写入到文件。

（9）public void write(byte[] b,int off,int len) throws IOException。

从偏移量 off 处开始，将 len 字节从指定 byte 数组写入到文件。

（10）public long getFilePointer() throws IOException。

返回到文件开头的偏移量（以字节为单位），在该位置发生下一个读取或写入操作。

（11）public void seek(long pos) throws IOException。

设置文件指针至距文件开头 pos 字节的偏移量位置。

（12）public long length() throws IOException。

返回文件的长度。

（13）public void setLength(long newLength) throws IOException。

重新设置文件的长度，文件将被截短或扩展。

（14）public void close() throws IOException。

关闭此随机访问文件流并释放与该流关联的所有系统资源。

RandomAccessFile 类实现了接口 DataInput 和 DataOutput 接口。可以使用 DataInput 和 DataOutput 接口规定的基本类型数据的读写方法读写随机访问文件。

【例 9-9】从键盘读入一个文件名，然后将指定的数据写入文件，再将数据读出并显示。源程序如下。

```
import java.io.*;
public class Ex9_9_RandomAccess {
    final static int DoubleSize=8; //定义常量，double 型数据字节数
    void randomFileTest(String filename)throws IOException{
        RandomAccessFile rf=new RandomAccessFile(filename,"rw"); //打开随机文件
        for(int i=0;i<5;i++)
            rf.writeDouble(i*10.0);  //写入 5 个数据
        rf.seek(2*DoubleSize); //文件读写指针移至距文件开始 16 字节处，即第 3 个数据开始处
        rf.writeDouble(110.0001); //在文件读写指针处写入新的数据
        rf.seek(0); //移动文件读写指针至文件开始
        for(int i=0;i<5;i++)
            System.out.println("Value "+i+": "+rf.readDouble());
        rf.close();
    }
    public static void main(String[] args) {
        BufferedReader stdin=new BufferedReader(new InputStreamReader(System.in));
        String fileName=null;
        Ex9_9_RandomAccess obj=null;
        try{
            System.out.print("输入一个文件名：");
            fileName=stdin.readLine(); //从键盘输入文件名
            obj=new Ex9_9_RandomAccess ();
            obj.randomFileTest(fileName); //测试随机文件读写
        }catch(IOException e){
            System.out.println("文件找不到："+e);
            e.printStackTrace();
        }
    }
}
```

程序运行结果如下。

```
输入一个文件名：randomfile.dat
Value 0: 0.0
Value 1: 10.0
Value 2: 110.0001
Value 3: 30.0
Value 4: 40.0
```

程序运行后会在当前目录（项目）中生成一个名为 randomfile.dat 的文件。程序先向文件写入 5 个数据；然后使用 rf.seek(2*DoubleSize)将文件读写指针移至第 3 个数据处，在第 3 个数据处重新写入数据 110.0001（覆盖了原来的 20.0）；最后又使用 rf.seek(0)将文件读写指针移至文件开始处，读出数据并显示。

【例 9-10】将职工记录（包括职工号、姓名和薪水）写入随机文件，实现随机读写。源程序如下。

```
import java.io.*;
class EmployeeRecord {
    int id;
    String name;
    double salary;
    EmployeeRecord(int i,String n,double s){ //构造方法
        id=i;
        name=n;
        salary=s;
    }
    public void read(RandomAccessFile file)throws IOException { //读一条记录
        id=file.readInt();          //读一个 int 数据
        byte[] b=new byte[10];      //定义长度为 10 的字节数组 b
        file.readFully(b);          //从文件读 10 个字节到数组 b 中
        name=new String(b);         //将 b 数组中的字节数据编码为字符串
        salary=file.readDouble(); //读一个 double 数据
    }
    public void write(RandomAccessFile file)throws IOException { //写一条记录
        file.writeInt(id);          //写一个 int 数据
        byte[] b=new byte[10];      //定义长度为 10 的字节数组 b
        if(name!=null){
            byte[] temp=name.getBytes();  //将字符串转换为字节数据存储在 temp 数组中
            System.arraycopy(temp,0,b,0,temp.length);//temp 数组复制到 b 数组
        }
        file.write(b);              //将 b 数组中的 10 字节数据写入文件
        file.writeDouble(salary); //写一个 double 数据
    }
    public int size(){return 22;} //返回一个职工记录的长度（4+10+8=22Byte）
    public void setId(int i){id=i;}
    public void setName(String n){name=n;}
    public void setSalary(double s){salary=s;}
    public int getId(){return id;}
    public String getName(){return name;}
    public double getSalary(){return salary;}
}
public class Ex9_10_RandFile {
    public static void main(String arg[]){
```

```
        RandomAccessFile file;
        EmployeeRecord e1 = new EmployeeRecord(1001,"张三",5678.50);
        EmployeeRecord e2 = new EmployeeRecord(1002,"李四",6758.60);
        EmployeeRecord e3 = new EmployeeRecord(1003,"王五",5867.70);
        EmployeeRecord emp = new EmployeeRecord(0,"",0.0);
        try{
            file=new RandomAccessFile("Employee.dat","rw");  //打开随机文件
            e1.write(file);   //职工对象 e1 的数据记录写入文件
            e2.write(file);   //职工对象 e2 的数据记录写入文件
            e3.write(file);   //职工对象 e3 的数据记录写入文件
            file.seek(1*emp.size());  //移动文件读写指针到第 2 个记录
            emp.read(file);   //读第 2 个记录到对象 emp 中，指向第 3 个记录
            emp.setName("李宁");  //修改对象 emp 的姓名
            file.seek(1*emp.size());  //移动文件读写指针再次到第 2 个记录
            emp.write(file); //对象 emp 中的数据再次写入文件，第 2 条记录姓名被修改
            file.seek(file.length()); //移动文件读写指针至文件尾
            e4.write(file); //在文件尾写入职工对象 e4 的数据记录
            file.seek(0); //移动文件读写指针至文件开始
            while(file.getFilePointer()<file.length()){ //输出文件中的所有数据
                emp.read(file);
                System.out.println(emp.getId()+" "+emp.getName()+" "+emp.getSalary());
            }
            file.close(); //关闭文件
        }catch(IOException e){
            System.out.println("文件打开或写文件或读文件失败："+e.toString());
            System.exit(1);
        }
    }
}
```

程序运行结果如下。

```
1001 张三      5678.5
1002 李宁      6758.6
1003 王五      5867.7
1004 赵六      7865.8
```

例 9-10 程序中定义了两个类，EmployeeRecord 类和主类 Ex9_10_RandFile。EmployeeRecord 类的 read()方法从 RandomAccessFile 类对象中读入 1 条职工数据记录信息，write()方法向 RandomAccessFile 类对象中写入 1 条职工数据记录。在主方法中首先依次向随机文件中写入了 3 条记录，然后将第 2 条记录读出，修改了姓名后又写入到文件中的原来位置，最后在文件末尾又写入了第 4 条记录，实现了随机文件的任意读写。若在打开文件后立即调用方法 file.seek(file.length())，移动文件读写指针至文件尾，则可在已存在的文件中添加数据。

9.4　文 件 操 作

File 类是磁盘文件和目录的抽象表示。为了便于对文件和目录进行统一管理，Java 把目录也

作为一种特殊的文件处理。File 类提供了一些方法来操作文件和获取文件的基本信息。通过这些方法，可以得到文件或目录的路径、名称、大小、日期、文件长度、读写属性等信息，也可以创建、删除、重命名目录或文件，显示、查找文件或目录列表等。但是 File 类没有包含读写文件内容的方法。

9.4.1 File 类变量和构造方法

1. File 类变量

在文件系统中，每个文件都存放在一个目录下。文件名全称是由目录路径与文件名组成的，不同操作系统对于文件系统路径的表示各不相同。例如，在 Windows 操作系统中，路径的表示形式为：C:\javacode\第 9 章\FileTest.java（绝对路径），或：第 9 章\FileTest.java（相对路径）。在 Linux 系统下，路径的表示形式则变为：/javacode/第 9 章/FileTest.java（绝对路径），或：第 9 章/FileTest.java（相对路径）。

Windows 系统中的默认名称分隔符为反斜杠（\），而在 Java 中，反斜杠（\）是一个转义字符，程序中用“\\“表示，所以 Windows 系统下的路径应表示为如下形式：

C:\\javacode\\第 9 章\\FileTest.java

事实上，Java 认为以上路径名中的两种分隔符（\\和/）是一样的，都能正常识别。

File 类提供了 4 个类变量分别记录路径分隔符和名称分隔符，它们的含义如表 9-2 所示。

表 9-2　File 类的 4 个类变量及其含义

类变量名	含　意
pathSeparator	系统路径分隔符。为方便使用一个只包含一个字符的 String 类字符串
pathSeparatorChar	系统默认路径分隔符。它是一个 char 字符，UNIX 系统默认为冒号（:）,Windows 系统默认为分号（;）
separator	系统名称分隔符。为方便使用一个只包含一个字符的 String 类字符串
separatorChar	系统默认名称分隔符。它是一个 char 字符，UNIX 系统默认为斜杠（/）,Windows 系统默认为反斜杠（\）

2. File 类的构造方法

（1）File(String pathname)。

根据给定的路径名字符串构造一个 File 实例，得到一个抽象路径名或文件名。

（2）File(File parent,String child)。

根据 parent 抽象路径名和 child 路径名字符串构造一个新 File 实例。

（3）File(String parent,String child)。

根据 parent 路径名字符串和 child 路径名字符串构造一个 File 实例。

例如，构造抽象目录和文件对象，源代码如下。

```
File myDir=new File("C:/javacode/第9章/");
File myFile=new File(myDir,"FileTest.java");
```

或者也可以如下。

```
File myFile=new File("C:/javacode/第9章/","FileTest.java");
```

【例 9-11】测试给定平台上的文件系统的路径分隔符和名称分隔符。源程序如下。

```
import java.io.File;
public class Ex9_11_SeparatorTest {
```

```
        public static void main(String[] args) {
            System.out.println("系统路径分隔符（String）是: "+File.pathSeparator);
            System.out.println("系统路径分隔符（char）是: "+File.pathSeparatorChar);
            System.out.println("系统名称分隔符（String）是: "+File.separator);
            System.out.println("系统名称分隔符（char）是: "+File.separatorChar);
        }
}
```

程序运行结果如下。

```
系统路径分隔符（String）是: ;
系统路径分隔符（char）是: ;
系统名称分隔符（String）是: \
系统名称分隔符（char）是: \
```

9.4.2　File 类成员方法

1．文件操作常用方法

（1）public String **getName()**。

获得抽象路径名表示的文件或目录的名称,是路径最后的目录或文件名称。如果路径名为空，则返回空字符串。

（2）public String **getParent()**。

获得抽象路径名指定父目录的路径名字符串。如果路径名没有指定父目录，则返回 null。

（3）public String **getPath()**。

获得抽象路径名的字符串表示形式。

（4）public boolean **isAbsolute()**。

测试抽象路径名是否为绝对路径。如果是绝对路径则返回 true，否则返回 false

（5）public String **getAbsolutePath()**。

获得抽象路径名的绝对路径名字符串，它与此抽象路径名表示相同的文件或目录。

（6）public boolean **canRead()**。

测试抽象路径名表示的文件是否可读。若文件存在且可读则返回 true，否则返回 false。

（7）public boolean **canWrite()**。

测试抽象路径名表示的文件是否可写。若文件存在且可写则返回 true，否则返回 false。

（8）public boolean **exists()**。

测试抽象路径名表示的文件或目录是否存在。若存在则返回 true，否则返回 false。

（9）public boolean **isDirectory()**。

测试抽象路径名表示的文件是否是目录。若存在且是目录则返回 true，否则返回 false。

（10）public boolean **isFile()**。

测试此抽象路径名表示的文件是否是一个标准文件。若存在且是一个标准文件则返回 true，否则返回 false

（11）public long **length()**。

返回由此抽象路径名表示的文件的长度（字节数）。若文件不存在则返回 0L。

（12）public boolean **isHidden()**。

测试此抽象路径名指定的文件是否是一个隐藏文件。若是返回 true，否则返回 false。

（13）public long **lastModified**()。

返回此抽象路径名表示的文件最后一次被修改的时间。它是一个时间的 long 值。

【例 9-12】文件操作方法的使用，源程序如下。

```
import java.io.File;
import java.util.Date;
public class Ex9_12_FileMethod {
    public static void main(String[] args) {
        File file=new File("./src/Ex9_12_FileMethod.java");
        System.out.println("文件名："+file.getName());
        System.out.println("父目录："+file.getParent());
        System.out.println("文件存放路径："+file.getPath());
        System.out.println("是否绝对路径："+file.isAbsolute());
        System.out.println("绝对路径是："+file.getAbsolutePath());
        System.out.println("文件是否存在："+file.exists());
        System.out.println("是否是文件："+file.isFile());
        System.out.println("是否是目录："+file.isDirectory());
        System.out.println("是否可读："+file.canRead());
        System.out.println("是否可写："+file.canWrite());
        System.out.println("是否隐藏："+file.isHidden());
        System.out.println("文件长度："+file.length()+"字节");
        System.out.println("文件最后修改日期："+ new Date(file.lastModified()));
    }
}
```

2. **目录操作常用方法**

（1）public String[] **list**()。

返回一个字符串数组，这些字符串指定此抽象路径名表示的目录中的文件或目录。

（2）public File[] **listFiles**()。

返回一个抽象路径名数组，这些路径名表示此抽象路径名表示的目录中的文件或目录。

（3）public boolean **mkdir**()。

创建抽象路径名指定的目录。成功创建目录返回 true，否则返回 false。

（4）public boolean **mkdirs**()。

创建抽象路径名指定的目录，包括创建必需但不存在的父目录。成功创建目录返回 true，否则返回 false。

（5）public boolean **delete**()。

当且仅当成功删除抽象路径名指定文件或目录（必须为空）时返回 true,否则返回 false。

（6）public boolean renameTo(File dest)。

重新命名此抽象路径名表示的文件。当且仅当重命名成功时返回 true，否则返回 false。

（7）public boolean setReadOnly()。

设置抽象路径名指定的文件或目录为只读属性。设置成功返回 true，否则返回 false。

File 类的更多方法读者可查看 JDK API 文档。

【例 9-13】显示当前目录下所有文件名及目录名（包括各级子目录），同时统计各目录下文件和子目录的的个数以及各目录下文件的总长度，并在指定的目录中创建 subl \ sub2 目录。源程序如下。

```
mport java.io.File;
public class Ex9_13_FileList {
    public static void main(String[] args) {
        File files=new File(".\\");  //用当前目录构造抽象文件
        File newDir=new File("c:\\sub1\\sub2");
        newDir.mkdirs();  //新建目录及其子目录
        System.out.println("当前目录的绝对路径是: "+files.getAbsolutePath());
        fileList(files,1);
    }
    public static void fileList(File file,int level){ //文件列表方法
        String preStr="";
        int dcount=0,fcount=0,tsize=0;
        for(int i=0;i<level;i++)
            preStr+="\t";
        File[] childs=file.listFiles(); //获得抽象路径名 file 目录中的文件或目录
        for(int i=0;i<childs.length;i++){ //显示该目录中的文件或目录
            if(childs[i].isDirectory()){
                System.out.println(preStr+"["+childs[i].getName()+"]");
                dcount++;
            }
            else{
                System.out.println(preStr+childs[i].getName());
                fcount++;
                tsize+=childs[i].length();
            }
            if(childs[i].isDirectory())
                fileList(childs[i],level+1);
        }
        if(file.isDirectory())
            System.out.println(preStr+"在["+file.getName()+"]目录下有"+dcount
                    +"个目录,"+fcount+"个文件,共"+tsize+"字节");
    }
}
```

9.5　文本扫描器

文本扫描器（Scanner）类是 Java 工具包 util 中的类，主要功能是文本扫描。从一个文本字符串或文件中获取各种不同类型的数据，数据之间用分隔符分隔。分隔符（又称为分隔符模式）可以是默认的空白（空格、Tab、回车、换行等）字符，也可以是其它指定的字符或字符串。

这个类最实用的地方表现在能从控制台读取不同类型的输入数据。

1. Scanner 类常用的构造方法

（1）public Scanner(String source)。

构造一个新的 Scanner 对象，从指定的字符串数据源获取数据。

（2）public Scanner(File source) throws FileNotFoundException。

构造一个新的 Scanner 对象，从 File 对象指定的文件数据源获取数据。

（3）public Scanner(InputStream source)。

构造一个新的 Scanner 对象，从指定的输入流数据源获取数据。

2. Scanner 类常用的方法

（1）public String next()。

以字符串类型返回下一个输入数据项。

（2）public String nextLine()。

以字符串类型返回当前行剩余的所有输入数据项。

（3）public boolean nextBoolean()。

（4）public double nextDouble()。

（5）public float nextFloat()。

（6）public int nextInt()。

（7）public long nextLong()。

（8）public short nextShort()。

方法（3）~（8）以指定的类型返回下一个输入数据项。如果下一个数据项与指定的类型不一致（或不兼容），将抛出 InputMismatchException 异常。

（9）public boolean hasNext()。

如果在扫描的数据源中还有输入数据项，返回 true，否则返回 false。

（10）public Scanner useDelimiter(String pattern)。

设置 Scanner 对象（数据源中各数据项之间）的分隔符模式。

【例 9-14】使用空白分隔符和指定分隔符。源程序如下。

```
import java.util.Scanner;
public class Ex9_14_ScannerDelimiter {
    public static void main(String[] args){
        Scanner s = new Scanner("abcd efghijkl..mnop,qrst uvwxyz");
        //s.useDelimiter(" |,|\\.");  //设置分隔符为空格、逗号或句点
        while (s.hasNext()) {
                System.out.println(s.next());
        }
    }
}
```

程序运行结果如下。

```
abcd
efghijkl..mnop,qrst
uvwxyz
```

在构造 Scanner 对象 s 时指定的字符串中有 2 个空格，分隔了 3 个数据，所以程序输出 3 行数据。若将第 5 行前面的注释符号//去掉，使用空格、逗号或句点作为分隔符，则指定的字符串被分隔成 6 个数据，其中有一个空串，运行结果如下。

```
abcd
efghijkl

mnop
qrst
uvwxyz
```

【例 9-15】从一个指定的字符串中读取基本类型数据。源程序如下。

```
import java.util.Scanner;
public class Ex9_15_ScannerData {
    public static void main(String[] args) {
        Scanner s = new Scanner("123 3.1415 true abcdef");
```

```
            System.out.println(s.nextInt()); //从 s 中读一个整数输出
            System.out.println(s.nextFloat()); //从 s 中读一个浮点数输出
            System.out.println(s.nextBoolean()); //从 s 中读一个布尔数据输出
            System.out.println(s.next()); //从 s 中读一个字符串输出
        }
    }
```

程序运行结果如下。

```
123
3.1415
true
abcdef
```

【例 9-16】求键盘输入若干数据的平均值，输入 0.0 结束。源程序如下。

```
import java.util.Scanner;
public class Ex9_16_ScannerDemo {
    public static void main(String[] args) {
        int count=0;
        double sum=0.0,average,x;
        Scanner scan=new Scanner(System.in);
        x=scan.nextDouble();
        while(Math.abs(x)>1e-5){
            sum+=x;
            count++;
            x=scan.nextDouble();
        }
        average=sum/count;
        System.out.println("平均值="+average);
        Scan.close();
    }
}
```

程序运行结果如下。

```
12.3 23.4 34.5
56.7 67.8 0.0
平均值=38.94
```

前 2 行是键盘输入的数据，使用空格、回车或 TAB 等空白字符分隔数据。

Scanner 类也可以使用正则表达式来解析数据源中的输入数据。正则表达式是代表一种模式的字符串，它可用于设置提取输入数据项的分隔符，以便匹配一个特定的字符串，更详细的内容可查看 JDK API 文档。

本章小结

Java 把每一个文件都看作字节或字符的顺序流。使用 java.io 包中的流类实现 Java 文件的输入/输出。

Java 提供了字节流 InputStream 和 OutputStream 以及字符流 Reader 和 Writer 两个类的层次体系处理输入 / 输出，它们都是抽象类。InputStream 和 OutputStream 分别定义了字节输入/输出操作的方法。Reader 和 Writer 分别定义了字符输入/输出操作的方法。它们的子类重载了这些方法。使用它们的子类可以构造多种不同的流，如文件流、缓冲流、数据流、对象流等，从而实现流的多种读写方式。

RandomAccessFile 类可以实现对随机访问文件的随机读取和写入。随机文件通常是由固定长度的记录组成的，这样可以迅速计算出一条记录相对于文件开始的确切位置。通过移动文件位置指针指示读写的开始位置，实现对文件任意位置数据记录的读写操作。同时，RandomAccessFile 类具有 DataInputStream 和 DataOutputStream 类具所有的全部输入/输出功能。

File 类是文件或目录的抽象表示，它提供的方法可以获取文件或目录的路径、名称、大小、读写属性等基本信息，完成创建、删除、重命名文件或目录以及获取文件目录等操作。

习　题

1. 与输入/输出有关的流类有哪些？

2. 字节流与字符流之间有哪些区别？

3. 什么是节点流？什么是处理流或过滤流？分别在什么场合使用？

4. 标准流对象有哪些？它们是哪个类的对象？

5. 顺序读写与随机读写的特点分别是什么？

6. 使用对象流读写对象数据时，要求对象所属的类必须实现哪个接口？

7. 如何判断一个文件是否已经存在？如何删除一个文件？如何重命名一个文件？可以使用 File 类来获取一个文件包含的字节数吗？

8. 阅读以下程序，写出程序的输出结果。

```
//管道流 PipedInputStream 和 PipedOutputStream 应用。
import java.io.*;
public class Xt8_8_PipeDemo {
    public static void main(String args[])throws Exception{
        PipedInputStream pis;
        PipedOutputStream pos;
        byte b;
        pis=new PipedInputStream();
        pos=new PipedOutputStream(pis);
        pos.write('a');
        pos.write('b');
        b=(byte)pis.read();
        System.out.println(b);
        b=(byte)pis.read();
        System.out.println(b);
    }
}
```

9. 编写一个程序，求 2～200 之间的素数，并将结果保存在文件 prime.dat 中。再从该文件中读取内容并在屏幕上显示山来。

10. 编写一个程序，比较两个文件的内容是否相同。

11. 编写一个程序，从一个文件读前 10 行并在屏幕上显示出来。如果文件少于 10 行，就显示所有行。文件名由用户从键盘输入。

第 10 章 工具类

本章主要内容：

- Java 基础类库
- 基本数据类型的包装类
- Object 类、Math 类及 System 类
- 集合类
- 向量、堆栈及队列

Java API 是 Java 应用程序的编程接口，提供了许多已预定义的标准类，每个类对应一种特定的基本功能和任务。例如，其中的 Math 类用来完成基本的数学运算，String 类用来创建字符串对象，Date 类用来获取系统的日期和时间等。如果需要进一步了解 Java API 中各个类的具体使用方法，可以查阅 JDK 的 API 参考文档，它对 Java API 中的每个类都有非常具体的描述。

10.1 Java 语言基础类

10.1.1 Java 基础类库

Java 基础类库是 Java 中已经定义好的标准类库，它是 Java 编程的 API，也是 Java 语言的重要组成部分，可以帮助开发者快捷、方便地开发 Java 程序。

在 Java 程序设计语言中，将这些类按照不同的功能划分成了不同的集合，每个集合称为一个包，也叫做类库。了解 Java 类库的组成能够帮助开发人员快速地了解 Java 语言，节省大量的编程时间。接下来介绍一些经常使用的包及相关的类。

1. java.lang 包

java.lang 包是 Java 类库中的核心部分，不仅包含了 Java 程序必不可少的 System 系统类，还包含了提供数学运算的 Math 类、处理字符串的 String 类及 8 个数据类型包装类（包括 Integer、Double、Float、Character、Short、Long、Boolean 和 Byte 类）。java.lang 包是默认加载的，因此 Java 程序运行时，java.lang 包会自动导入系统中。

2. java.io 包

java.io 包是 Java 语言的标准输入/输出类库，主要包含了与实现输入/输出相关的类，如基本输入/输出流、文件输入/输出流、过滤输入/输出流、管道输入/输出流等。也就是说，在 Java 编程中，只要完成与输入/输出相关的操作，都要用到 java.io 包。

3. java.util 包

java.util 包中提供了一些最实用的工具类，比如处理时间及日期的 Date 类、实现堆栈的 Stack 类、处理向量的 Vector 类等。

4. java.awt 包

java.awt 包提供了创建图形用户界面（GUI）的基本工具，其中包括常见的标签类 Label、按钮类 Button、列表类 List 等基本组件类，及面板类 Panel、窗体类 Windows 等容器类。利用 java.awt 包，开发人员可以很方便地编写出美观、个性化的应用程序界面。

5. javax.swing 包

javax.swing 包也是 Java 中的 GUI 工具包，它提供了比 java.awt 包更加丰富、功能更加强大的组件，Swing 组件通常被称为“轻量级组件”，因为它完全是用 java 语言编写的，因此支持跨平台的界面开发。javax.swing 包中的很多类都是从 java.awt 包的类继承而来，Java 之所以保留使用 java.awt 包是为了保持技术的兼容性，但应尽量地使用 javax.swing 包来开发程序界面。

6. java.applet 包

java.applet 包是所有小应用程序的基础类库，用于控制 Web 浏览器中的 HTML 文档格式、图形绘制、声音、动画、字体、人机交互等。它只包含一个 Applet 类和少量的几个接口。所有的小应用程序都是从 Applet 这个类派生出来的。

7. java.net 包

java.net 包提供了一些用于实现网络功能的类，比如 Socket 类、ServerSocket 类、URL（Uniform Resource Location）类等。开发者可以在此基础上编写自己的应用程序，实现网络通信。

8. java.sql 包

java.sql 包是用于实现 JDBC（Java Data Base Connectivity）的类库，可以通过该类库中的类编写程序建立与数据库的连接，并与数据库进行通信。

10.1.2 Object 类

学习 Java 类库中的具体类，就需要了解 Java 类的结构。在 Java 中，所有的类（包括自定义的类）归根结底都是由 Object 类派生出来的，继承了 Object 类的所有方法，也就是说 Object 类是所有类的超类，任何 Java 对象都可以调用该类定义的方法。

Object 类是 java.lang 包中的类。图 10-1 描述了 Java 中一些常用类的继承关系。

Object 类有一个默认的构造方法如下。

```
public Object() {}
```

在构造子类实例时，都会先调用这个默认构造方法。

Object 类的常用方法如下。

（1）public boolean equals(Object obj)。

判断调用该方法的对象与 obj 是否相等，若相等则返回 true，否则返回 false。

（2）public String toString()。

将当前对象的值按字符串形式返回。

（3）protected Object clone() throws CloneNotSupportedException。

复制当前对象，并返回此副本。

（4）public final Class getClass()。

获取当前对象所属类的信息，返回 Class 对象。

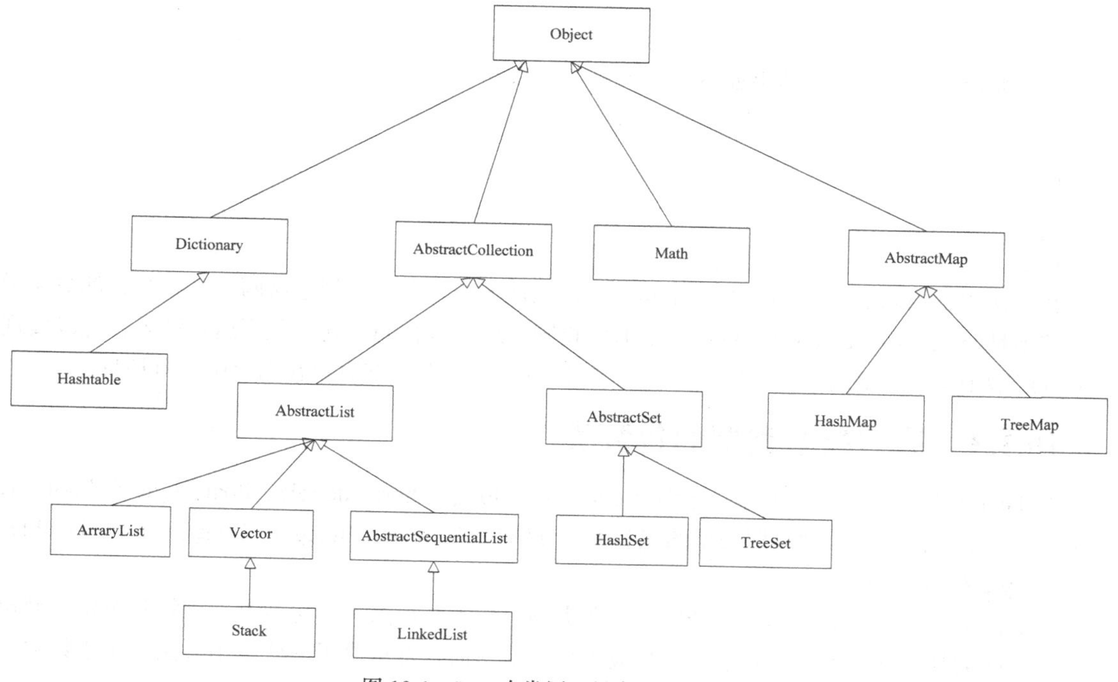

图 10-1　Java 中常用工具类的继承关系

（5）public final void notify()。

唤醒在此对象监视器上等待的单个线程。

（6）public final void wait() throws InterruptedException。

暂停执行当前线程，直到被唤醒。

（7）protected void finalize() throws Throwable。

当垃圾回收器要回收当前对象时，调用此方法。

接下来详细介绍其中的 equals()方法。

Object 类中的 equals()方法在默认情况下用来比较两个对象的内存地址是否相同，若相同则返回 true，否则返回 false。但是，对于 File、String、Date、包装类等，equals()方法比较的是两个对象的值。

【例 10-1】比较 equals()方法与“==”的区别。源程序如下。

```
public class Ex10_1_TestEquals {
  public static void main(String args[]){
      String name1=new String("张三");
      String name2=new String("张三");
      String name3="张三";
      String name4="张三";
      System.out.println(name1.equals(name2));        //值相等，地址不同
      System.out.println(name1.equals(name3));        //值相等，地址不同
      System.out.println(name3.equals(name4));        //值相等，地址相同
      System.out.println(name1==name2);               //值相等，地址不同
      System.out.println(name1==name3);               //值相等，地址不同
      System.out.println(name3==name4);               //值相等，地址相同
```

```
    }
}
```

程序编译成功后，运行结果如下。

```
true
true
true
false
false
true
```

在上例中，name1 与 name2 的值相同，但是地址不同，因为在创建这两个对象时，都被赋予了新的地址空间。而 name3 与 name4 不但值相同，地址也相同。观察程序运行结果，可以发现 equals()方法比较的是两个对象的值，而“==”比较的是两个存储对象在内存中的首地址。

10.1.3 基本数据类型的包装类

在 Java 中共有 8 种数据类型，分别是 char、int、long、short、double、float、byte 和 boolean，与之相对应，同样也有 8 种数据类型的包装类，分别是 Character、Integer、Long、Short、Double、Float、Byte 和 Boolean。

按数据类型将其分成 3 部分，分别是整数类型包装类、浮点类型包装类、字符和布尔类型包装类，这些类都在其对象中包装了一个相应类型的值，而且都提供了一些常用方法，用于数据类型转换、字符串转换等功能。以下介绍这 8 种数据类型包装类的通用方法。

（1）public String toString()。

返回当前 Integer 值转换后的 String 型值。

（2）public valueOf(String str)。

返回 String 型对象 str 所对应的包装类型值。

（3）public boolean equals(Object obj)。

判断调用该方法的对象与 obj 是否相等，若相等则返回 true，否则返回 false。

（4）public byte byteValue()。

返回对象值所对应的 byte 形式。

（5）public int intValue()。

返回对象值所对应的 int 形式。

（6）public short shortValue()。

返回对象值所对应的 short 形式。

（7）public double doubleValue()。

返回对象值所对应的 double 形式。

（8）public float floatValue()。

返回对象值所对应的 float 形式。

（9）public int compareTo(number1 number2)。

比较调用该方法的包装类的对象值 number1 与 number2 的大小，若两者相等，则返回 0；若前者小于后者，则返回一个负数；若前者大于后者，则返回一个正数。

（10）public static xxx parseXxx(String str)。

将字符串 str 中包含的数字解析为对应的 xxx 类型的值。Xxx 表示基本数据类型。

接下来，对 8 种数据类型的包装类一一进行介绍。

1. 整数类型包装类

整数类型的包装类包括 4 种，分别是 Integer 、Short、Long 和 Byte 类。这些类都提供了一些有用的常量，参见表 10-1。

表 10-1 整数类型包装类的常量

序 号	常 量	常量描述
1	MAX_VALUE	代表 xxx 类型能够取到的最大值
2	MIN_VALUE	代表 xxx 类型能够取到的最小值
3	SIZE	以二进制补码形式表示 xxx 值的位数
4	TYPE	表示 xxx 基本类型的 Class 实例

（1）Integer 类。

Integer 类在对象中包装了一个 int 类型的值，每个 Integer 类的对象包含一个 int 类型的字段。Integer 类的构造方法如下。

```
public Integer(int value)
```

下面通过一个实例来说明 parseInt()方法的应用。

【例 10-2】定义一个 String 型成绩数组，将数组中的各元素转换成 int 型，并求出所有元素的平均值，将其输出。源程序如下。

```
public class Ex10_2_StringToInt {
    public static void main(String args[]){
        String grade[]={"66","56","78","89","83"};        //定义成绩数组 grade
        int sum=0;
        int average=1;
        System.out.println("成绩分别为：");
        for(int i=0;i<grade.length;i++){                  //循环遍历数组
            int gradeInt=Integer.parseInt(grade[i]);      //将数组中的元素都转换为 int 型
          System.out.println(gradeInt);                   //将数组中各元素输出
          sum=sum+gradeInt;                               //求数组中所有元素之和
        }
        average=sum/grade.length;                         //求平均数
        System.out.println("平均成绩为："+average);
    }
}
```

程序编译成功后，运行结果如下。

```
成绩分别为：
66
56
78
89
83
平均成绩为：74
```

String 类型的数据“66”、“56”等是不能够进行数学运算的，但是通过调用 parseInt()方法，将这些数据转换为 Integer 型数据之后，便能够实现加减乘除等数学运算。

（2）Short 类。

Short 类在对象中包装了一个 short 类型的值。一个 Short 类的对象只包含一个 short 类型的字段。Short 类的常用构造方法如下。

```
public Short(short value)              //以 short 型变量作为参数来创建 Short 类对象
public Short(String str)               //以 String 型变量作为参数来创建 Short 类对象
```

（3）Long 类。

Long 类在对象中包装了一个 long 类型的值，每个 Long 类的都对象包含一个 long 类型的字段。Long 类的常用构造方法如下。

```
public Long(long value)                //以 long 型变量作为参数来创建 Long 对象
public Long(String str)                //以 String 型变量作为参数来创建 Long 对象
```

（4）Byte 类。

Byte 类在对象中包装了一个 byte 类型的值。一个 Byte 类的对象只包含一个 byte 类型的字段。Byte 类的常用构造方法如下。

```
public Byte(byte value)                //以 byte 型变量作为参数来创建 Byte 对象
public Byte(String str)                //以 String 型变量作为参数来创建 Byte 对象
```

2. 浮点类型包装类

浮点类型包装类包括 2 种：Float 类和 Double 类，这两个类除了具有本节开始介绍的一些方法之外，还提供了如下一个判断当前对象值是否为非数字值的方法。

public boolean isNaN()：如果当前值是非数字（NaN）值，则返回 true，否则返回 false。

（1）Float 类。

Float 类在对象中包装了一个 float 型的值。该类提供了处理 float 型数据时非常有用的一些常量和方法。

Float 类提供了以下 3 种构造方法。

```
public Float(double number)            //以 double 型变量作为参数来创建 Long 对象
public Float(float number)             //以 float 型变量作为参数来创建 Long 对象
public Float(String str)               //以 String 型变量作为参数来创建 Long 对象
```

Float 类所提供的 3 个常量参见表 10-2。

表 10-2　　Float 类的常量

序　号	常　量	常量描述
1	MIN_NORMAL	表示保存 float 类型数据能够表示的最小正标准值，即 2^{-126}
2	MIN_VALUE	表示保存 float 类型数据能够表示的最小正非零值，即 2^{-149}
3	NaN	表示保存 float 类型的非数字（NaN）值常量

【例 10-3】 Float 类的 isNaN()方法实例。源程序如下。

```
public class Ex10_3_FloatIsNaN {
    public static void main(String args[]){
      Float number1=new Float(16.0);
      Float number2=new Float(0.0);
      Float number3=new Float(0.0);
    Float num=number2/(number2+number3);
    System.out.println(number1.isNaN());        //number 不是非数字（NaN）值
    System.out.println(num.isNaN());            //num 是非数字（NaN）值
    }
}
```

程序编译成功后，运行结果如下。

```
false
true
```

（2）Double 类。

Double 类在对象中包装了一个 double 类型的值，每个 Double 类型的对象都包含一个 double 类型的字段。

Double 类提供了以下 2 种构造方法。

```
public Double(double value)           //以 double 型变量作为参数创建 Double 对象
public Double(String str)             //以 String 型变量作为参数创建 Double 对象
```

Double 类所包含的一些常量参见表 10-3。

表 10-3　Double 类的主要常量

序　号	常　量	常量描述
1	MAX_EXPONENT	返回 int 值，表示有限 double 变量可能具有的最大指数
2	MIN_EXPONENT	返回 int 值，表示标准化 double 变量可能具有的最小指数
3	NEGATIVE_INFINITY	返回 double 值，表示能够保存的 double 类型数据的负无穷大值常量

【例 10-4】调用 compareTo()方法比较两个 Double 型数据的大小。源程序如下。

```
public class Ex10_4_CompareTo {
    public static void main(String args[]){
        Double number=5.34;
         int a=number.compareTo(7.38);           //比较 5.34 和 7.38 的大小
         int b=number.compareTo(5.34);           //比较 5.34 和 5.34 的大小
         int c=number.compareTo(2.62);           //比较 5.34 和 2.62 的大小
         System.out.println("a="+a);
         System.out.println("b="+b);
         System.out.println("c="+c);
         System.out.println("number="+number);
         System.out.println("int(number)="+number.intValue());//输出 number 的 int 型值
         Double number1=5.64;
         System.out.println("number1="+number1);
         System.out.println("int(number1)="+number1.intValue());
    }
}
```

程序编译成功后，运行结果如下。

```
a=-1
b=0
c=1
number=5.34
int(number)=5
number1=5.64
int(number1)=5
```

通过以上例子可以发现采用 intValue()方法将 Double 型数据转换为 Integer 型数据时，直接取该 Double 数据的整数部分，不进行四舍五入。

3. 字符和布尔类型包装类

字符和布尔类型包装类包括 2 种：Character 类和 Boolean 类。

（1）Character 类。

Character 类在对象中包装了一个 char 类型的值，一个 Character 类型的对象包含 char 类型的单个字段。该类提供了一些处理 character 型数据时非常有用的常量和方法，包括实现大小写转换等。

Character 类的常用构造方法如下。

```
public Character(char value)
```

Character 类的主要常量参见表 10-4。

表 10-4　Character 类的主要常量

序　号	常　量	常量描述
1	CONNECTOR_PUNCTUATION	返回 byte 型值，表示 Unicode 规范中的常规类别“Pc”
2	UNASSIGNED	返回 byte 型值，表示 Unicode 规范中的常规类别“Cn”
3	TITLECASE_LETTER	返回 byte 型值，表示 Unicode 规范中的常规类别“Lt”

Character 类的其他常用方法如下。

① public char toUpperCase(char ch)。

将 ch 对象中的字符转换为大写。

② public char toLowerCase(char ch)。

将 ch 对象中的字符转换为小写。

③ public boolean isUpperCase(char ch)。

判断指定字符是否大写字符，若是则返回 true，否则返回 false。

④ public boolean isLowerCase(char ch)。

判断指定字符是否小写字符，若是则返回 true，否则返回 false。

【例 10-5】定义一个字符数组，并将数组中所有的小写字符转换为大写。源程序如下。

```
public class Ex10_5_UpperLower {
  public static void main(String args[]){
     char score[]={'a','B','C','d','e'};                        //定义 score 数组
     System.out.println("数组元素为: ");
     for(int i=0;i<score.length;i++){
        System.out.print(score[i]+"; ");                        //输出数组中的元素
     }
     for(int i=0;i<score.length;i++){
        if(Character.isLowerCase(score[i])){                    //判断字符是否为小写
          score[i]=Character.toUpperCase(score[i]);             //将小写字符转换为大写
        }
     }
     System.out.println("");                                    //换行
     System.out.println("转换后结果为: ");
    for(int i=0;i<score.length;i++){
     System.out.print(score[i]+"; ");                           //输出转换后的结果
    }
  }
}
```

程序编译成功后，运行结果如下。

```
数组元素为:
a; B; C; d; e;
```

```
转换后结果为:
A; B; C; D; E;
```

（2）Boolean 类。

Boolean 类在对象中包装了一个 boolean 类型的值，一个 Boolean 类型的对象只包含一个 boolean 型的字段。

Boolean 类的常用构造方法如下。

```
public Boolean(boolean value)
```

【例 10-6】 创建 Boolean 对象，并采用 booleanValue()方法将创建的对象转换为 Boolean 型数据输出。源程序如下。

```
public class Ex10_6_TestBoolean {
  public static void main(String args[]){
     Boolean b1=new Boolean("true");                    //创建 Boolean 对象
     Boolean b2=new Boolean("false");
     Boolean b3=new Boolean("Hello");
     Boolean b[]={b1,b2,b3,};                           //创建一个 Boolean 数组
     for(int i=0;i<b.length;i++){                       //循环输出各元素对应的 Boolean 值
       System.out.println("b"+(i+1)+":"+b[i].booleanValue());
     }
  }
}
```

程序编译成功后，运行结果如下。

```
b1:true
b2:false
b3:false
```

10.1.4　Math 类

Math 类是 java.lang 包中的一个类。“Math”顾名思义是“数学”，是用来进行数学运算的类。在该类中，定义了两个静态常量和丰富的用于数学运算的方法，比如三角函数、绝对值、平方根等。

Math 类中所有的常量和方法都是静态的，所以在调用时，不需要事先创建一个对象，可以直接使用“Math.常量名”或“Math.方法名”的格式来访问。接下来对这个类中的常量和常用方法进行详细介绍。

1. Math 类的常量

Math 类的常量见表 10-5。

表 10-5　　Math 类的常量

序　号	常　量	常量描述
1	E	代表自然数 e，其值为 2.718281828....
2	PI	代表常数 π，其值为 3.1415926535...

2. Math 类的常用方法

（1）public static int abs(int a)。

返回 a 的绝对值（另外还有针对 long、float、double 型参数的方法）。

（2）public static int max(int a, int b)。

返回 a 和 b 的最大值（另外还有针对 long、float、double 型参数的方法）。

（3）public static int min(int a, int b)。

返回 a 和 b 的最小值（另外还有针对 long、float、double 型参数的方法）。

（4）public static double sqrt(double a)。

返回 a 的平方根（且 a>=0）。

（5）public static double cbrt(double a)。

返回 a 的立方根。

（6）public static double sin(double a)。

返回 a 的正弦值。

（7）public static double cos(double a)。

返回 a 的余弦值。

（8）public static double tan(double a)。

返回 a 的正切值。

（9）public static double asin(double b)。

返回 b 的反正弦值。

（10）public static double exp(double a)。

返回自然数 e 的 a 次方。

（11）public static double pow(double a, double b)。

返回 a 的 b 次方。

（12）public static double log(double a)。

返回以自然数 e 为底 a 的对数（且 a>0）。

（13）public static double log10(double a)。

返回以 10 为底 a 的对数（且 a>0）。

（14）public static double toRadians(double a)。

返回角度 a 对应的弧度值。

（15）public static double toDegrees(double a)。

返回弧度 a 对应的角度值。

（16）public static double random()。

返回[0,1]区间内的一个随机数。

（17）public static float round(float a)。

返回一个最接近 a 的 int 型整数（四舍五入）。

（18）public static double rint(double a)。

返回一个最接近 a 的整数（四舍五入）。

（19）public static double ceil(double a)。

返回一个大于 a 的最小整数。

（20）public static double floor(double a)。

返回一个小于 a 的最大整数。

需要注意的是，sin()、cos()及 tan()函数的参数 a 为弧度，当输入数据是度时，可用 Math.toRadians()方法将度转换成弧度或在度的基础上乘以 Math.PI/180 即可。

Math 类中的这些方法使用起来都相对简单，只是在参数值、参数类型及参数个数上要多加注意。

【例 10-7】Math 类常用方法举例。源程序如下。

```
public class Ex10_7_TestMath {
   public static void main(String args[]){
      System.out.println("E="+Math.E);
      System.out.println("Pi="+Math.PI);
      System.out.println("abs(-6.8)="+Math.abs(-6.8));
      System.out.println("abs(-6)="+Math.abs(-6));
      System.out.println("max(2,7)="+Math.max(2,7));
      System.out.println("min(-2,-7)="+Math.min(-2,-7));
      System.out.println("sqrt(9)="+Math.sqrt(9));
      System.out.println("sin(30degree)="+Math.sin(Math.toRadians(30)));
      System.out.println("atan(90degree)="+Math.atan(Math.PI/2));
      System.out.println("exp(1)="+Math.exp(1));
      System.out.println("pow(2,5)="+Math.pow(2,5));
      System.out.println("log10(100)="+Math.log10(100));
      System.out.println("ceil(3.7)="+Math.ceil(3.7));
      System.out.println("floor(3.7)="+Math.floor(3.7));
      System.out.println("round(3.7)="+Math.round(3.7));
   }
}
```

程序编译成功后，运行结果如下。

```
E=2.718281828459045
Pi=3.141592653589793
abs(-6.8)=6.8
abs(-6)=6
max(2,7)=7
min(-2, -7)=-7
sqrt(9)=3.0
sin(30degree)=0.49999999999999994
atan(90degree)=1.0038848218538872
exp(1)=2.7182818284590455
pow(2,5)=32.0
log10(100)=2.0
ceil(3.7)=4.0
floor(3.7)=3.0
round(3.7)=4
```

10.1.5 System 类

System 类也是 java.lang 包中的一个类，而且是其中非常重要的一个类，主要提供了标准输入/输出、错误输出属性，及一些用于访问系统属性的方法。

System 类是一个 final 类，不能被继承，也不能被实例化，它所有的属性和方法都是静态的，调用时直接采用“System. 变量名”或“System. 方法名”的格式即可。

1. System 类的成员变量

System 类中包含 in、out 和 err 3 个成员变量，分别代表标准输入、标准输出和标准错误输出。表 10-6 中详细介绍了 System 类所包含的成员变量。

2. System 类的常用方法

（1）public static long currentTimeMillis()。

返回从 1970 年 1 月 1 日到当前系统时间的毫秒数，返回值是 long 型。一般可用于获取某段代码的运行时间。

表 10-6 System 类的成员变量

序　　号	成员变量	成员变量描述
1	in	从键盘输入信息，只能按字节读取
2	out	将信息标准输出到显示器
3	err	将提示的错误信息输出到显示器

（2）public static void exit(int status)。

强制终止当前正在运行的 Java 虚拟机，并将参数信息 status 返回给系统。若 status=0，表示正常终止；若 status≠0，则表示异常终止。

（3）public static void gc()。

强制 Java 虚拟机启动垃圾回收机制，用于收集内存中的垃圾对象（即不再被引用的对象）所占用的内存空间。

（4）public static Properties getProperty()。

根据参数获取系统相应属性的具体内容。

（5）public static Properties getProperties()。

取得当前系统的全部属性，相当于 getProperty()方法获取的所有属性的集合。

【例 10-8】 System 类的标准输入/输出用法举例。源程序如下。

```
import java.io.IOException;
 public class Ex10_8_SystemRead {
  public static void main(String args[]) throws IOException{
        char ch;
        System.out.println("请输入一个字符：");
        ch=(char)System.in.read();                          //从键盘读入一个字符
        System.out.println("您输入的字符为："+ch);            //输出该字符
  }
}
```

程序编译成功后，运行结果如下。

```
请输入一个字符：
a
您输入的字符为：a
```

如果输入的字符多于一个，变量 ch 只接收第一个字符，比如从键盘输入"abc"，结果如下。

```
请输入一个字符：
abc
您输入的字符为：a
```

【例 10-9】 使用 System 类的 currentTimeMillis()方法计算程序运行时间（以毫秒为单位）。源程序如下。

```
public class Ex10_9_TestRunTime {
  public static void main(String args[]){
       Long timeStart=System.currentTimeMillis();      //记录开始的时间值
       int sum=0;
       for(int i=1;i<=100;i++){                         //循环计算 1+2+...+100 的值
           sum=sum+i;
       }
       Long timeEnd=System.currentTimeMillis();        //记录结束的时间值
```

```
        System.out.println("1+2+...+100="+sum);
          //输出程序运行时间（以毫秒为单位）
        System.out.println("程序运行时间为："+(timeEnd-timeStart)+"ms");
        }
}
```

程序编译成功后，运行结果如下。

```
1+2+...+100=5050
程序运行时间为：0
```

10.2 集　合　类

Java 集合类提供了一些基本数据结构的支持，主要负责保存、盛装其他数据，因此又将集合类称为容器类。Java 集合类通常分为 Set、List、Map 和 Queue4 大体系。其中，Set 代表无序的、不允许有重复元素的集合，List 代表有序的、允许有重复元素的集合，Map 代表具有映射关系的集合，Queue 代表队列集合。Java 的集合类主要由 2 个接口派生而来：Collection 接口和 Map 接口。接下来，本节将对集合类中的接口、子接口和实现类及其具体方法进行详细介绍。

10.2.1　集合与 Collection API

集合类似于保存一组对象的存储库，是用来存储和管理其他对象的对象，即对象的容器。它是 Java 中非常重要的一种数据结构。和数组类似，一个集合中可以存放很多元素，但与数组不同的是，集合的长度是可变的，而数组的长度是固定不变的；集合用来存放对象的引用，而数组用来存放基本类型的数据；集合可以存储多种类型的数据，而数组只能存储单一类型的元素。Java 中提供了有关集合的类库，即 Collection API。Collection API 中的接口和类主要包含在 java.util 包中。其中，最基本的集合接口是 Collection 接口，根据组织方式及实现功能的不同，Collection 的子接口分为 2 类：Set 接口和 List 接口。Java 中没有直接提供 Collection 类，但是提供了一些 Collection 子接口的实现类。

图 10-2 描述了 Collection 接口及其子接口 Set 和 List 三者之间的关系。

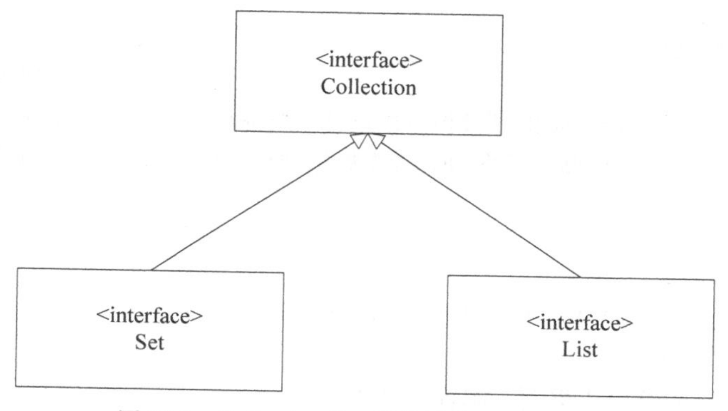

图 10-2　Collection 接口及其子接口 Set 和 List

Collection 接口的主要方法如下。

（1）public boolean add(Object obj)。

加入指定元素 obj。

（2）public boolean remove(Object obj)。

移除指定元素 obj。

（3）public void clear()。

清除所有元素。

（4）public boolean contains(Object obj)。

判断是否包含元素 obj。

（5）public int size()。

返回元素个数。

（6）public boolean isEmpty()。

判断是否为空，若是返回 true，否则返回 false。

（7）public Iterator iterator()。

返回一个迭代器，指向当前类集包含的元素。

10.2.2　Set 接口及 HashSet、TreeSet 类

Set 接口是 Collection 的子接口，因此它继承了 Collection 接口的所有方法。Set 集不允许有重复元素，而且不记录元素的保存顺序。Set 接口的实现类主要有 HashSet 类和 TreeSet 类。

HashSet 类实现的 Set 集合是按照哈希码排序的，允许有 null 元素。其优点是能够快速定位集合中的元素，缺点是不能保证 Set 集中的元素顺序永久不变。

与 HashSet 类相比，TreeSet 类提供了排序功能，它支持两种排序方法：自然排序和定制排序。TreeSet 默认采用自然排序。

【例 10-10】HashSet 类用法举例。源程序如下。

```
import java.util.HashSet;
public class Ex10_10_HashSet {
  public static void main(String args[]){
     HashSet<String> hash=new HashSet<String>();
     hash.add("001");
     hash.add("002");
     hash.add("003");
     hash.add("004");
     hash.add("005");
     hash.add("003");                                          //重复元素，未被加入
     System.out.println("此哈希集中的元素分别为："+hash);          //输出哈希集中的元素
     System.out.println("此哈希集中的元素个数为："+hash.size());  //输出元素个数
  }
}
```

程序编译成功后，运行结果如下。

```
此哈希集中的元素分别为：[004, 005, 001, 002, 003]
此哈希集中的元素个数为：5
```

【例 10-11】TreeSet 类用法举例。源程序如下。

```
import java.util.TreeSet;
public class Ex10_11_TreeSet {
      public static void main(String args[]){
              TreeSet<String> tree=new TreeSet<String>();
```

```
            tree.add("001");
            tree.add("002");
            tree.add("003");
            tree.add("004");
            tree.add("005");
            tree.add("003");                                        //重复元素，未被加入
            System.out.println("此树集中的元素分别为: "+tree);           //输出树集中的元素
            System.out.println("此树集中的元素个数为: "+tree.size());    //输出元素个数
        }
    }
```

程序编译成功后，运行输出以下结果如下。

```
此树集中的元素分别为: [001, 002, 003, 004, 005]
此树集中的元素个数为: 5
```

由上述两个例子可以看出，不管是 HashSet 类还是 TreeSet 类创建的 Set 对象，其元素的顺序与加入时的顺序没有关系，因为 Set 不记录元素的顺序；在 Set 中，重复元素是不允许被加入的。

10.2.3 List 接口及 ArraryList、LinkedList、Vector 类

List 接口也是 Collection 的子接口，与 Set 接口不同，List 接口允许有重复元素，而且它是有序的。List 接口的实现类主要有 ArraryList 类、LinkedList 类和 Vector 类。

ArraryList 类实现了可变大小的数组，它允许存储所有的元素，包括 null 元素。其优点是可以快速定位 List 集中的数据，缺点是插入、删除对象时速度较慢。

LinkedList 类采用链表存储对象，可以在首尾对数据对象进行操作，同样允许有 null 元素。10.3.3 节中将对其进行详细介绍。

Vector 类实现了可动态扩充的数组。像数组一样，它包含的元素可通过数组下标来访问。但是，与数组不同的是，它的长度可以根据实际包含的元素个数增加或减少。10.3.1 节中将对其进行详细介绍。

【例 10-12】ArraryList 类用法举例。源程序如下。

```
import java.util.*;
public class Ex10_12_ArraryList {
  public static void main(String args[]){
          ArrayList<String> list=new ArrayList<String>();
          list.add("001");
          list.add("002");
          list.add("003");
          list.add("004");
          list.add("005");
          list.add("003");                                          //重复元素，允许加入
          System.out.println("此列表中的元素分别为: "+list);           //输出列表中的元素
          System.out.println("此列表中的元素个数为: "+list.size());    //输出元素个数
  }
}
```

程序编译成功后，运行结果如下。

```
此列表中的元素分别为: [001, 002, 003, 004, 005, 003]
此列表中的元素个数为: 6
```

由上述程序及其结果可以看出，List 有两个特点，一是 List 中的元素是有序的；二是 List 中允许加入重复元素。

10.2.4 Iterator 及 Enumeration

提供一种方法访问一个容器（Container）对象中的各个元素，而又不需要暴露对象的内部细节，这就是迭代器。所有的 Collection 元素都可以用 Iterator 迭代器来获取元素，Vector 等类还可以用 Enumeration 迭代器来列举元素。

与 Enumeration 相比，Iterator 可以采用 remove()方法删除元素，而 Enumeration 没有此功能。因此 Iterator 功能更强，使用起来也更方便。

Iterator 类的常用方法如下。

（1）public boolean hasNext()。

判断是否还有下一个元素，若有则返回 true，否则返回 false。

（2）public Object next()。

返回当前列表的下一个元素。

（3）public void remove()。

删除最近一次 next 方法或 previous 方法所返回的元素。

需要注意的是，Iterator 只能实现单向检索。

对于 List 类，可以通过它的 listIterator()方法来取得其迭代器 ListIterator。它具有双向检索的功能，而且除了 Iterator 具有的以上 3 个方法外，ListIterator 类还具有以下一些方法。

（1）public boolean hasPrevious()。

判断是否有前一个元素。

（2）public Object previous()。

返回当前列表的上一个元素。

（3）public void add(Object obj)。

在当前位置之前加入元素 obj。

（4）public void set(Object obj)。

将当前位置的元素替换为 obj。

（5）public int nextIndex()。

返回下一个元素的索引。

（6）public int previousIndex()。

返回前一个元素的索引。

对于 Vector 类，可以通过其 elements()方法返回一个 Enumeration 接口。以下介绍 Enumeration 接口的 2 个主要方法。

（1）public boolean hasMoreElement()。

判断是否还有元素，若有返回 true，否则返回 false。

（2）public Object nextElement()。

返回下一个元素。

【例 10-13】 Iterator 的代码实例：找到特定的元素“大学语文”并将其删除。源程序如下。

```
import java.util.*;
public class Ex10_13_Iterator {
    public static  void main(String args[]){
      ArrayList list=new ArrayList();                    //创建一个 ArrayList 对象
      list.add("大学英语");
```

```
            list.add("高等数学");
            list.add("大学语文");
            list.add("大学物理");
            System.out.println("数组中的元素："+list);
            Iterator itor = list.iterator();                  //获得 list 的迭代器
            while(itor.hasNext()){
              if(itor.next().equals("大学语文")){
                  itor.remove();                              //删除指定元素“大学语文”
              }
            }
            System.out.println("删除后的元素："+list);
        }
}
```

程序编译成功后，运行结果如下。

```
数组中的元素：[大学英语，高等数学，大学语文，大学物理]
删除后的元素：[大学英语，高等数学，大学物理]
```

10.2.5　Map 接口及 Hashtable 类

Map 接口主要用于存储“键—值”对，不允许键重复，但允许值重复。需要注意的是 Map 接口没有继承 Collection 接口。Map 接口的实现类主要有 Hashtable、HashMap 和 TreeMap 类。这里主要介绍一下 Hashtable 类。

Hashtable 类继承了 Map 接口，实现了一个“键—值”映射的哈希表，不允许其任何键或值为 null。Hashtable 类提供的基本的检索、插入等方法如下。

（1）public void put (Object key, Object value)。

向散列表中添加一对“键—值”。

（2）public Object get(Object key)。

返回键值 key 所对应的元素。

（3）public Object remove(Object key)。

删除键值 key 对应的元素。

（4）public boolean containsKey(Object key)。

判断哈希表中是否包含键值 key。

（5）public boolean contains(Object value)。

判断哈希表中是否包含元素 value。

【例 10-14】Hashtable 类的常用方法举例。源程序如下。

```
import java.util.Enumeration;
import java.util.Hashtable;
public class Ex10_14_HashTable {
      public static void main(String args[]){
         Hashtable<String,String> table=new Hashtable<String,String>();
         table.put("001","大学英语");
         table.put("002","高等数学");
         table.put("003","大学语文");
         table.put("004","大学物理");
         System.out.println("哈希表中的元素为：");
```

```
        Enumeration em=table.keys();          //创建 table 的 Enumeration 迭代器
        while(em.hasMoreElements())
        {
            Object key=em.nextElement();
            Object element=table.get(key);
            System.out.println(key+":"+element);

        }
    System.out.println("该哈希表中是否包含'大学物理':"+table.contains("大学物理"));
    }
}
```

程序编译成功后，运行结果如下。

```
004:大学物理
003:大学语文
002:高等数学
001:大学英语
该哈希表中是否包含'大学物理':true
```

10.3 向量、堆栈、队列

java.util 包提供了一些基本的数据结构，向量、堆栈和队列就是其中最重要、最常用的数据结构。向量（Vector）类似于数组的顺序存储结构，但其具有比数组更强大的功能，它允许不同类型的元素共存，而且长度可变。堆栈（Stack）实际上是只允许在一端进行插入和删除操作的线性表，虽然这种限制降低了其灵活性，但是却提高了操作效率，更容易实现。和堆栈类似，队列（Queue）也是加了限制条件的线性表，它只允许在一端进行插入操作，在另一端进行删除操作。为了实现以上这些数据结构的基本功能，Java 中引入了向量类 Vector、堆栈类 Stack 和队列类 LinkedList，本节将分别对其进行详细介绍。

10.3.1 Vector 向量

Vector 类是 java.util 包中的类。与数组一样，它也可以利用下标对数据元素进行访问。但是，数组的长度在定义的时候就已确定，其空间不能够在运行时动态的扩充或缩减。而 Vector 类实现的向量则相当于能够动态伸缩存储空间的数组，它的存储空间可以根据实际需要动态地扩大或缩小。

1. Vector 类的成员变量

表 10-7 中介绍了 Vector 类的成员变量。

表 10-7 Vector 类的成员变量

序　　号	成员变量	成员变量描述
1	capacityIncrement	指明当前向量的存储空间大小
2	elementCount	指明当前向量类中的元素数量
3	elementData	用于存储向量内容的数组缓冲区，它的空间大小和向量类的大小一致

2. Vector 类的常用方法

（1）public void addElement(Object obj)。

将指定元素 obj 添加到 Vector 对象的末尾处。

（2）public void add(int index, Object obj)。

在向量的指定位置 index 处添加元素 obj。

（3）public int capacity()。

返回当前向量的容量大小。

（4）public void clear()。

将向量中现存的内容清空。

（5）public boolean contains(Object obj)。

判断元素 obj 是否在向量中，若在，则返回 true，否则返回 false。

（6）public Object elementAt(int index)。

返回向量中指定位置 index 处的元素。

（7）public Object firstElement()。

返回向量中的第一个元素。

（8）public Object lastElement()。

返回向量中的最后一个元素。

（9）public boolean isEmpty()。

判断向量是否为空，若为空返回 true，否则返回 false。

（10）public int size()。

返回当前向量的长度，即元素个数。

（11）public void copyInto(Object[] array)。

将向量中的内容复制到指定数组中。

（12）public void insertElementAt(Object obj, int index)。

在向量的指定位置 index 处插入对象 obj。

（13）public Object remove(Object obj)。

删除向量中的元素 obj。

（14）removeElementAt(int index)。

删除 index 位置处的元素。

（15）public void removeAllElements()。

删除向量中的所有元素，并将此向量的大小设置为 0。

（16）public void setSize(int size)。

根据 size 的值重新设置向量的长度。

【例 10-15】 Vector 类中的 setSize()方法示例。源程序如下。

```
import java.util.Vector;
public class Ex10_15_Vector {
    public static void main(String args[]){
        Vector<String> vct=new Vector<String>();     //创建 Vector 对象，默认长度为 10
        vct.add("计算机 1 班");
        vct.add("计算机 2 班");
        vct.add("计算机 3 班");
        System.out.println("向量初始元素为："+vct);
        //输出向量的存储空间大小
```

```
        System.out.println("该向量的空间大小为: "+vct.capacity());
        System.out.println("该向量的元素个数为: "+vct.size());
        vct.setSize(5);                              //设置向量长度为 5
        System.out.println("第一次修改后向量元素为: "+vct);
        System.out.println("该向量的空间大小为: "+vct.capacity());
        System.out.println("该向量的元素个数为: "+vct.size());
        vct.setSize(2);                              //设置向量长度为 2
        System.out.println("第二次修改后向量元素为: "+vct);
        System.out.println("该向量的空间大小为: "+vct.capacity());
        System.out.println("该向量的元素个数为: "+vct.size());
    }
}
```

程序编译成功后，运行结果如下。

```
向量初始元素为: [计算机 1 班, 计算机 2 班, 计算机 3 班]
该向量的空间大小为: 10
该向量的元素个数为: 3
第一次修改后向量元素为: [计算机 1 班, 计算机 2 班, 计算机 3 班, null, null]
该向量的空间大小为: 10
该向量的元素个数为: 5
第二次修改后向量元素为: [计算机 1 班, 计算机 2 班]
该向量的空间大小为: 10
该向量的元素个数为: 2
```

通过上述示例可以看出，Vector 类实现的向量默认长度为 10；Vector 类的 capacity()方法获取的是向量中可供存储的空间大小，这些空间有些或许是空的，不一定都存储了实际元素，size()方法获取的是向量中实际存储的元素个数。

10.3.2 Stack 堆栈

堆栈是一种“后进先出”的数据结构，只能在一端插入或者删除数据，它是一种特殊的线性表，表尾称为栈顶（Top），表头称为栈底（Bottom）。插入或者删除数据都只能从栈顶进行操作。插入数据称为“入栈”，删除数据称为“出栈”，图 10-3 描述了堆栈的数据结构。

Stack 类是 Java 中用来实现堆栈的工具。它是 Vector 的子类，因此具有 Vector 类的所有方法，此外，Stack 类还具有以下一些常用方法。

（1）public Object push(Object obj)。

将当前对象 obj 压入栈中。

（2）public Object pop()。

将堆栈最上面的元素出栈，并返回该对象。

（3）public boolean empty()。

判断堆栈是否为空，若为空返回 true，否则返回 false。

（4）public Object peek()。

查看栈顶数据，但不删除。

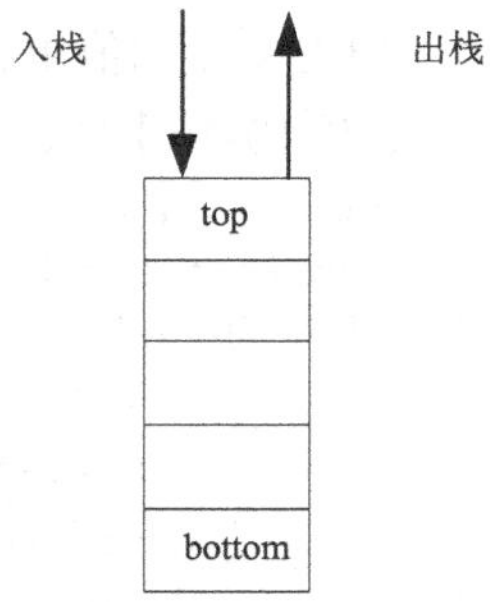

入栈　出栈

top

bottom

图 10-3　堆栈数据结构

（5）public int search(Object obj)。

返回对象 obj 在栈中的位置，栈顶为 1，向下依次加 1，如果该对象不在栈中，则返回-1。

【例 10-16】查找堆栈中的指定元素。源程序如下。

```
import java.util.*;
public class Ex10_16_Stack {
    public static void main(String args[]){
        Stack stack=new Stack();                              //创建一个 Stack 实例
        stack.push("张三");                                   //入栈
        stack.push("李四");
        stack.push("王五");
        stack.push("赵六");
        int index=stack.search("王五");                       //查找元素"王五"
        if(index>0){
            System.out.println("'王五'是栈中的第"+index+"个元素");
        }
        else System.out.println("栈中不存在'王五'");
            System.out.println("栈中的元素分别为:");
            while(!stack.empty())                             //当栈不为空时，出栈
            System.out.println(stack.pop());
    }
}
```

程序编译成功后，运行结果如下。

```
'王五'是栈中的第 2 个元素
栈中的元素分别为:
赵六
王五
李四
张三
```

从程序运行结果可以看出，由于堆栈这种特殊的“后进先出”结构，最后入栈的元素“赵六”最先被输出。

10.3.3 LinkedList 队列

与堆栈不同，队列是一种“先进先出”的数据结构，固定在一端输入数据（即“入队”），另一端输出数据（即“出队”）。也就是说，队列中数据的插入和删除都必须在队列的两端进行，而不能像链表一样在任何位置进行插入和删除操作。图 10-4 描述了队列的结构。

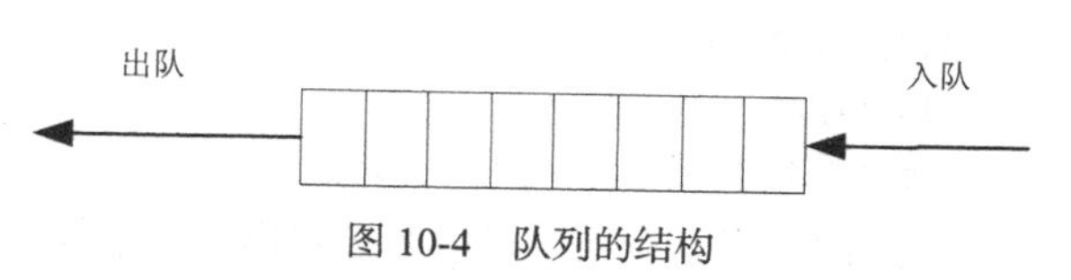

图 10-4　队列的结构

队列可以用链表(LinkedList)类来实现。LinkedList 类提供的对线性序列头尾处进行操作的方法如下。

（1）public void addFirst(E obj)。

将指定元素 obj 添加到链表的开头。

（2）public void addLast(E obj)。

将指定元素 obj 添加到链表的结尾。

（3）public Object getFirst()。

获得链表起始处的元素。

（4）public Object getLast()。

获得链表结尾处的元素。

（5）public Object removeFirst()。

删除链表起始处的元素，并返回此元素。

（6）public Object removeLast()。

删除链表结尾处的元素，并返回此元素。

（7）public int size()。

返回链表的长度，即结点个数。

（8）public boolean contains(Object obj)。

判断元素 obj 是否在链表中，若在则返回 true，否则返回 false。

（9）public Object set(int index, Object obj)。

将指定位置 index 处的元素替换为 obj。

【例 10-17】用 LinkedList 类实现队列，并替换其中的空元素。源程序如下。

```
import java.util.*;
public class Ex10_17_LinkedList {
  public static void main(String args[]){
    LinkedList list=new LinkedList();
    list.add("张三");                          //向队列中添加元素
    list.add("李四");
    list.add("");
    list.add("王五");
    list.add("赵六");
    int size=list.size();                      //获取队列的结点个数
    System.out.println("队列中共有"+size+"个元素，分别为：");
    for(int i=0;i<size;i++){
      if(list.get(i)==""){
        list.set(i, "待添加");                 //将队列中的空字符替换为"待添加"
      }
    }
    System.out.println(list);                  //输出队列中的元素
  }
}
```

程序编译成功后，运行结果如下。

```
队列中共有 5 个元素，分别为：
[张三，李四，待添加，王五，赵六]
```

通过此程序运行结果可以明显看出，与堆栈不同，队列中最先添加的元素“张三”最先被输出；而同样的添加顺序，在堆栈中，最先添加的元素“张三”最后才被输出。

本章小结

Java 提供了非常有用的一些基础工具类，按其功能的不同分别进行了封装。Object 类是 Java 类库中所有类的父类，其他类都继承自 Object 类，并在其基础上进行了不同功能的扩充。

Math 类是用来进行数学运算的类，提供了很多用于基本数学运算的方法，比如指数运算、对数运算、平方根运算等。Math 类的所有方法都是静态的，调用时不需要先将对象实例化，直接调用 Math.方法名()即可。System 类是系统类，用来访问系统级的一些属性，它是一个公共最终类，不能被继承，也不能被实例化。

集合类主要由 Collection 接口和 Map 接口派生，用于存放一组对象的引用，而非对象本身。按功能的不同，集合类分为 Set、List、Map 和 Queue4 大体系。其中，Set 集合不允许有重复元素且元素无序，List 集合允许重复且元素是有序的。

Vector 类实现了一个动态增长的向量，它的元素都是 Object 类，因此对其元素进行添加或者读取时都需要进行类型转换。类似数组，它包含的元素可通过数组下标来访问。但是，在 Vector 对象创建之后，可根据实际需要来扩大或缩小其容量。Stack 类实现了后进先出的堆栈操作，它提供了进栈的 push 方法 和 出栈的 pop 方法，以及取栈顶点的 peek 方法、测试堆栈是否为空的 empty 方法等。

习 题

1. 在 Java 中，所有类的根类是哪个类？

2. Set 集和 List 集中允许有重复元素吗？能否将 null 值添加到 Set 集或 List 集中？

3. Math 类用来实现什么功能？设 x, y 是两个 Integer 型变量，number 是一个 Double 型变量。设 x=2，y=6，number=5.63。

编程完成如下操作。

（1）求 e 的 x 次方。

（2）求 x 的 y 次方。

（3）求 x 和 y 的最大值。

（4）求比 number 大的最小整数。

4. 编程输出 100 以内的素数，并计算该程序的运行时间（以毫秒为单位）。

5. 编写一个程序，接受用户输入的一个字符串和指定字符，把字符串中所有指定的字符删除后输出。

6. 队列和堆栈各有什么特点？

7. 向量和数组有何区别？

8. 假设有一个堆栈初始为空，在经过如下的操作之后堆栈中的内容是什么？

```
push(10);
push(2);
push(7);
pop();
push(15);
push(3);
pop();
```

9. 定义一个包含 10 个整数的数组，并将这 10 个整数中的最大值输出。

10. 输入一个正整数，判断它是不是回文数，即把这个数的所有数字倒着读与正着读是一样的，比如 34543、134575431。

11. 输入某年某月某日，判断这一天是这一年的第几天。

第 11 章 网络编程

本章主要内容：

- 网络编程的基本概念
- 基于 URL 的网络编程
- 基于连接的套接字通信方式
- 基于无连接的数据报通信方式

Java 语言从一诞生就与网络有着密不可分的联系，网络的发展也促进了 Java 语言的不断进步。因此，网络应用程序设计是 Java 编程语言的一个重要组成部分。本章主要就 Java 语言在网络编程方面的应用做详细介绍。

11.1 网络编程的基本概念

11.1.1 网络编程概述

网络编程的目的就是指直接或间接地通过网络协议与其他计算机进行数据传递。网络编程中有两个主要的问题，一个是如何准确的定位网络上一台或多台主机，另一个就是找到主机后如何可靠、高效地进行数据传输。在 TCP/IP 协议中，IP 层主要负责网络主机的定位以及数据包的寻址，由 IP 地址可以唯一地确定 Internet 上的一台主机；TCP 层则提供面向应用的可靠或不可靠的数据传输机制，它是网络编程的主要对象，一般不需要关心 IP 层对数据包是如何封装和处理的。

从软件体系结构角度来讲，网络应用程序可以分为 B/S（浏览器/服务器）和 C/S（客户机/服务器）结构。B/S 结构只需要对应的客户机上有浏览器（如 IE）即可，不需要安装专门的客户端软件，客户机的浏览器程序通过 HTTP（超文本传输协议）访问服务器上的资源。C/S 结构则需要在客户机上安装专门的客户端软件。这两种结构的使用都极为广泛，是相辅相成的。在 C/S 编程结构中，通信双方的一方作为服务器，另一方则作为客户端，客户端需要向服务器发送请求，服务器对该请求做出响应。服务器一般作为守护进程始终运行，监听网络端口，一旦有客户请求，就会启动一个服务进程来响应该客户，同时自己继续监听服务端口，使后来的客户也能及时得到服务。本章讨论的 Java 网络应用程序设计主要是基于 C/S 结构的。

11.1.2 Java 网络编程方法

网络编程的实现方法主要有两种，一种方法是通过 URL 类和 URLConnection 类访问 WWW

网络资源，由于 URL 十分方便、直观，尽管在功能上有一定的局限性，但在某些情况下还是值得推荐的；另一种方法是借助 Socket 套接字实现基于 TCP 协议或 UDP 协议的网络编程，TCP 编程主要用到的类有 Socket、ServerSocket；UDP 编程主要用到的类有 DatagramSocket、DatagramPacket 和 MulticastSocket。基于 Socket 套接字的编程方法在 Java 网络编程中相对而言是比较难的，但其功能却非常强大，读者应该好好研究，领悟其中的技术要点。

11.2 基于 URL 的网络编程

11.2.1 URL 组成

1. URL 的概念

URL（Uniform Resource Locator，统一资源定位符）是用于完整地描述 Internet 上网页和其他资源的地址的一种标识方法。URL 通过使用一定的顺序排列数字和字母来确定一个地址。浏览器通过解析给定的 URL 地址，可对我们访问的 Internet 上的各种网络资源（比如文件、Web 站点、新闻组、网页等）进行访问及数据传输。

2. URL 的格式

URL 的一般格式为：协议://主机名[:端口号]/路径/#引用，具体介绍如下。

协议是指获取资源使用的传输协议，最常用的是 HTTP，此外，还有 HTTPS、FTP、Gopher、File 以及 MMS 等。

主机名是指访问资源所在的服务器的地址。

端口号为可选项，是传输层服务访问点。端口的作用是让应用层的各种应用进程都能将数据向下交付给传输层，它可以看成是应用程序的标识号，不同的应用程序，端口号必然不相同。在 URL 中，端口不是必须的，如果缺省，则表示使用默认的端口号，如 HTTP 服务为 80，FTP 服务为 21。

路径一般用来表示目的主机上一个目录或文件的地址，同端口一样，路径也是可以缺省的。对于 HTTP 服务而言，通常为 index.html、default.asp、default.jsp 等。

引用指向资源文件的具体位置，该项也不是必须的。

11.2.2 URL 类的构造方法

URL 类中的构造方法有以下 6 种形式。

（1）通过指定协议、主机名、端口和路径来构造 URL 对象。

public URL(String protocol,String host,int port,String file) throws MalformedURLException。

（2）通过指定协议、主机名和路径来构造 URL 对象。

public URL(String protocol,String host,String file) throws MalformedURLException。

（3）通过指定协议、主机名、端口号、路径和流处理器来构造 URL 对象。

public URL(String protocol,String host,int port,String file,URLStreamHandler handler) throws。 MalformedURLException

（4）通过代表 URL 的字符串构造 URL 对象。

public URL(String spec) throws MalformedURLException。

（5）通过 URL 对象和相对此 URL 对象的部分 URL 来构造 URL 对象。

public URL(URL context,String spec) throws MalformedURLException。

（6）通过 URL 对象和相对此 URL 对象的部分 URL 来构造 URL 对象，同时设定此 URL 对象的流处理器。

public URL(URL context,String spec,URL StreamHandler handler)throws MalformedURLException。

当 URL 中含有特殊字符时，需要做一些额外的处理。比如 http://www.mytest.com/hello world/，其中含有空格，这时需要对 URL 进行编码，用%20 替代空格，实现结果为：URL url = new URL("http://www.mytest.com/hello%20world")。

URL 的所有构造方法都有异常声明。因为在给构造方法传递参数时，如果参数不能代表一个有效的 URL，就会抛出 MalformedURLException 异常。因此在生成 URL 对象时，一般使用 try/catch 语句对这一异常进行捕获。其格式如下。

```
try{
   URL myURL=new URL(…)
}catch(MalformedURLException e){
…
//相关异常处理代码
…
}
```

11.2.3 URL 类

URL 对象是只写一次的对象，一旦生成一个 URL 对象，其属性是不能被随意更改的，但是可以通过 URL 类所提供的方法来获取这些属性具体内容如下。

（1）public String getProtocol( ): 获取 URL 对象的协议名。

（2）public String getHost( ): 获取 URL 对象的主机名。

（3）public int getPort( ): 获取 URL 对象的端口号，如果没有设置端口，返回–1。

（4）public String getFile( ): 获取 URL 对象的文件名。

（5）public String getPath( ): 获取 URL 对象的路径信息。

（6）public String getQuery( ): 获取 URL 对象的查询信息。

（7）public String getUserInfo( ): 获取 URL 对象的用户信息。

（8）public String getAuthority( ): 获取 URL 对象的权限认证信息。

（9）public int getDefaultPort( ): 返回与这个 URL 对象相关的协议的缺省端口号。

（10）public String getRef( ): 获取 URL 对象在文件中的相对位置，返回 URL 对象的引用（锚）。

（11）public String toExternalForm( ): 返回这个 URL 对象代表的 URL 的字符串表示。

（12）public boolean sameFile(URL other): 比较本 URL 对象与另一个 URL 对象是否指向的是同一个目标。

（13）public URLConnection openConnection( ) throws IOException: 打开一个到 URL 对象指向的网络资源的 URLConnection。

（14）public final InputStream openStream( ) throws IOException: 打开一个到 URL 对象指向的网络资源的输入流，通过这个流，可以读取这个网络资源的内容。

（15）public final Object getContent( ) throws IOException: 获取此 URL 的内容，这个方法相当于 openConnection( ).getContent( )。

（16）public final Object getContent(Class[] classes) throws IOException: 这个方法相当于 openConnection( ).getContent(Class[])。

【例 11-1】生成一个 URL 对象，并获取它的各个属性。源程序如下。

```
// Ex11_1_ ParseURL.java
import java.net.URL;  //引入 URL 类
import java.net.MalformedURLException;  //引入 java.net 包中的异常类
class Ex11_1_ParseURL{
public static void main(String args[]){
   URL sampleURL = null;
try{
sampleURL = new URL("http://www.sina.com.cn:80/index.html");//创建 URL 对象
}catch(MalformedURLException e) {  //异常处理
e.printStackTrace();
}
//显示 sampleURL 对象的各属性值
System.out.println("协议: "+sampleURL.getProtocol());
System.out.println("主机名: "+sampleURL.getHost());
System.out.println("端口号: "+sampleURL.getPort());
System.out.println("文件名: "+sampleURL.getFile());
System.out.println("锚点: "+sampleURL.getRef());
}
}
```

这是一个 Java 应用程序。运行结果输出 URL 地址的各属性值，因为 URL 没有参考点，输出为 null，运行结果如下。

```
协议: http
主机名: www.sina.com.cn
端口号: 80
文件名: /index.html
锚点: null
```

11.2.4 连接和读取 Web 资源

1. 通过 URLConnection 连接 WWW

用 URL 类的 openStream()方法可从网络上读取数据，如果同时还想输出数据，比如向服务器端的 CGI（通用网关接口）程序发送一些数据，就需要用到 URLConnection 类，与 URL 建立连接，然后对其进行读写操作。

URLConnection 类是实现应用程序和 URL 之间通信连接的所有类的超类，该类的实例可以用来读写 URL 所指的资源。在创建了 URL 对象之后，可以使用该 URL 对象的 openConnection 方法来创建 URLConnection 对象，之后就可以用以上介绍的方法完成各种各样的操作。比如以下程序段。

```
try{
   URL netChinaJavaWorld=new URL("http://www.chinajavaworld.com/index.shtml");
   URLConnection uc= netChinaJavaWorld.openConnection();
}catch(MalformedURLException e){  //创建 URL()对象失败
…
}catch(IOException e){      //openConnection()失败
```

```
…
}
```

以上程序段生成一个指向地址 http://www.chinajavaworld.com/index.shtml 的对象，然后用 openConnection()打开该 URL 对象上的一个连接，返回一个 URLConnection 对象，假如连接过程失败，会产生 IOException 类型异常。

在类 URLConnection 中，提供了很多设置或获取连接参数的方法，其中，最常使用的是获得输入流的方法 getInputStream()和获得输出流的方法 getOutputStream()，定义如下。

getInputStream()：返回该 URLConnection 对应的输入流，用于获取 URLConnection 响应的内容。

getOutputStream()：返回该 URLConnection 对应的输出流，用于向 URLConnection 发送请求参数。

比如以下程序段。

```
URL netChinaJavaWorld = new URL("http://www.chinajavaworld.com");
//创建一 URL 对象
URLConnection uc= netChinaJavaWorld.openConnection();
//由 URL 对象获取 URLConnection 对象
DataInputStream dis=new DataInputStream(uc.getInputSteam());
//由 URLConnection 获取输出流，并构造 PrintStream 对象
PrintStream ps=new PrintSteam(uc.getOutupSteam());
//由 URLConnection 获取输出流，并构造 PrintStream 对象
String line=dis.readLine();    //从服务器读入一行
ps.println("client…");         //向服务器写出字符串"client…"
```

2. 用 URL 读取 WWW 数据资源

在取得一个 URL 对象后，通过使用 URL 类的 openStream()方法，可以获得所需的特定的 WWW 资源。其定义如下。

InputStream openStream()：返回一个用于从当前链接读入的 InputStream。

实际上，URL 类的方法 openSteam()是通过 URLConnection 来实现的，它等价于 openConnection().getInputStream()。

在该方法的使用中，需要先定义一个 URL 对象，并与该 URL 的方法 openStream()建立连接，从该连接中读取所需要的数据，返回结果为 InputStream 类的对象。然后就可以使用标准的输入/输出方法将读取到的数据打印到显示终端上，以下程序演示了该方法的使用。

【例 11-2】用 URL 读取 WWW 数据并打印到终端上。源程序如下。

```
// Ex11_2_URLReader
public class Ex10_2_URLReader{
public static void main(String[] args) throws Exception{
//声明 main 方法抛出所有例外
URL urlSina = new URL("http://www.sina.com.cn/");
//构建一个 URL 对象
BufferedReader in = new BufferedReader(new InputStreamReader(urlSina.openStream()));
//使用 openStream 得到一输入流并由此构造一个 BufferedReader 对象
String inputLine;
while((inputLine = in.readLine())!=null)
//从输入流不断的读数据，直到读完为止
System.out.println(inputLine);
//把读入的数据打印到屏幕上
in.close();
```

```
            //关闭输入流
        }
    }
```

在该例中，首先定义了一个 URL 对象 urlSina，指向新浪网站的主页；然后调用 urlSina.openStream()方法，生成该 URL 的一个字节输入流；接着，通过 InputStreamReader 以及 BufferedReader 生成一个缓冲字符流；最后调用 BufferedReader 对象的 readLine()方法读取新浪主页的 HTML 内容。从输出终端上可以看出，结果得到的是新浪首页的 HTML 文件。

11.3　基于连接的套接字通信方式

11.3.1　套接字通信的概念

在应用层向传输层进行数据通信时，TCP/UDP 并不是每次都只为单个应用程序进程提供服务，很多时候会有多个应用程序进程同时提出请求服务。多个 TCP 连接或多个应用程序进程可能需要通过同一个 TCP 协议端口传输数据。为了区别不同的应用程序进程和连接，许多计算机操作系统为应用程序与 TCP/IP 协议交互提供了称为套接字（Socket）的接口。

套接字是网络通信的应用程序接口，可以实现客户机与服务器之间的通信。

套接字的结构可以作如下描述。

{协议，本地地址，本地端口，远程地址，远程端口}

协议用来指明应用程序通信的传输层协议，有面向连接的 TCP 和无连接的 UDP。本地地址和远程地址用来标识通信双方的主机，可以使用 IP 地址或主机名字来进行标识，能够对网络中的任意主机进行唯一定位。本地端口和远程端口用来对通信双方的具体应用进程进行识别，在计算机中采用 16 位的二进制来表示端口号，范围是 0～65535，0～1023 的端口号为系统保留端口，设计应用程序时不可以使用这些端口。

根据网络通信的特征，套接字主要分为两类：基于 TCP 的流式套接字（SOCK_STREAM）和基于 UDP 的数据报套接字（SOCK_DGRAM）。

两种套接字有很大的区别，若需要提供可靠、全双工的字节流服务，选择使用流式套接字；若不需要保证数据传输的可靠性和完整性，则使用数据报套接字。在流式套接字的方式下，网络通信操作是在一对进程之间进行的，因此在进行通信时，双方必须首先创建一个连接过程，建立起一条通信链路，通信结束直接关闭此连接过程即可。而使用数据报套接字方式进行通信，网络通信的操作是在不同的主机和进程之间转发完成的，不需要建立专门的连接和通信链路。

此外，对于一些底层协议的访问，如 IGMP、ICMP 等，会用到另外一种套接字，即原始套接字（SOCK_RAW）。如果有数据包的报文头需要修改、系统的协议栈需要避开等需求适合使用原始套接字。相比流式套接字和数据报套接字，原始套接字适用场合比较少，故本章不做详细介绍，感兴趣的读者可以查阅相关资料。

11.3.2　TCP 套接字实现过程

实现 TCP 套接字的基本步骤通常分为服务器端和客户端 2 部分，具体内容如下。

1. 服务器端步骤

（1）创建套接字。

（2）绑定套接字。

（3）设置套接字为监听模式，进入被动接收连接请求状态。

（4）接收请求，建立连接。

（5）读写数据。

（6）终止连接。

2. 客户端步骤

（1）创建套接字。

（2）与远程服务器程序连接。

（3）读写数据。

（4）终止连接。

虽然其原理有一定难度，但有相对固定的使用模式，故 TCP 流式套接字编程并不难掌握。

11.3.3 基于 TCP 协议的 Socket 编程

1. 一对一的 Socket 通信

在 Internet 的互联中，TCP/IP 协议使用非常广泛，TCP 是一种可靠的、面向连接的传输层协议。在 C/S 模式下，网络上的两个进程进行通信，当两台主机准备进行会话时，必须先建立一个 Socket 连接，其中一方作为服务器，另一方作为客户端。服务器打开一个 Socket 并实时监听来自网络的连接请求；客户端向网络上的服务器发送请求，并通过 Socket 向服务器传递信息，请求建立连接，只需指定主机的 IP 地址和端口号即可。图 11-1 描述基于连接的服务端及客户端流程图。

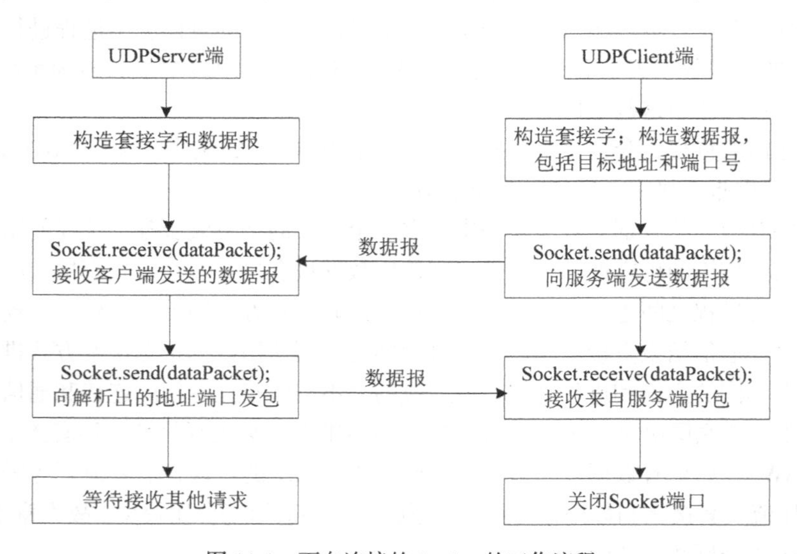

图 11-1 面向连接的 Socket 的工作流程

图 11-1 是一个典型的面向连接的 Socket 通信机制的工作流程示意图。首先由服务器端建立一个 Socket，并把该 Socket 与某个特定端口进行绑定，进入监听状态；然后实时监听来自客户端的连接请求，当有请求进入时查看该请求携带的目的端口号是否与自己的端口相同。客户端在构建自己的 Socket 后，向服务器发出连接请求，服务器对连接请求进行验证，验证通过后接受连接，

这样一个完整的 Socket 连接就建立起来了。

从图 11-1 中可以看出 ，必须首先启动服务器，然后服务器守候在某一个端口上监听客户方的连接请求，一旦连接建立就可以进行数据传输，传输结束后只需调用 close()即可断开 Socket 连接。通过该方式建立起来的 C/S 程序即可实现一台服务器和一台客户端的通信。

利用 Java 的 Socket 编程方式，实现一对一的 C/S 通信是十分简单的。下面给出一个用 Socket 实现的客户端和服务器交互的演示程序，读者通过仔细阅读该程序，会对前面所讨论的各个概念有更深刻的认识。

【例 11-3】实现客户端和服务器端一对一的聊天程序。源程序如下。

```
//服务端程序，Ex11_3_Server.java
import java.io.*;
import java.net.*;
public class Ex10_3_Server{
public static void main(String args[]) {
try{
ServerSocket server=null;
try{
server = new ServerSocket(4444); //创建一个 ServerSocket 在端口 4444 监听客户请求
}catch (Exception e) {
   System.out.println("Error:" + e);//屏幕打印出错信息
   System.exit(-1);
}
Socket client=null;
try{
  client=server.accept();  //使用 accept()阻塞等待客户请求，有客户请求
 //到来则产生一个 Socket 对象
}catch(Exception e){
   System.out.println("接受请求失败! ");
   System.exit(-1);
}
String inputString;
BufferedReader is=new BufferedReader(new InputStreamReader(client.getInputStream()));
  //由 Socket 对象得到输入流，并构造相应的 BufferedReader 对象
PrintWriter os=new PrintWriter(client.getOutputStream());
  //由 Socket 对象得到输出流，并构造 PrintWriter 对象
BufferedReader sin=new BufferedReader(new InputStreamReader(System.in));
  //由系统标准输入设备构造 BufferedReader 对象
System.out.println("Client 发送的消息为: "+is.readLine()); //在标准输出上打印从客户端读入的字符串
inputString=sin.readLine();  //从标准输入读入一字符串
while (inputString!=null&&!inputString.trim().equals("quit")) {//如果该字符串为"quit", 则停止循环
os.println(inputString);   //向客户端输出该字符串
os.flush();  //刷新输出流，使 Client 马上收到该字符串
System.out.println("Server 发送的消息为: "+inputString);  //在屏幕上显示读入的字符串
System.out.println("Client 发送的消息为: "+is.readLine()); //从 Client 读入一字符串，并打印到标准输出上
inputString=sin.readLine();  //从系统标准输入读入一字符串
```

```
    }   //继续循环
    os.close(); //关闭 Socket 输出流
    is.close(); //关闭 Socket 输入流
    client.close(); //关闭 Socket
    server.close(); //关闭 ServerSocket
    System.out.println("聊天结束! ");
    }catch(Exception e){
    System.out.println("Error:"+e);
    }
    }
    }//服务器端程序结束
    //客户端程序，Ex10_3_Client.java
    import java.io.*;
    import java.net.*;
    public class Ex10_3_Client {
     public static void main(String[] args) {
      Socket server = null;
       try {
        String inputString;
        server = new Socket("127.0.0.1", 4444);//向本机 4444 端口发出客户请求
        System.out.println("请输入信息: ");
        BufferedReader sin = new BufferedReader(new InputStreamReader(
          System.in));
           //由系统标准输入设备构造 BufferedReadder 对象
        PrintWriter os= new PrintWriter(server.getOutputStream());
           //由 Socket 对象得到输出流，并构造 PrintWriter 对象
        BufferedReader is = new BufferedReader(new InputStreamReader(server.getInputStream()));
           //由 Socket 对象得到输入流，并构造 BufferedReader 对象
        inputString = sin.readLine();//从标准输入读入一字符串
        while (inputString!=null&&!inputString.trim().equals("quit")) {//如果该字符串为
"quit"，则停止循环
         os.println(inputString);//向 Server 端输出该字符串
         os.flush();//刷新输出流，使 Server 端马上收到该字符串
         System.out.println("Client 发送的消息为: " + inputString);
          //在屏幕上显示读入的字符串
         System.out.println("Server 发送的消息为: " + is.readLine());
         //从 Server 读入一字符串，并打印到标准输出上
         inputString = sin.readLine(); //从系统标准输入读入一字符串
        }
        os.close();//关闭 Socket 输出流
        is.close();//关闭 Socket 输入流
        server.close();//关闭 ServerSocket
        System.out.println("聊天结束!");
       } catch (UnknownHostException e) {
        e.printStackTrace();
       } catch (IOException e) {
        e.printStackTrace();
       }
     }
```

```
}//客户端程序结束
```

该程序运行结果如下。

客户端如下显示。

```
请输入信息：
你好，我是客户端
Client 发送的消息为：你好，我是客户端
Server 发送的消息为：你好，我是服务端
```

服务端如下显示。

```
Client 发送的消息为：你好，我是客户端
你好，我是服务端
Server 发送的消息为：你好，我是服务端
```

2. 一对多的 Socket 通信

前面讲解的 C/S 程序只能实现服务器和一个客户的交谈。在实际应用中，通常是多个客户端同时向服务器提出请求，因此往往在服务器上运行一个常驻程序，用它来接收来自多个客户端的请求，并提供相应的服务。这个功能的实现只需使用多线程对服务器端进行改造即可。服务器总是在指定的端口上监听是否有客户请求，一旦监听到客户请求，服务器就会启动一个专门的服务线程来响应该客户的请求，而服务器本身在启动完线程后马上又进入监听状态，等待下一个客户的到来。借助于 Java 语言的多线程机制，可实现并发服务，以适应一个服务器端与多个客户端通信的目的。

并发服务器的原理是：客户端向服务器发送请求，服务器在接受请求后，立即调用一个线程，来实现服务器与客户方之间的交互，主程序则返回继续监听端口，等待下一个客户的连接请求。前一个线程在完成相应的交互过程后自动退出，连接也将自动关闭。

在 Java 中，具体实现并发服务器的基本方法是：在服务器的程序中首先创建单个 ServerSocket，并调用 accept()来等候一个新连接，一旦 accept()返回，就取得获得结果的 Socket，并用它新建一个线程，只为那个特定的客户提供服务；然后再调用 accept()，等候下一个新的连接请求。例 11-4 是经过修改的例 11-3 服务器端的程序代码。

【例 11-4】一对多聊天通信程序。源程序如下。

```
//服务器端程序，Ex11_4_MultiSocketServer.java
import java.io.*;
import java.net.*;
public class Ex10_4_MultiSocketServer {
 static int num = 1;//客户端计数
 public static void main(String[] args) {
  ServerSocket serverSocket = null;
  Socket client = null;
  while (true) {
   try {
    serverSocket = new ServerSocket(4444);//绑定端口 4444 监听客户请求
   } catch (Exception e) {
    System.out.println("Error:" + e);//屏幕打印出错信息
    System.exit(-1);
   }
   try {
    client = serverSocket.accept(); //使用 accept()阻塞等待客户请求，请求到来时
```

```
                //产生一个 Socket 对象
    } catch (Exception e) {
     System.out.println("接受请求失败! ");
     System.exit(-1);
    }
    System.out.println("Client[" + Ex10_4_MultiSocketServer.num + "] 登录..............");
    ServerThread st = new ServerThread(client);
    Thread t = new Thread(st);
    t.start();
    //监听到客户请求，据客户计数创建服务线程并启动
    try {
     serverSocket.close();
    } catch (IOException e) {
     System.out.println("关闭失败! ");
    }
    num++;//增加客户计数
   }
  }
 }
class ServerThread implements Runnable {
 private Socket client;
 public ServerThread(Socket client) {
  this.client = client;//初始化 client 变量
  }
 public void run() {//线程主体
  try {//实现数据传输
   BufferedReader is = new BufferedReader(new InputStreamReader(client.getInputStream()));
      // 由 Socket 对象得到输入流，并构造相应的 BufferedReader 对象
   PrintWriter os = new PrintWriter(client.getOutputStream());
      // 由 Socket 对象得到输出流，并构造 PrintWriter 对象
   BufferedReader sin=new BufferedReader(new InputStreamReader(System.in));
      //由系统标准输入设备构造 BufferedReader 对象
   System.out.println("Client: "+is.readLine()); //在标准输出上打印从客户端读入的字符串
   String inputString = sin.readLine();//从标准输入读入一字符串
   while (inputString!=null&&!inputString.trim().equals("quit")) {//如果输入的字符串为
"quit"
                  //则退出循环
    os.println(inputString);//向客户端输出该字符串
    os.flush();//刷新输出流，使得 client 马上收到该字符串
    System.out.println("Server 发送的消息为: "+inputString);
    System.out.println("Client 发送的消息为: "+is.readLine()); //在标准输出上打印从客户端读
入的字符串
    inputString = sin.readLine();//从系统标准输入读入一字符串
   }//继续循环
    os.close();//关闭 Socket 输出流
    is.close();//关闭 Socket 输入流
    client.close();//关闭 Socket
   System.out.println("聊天结束! ");
  } catch (IOException e) {
```

```
        e.printStackTrace();
      }
    }
  }
```

以上仅为服务器端的代码，客户端的代码同示例 10-3 的 Ex11_3_Client.java。该程序能够实现一个服务器与多个客户端之间的数据通信，并且互不影响。读者还可以结合本书第 8 章的图形用户界面应用做进一步修改，为程序添加界面，以满足用户更多的需求。以两个客户端登录服务端为例，程序运行结果如下。

1 号客户端如下显示。

```
请输入信息：
你好，我是 1 号客户端
Client 发送的消息为：你好，我是 1 号客户
Server 发送的消息为：1 号客户端，你好
```

2 号客户端如下显示。

```
请输入信息：
你好，我是 2 号客户端
Client 发送的消息为：你好，我是 2 号客户
Server 发送的消息为：2 号客户端，你好
```

服务端如下显示。

```
Client[1] 登录...............
Client：你好，我是 1 号客户端
1 号客户端，你好
Server 发送的消息为：1 号客户端，你好
Client[2] 登录...............
Client：你好，我是 2 号客户端
2 号客户端，你好
Server 发送的消息为：2 号客户端，你好
```

11.4 基于无连接的数据报通信方式

11.4.1 数据报通信的概念

上节介绍了基于 TCP 协议的、面向连接的 Socket 类编程，本节将着重介绍基于 UDP 协议的、面向无连接的 DatagramSocket 类编程。在深入探讨其具体实现之前，有必要说明 TCP 和 UDP 的区别。这两种通信方式的区别如表 11-1 所示。

表 11-1 TCP 通信和 UDP 通信的区别

通信方式	协议	可靠性	数据量	是否需要连接	应用
流式通信	TCP	可靠，有序，无差错，无重复，不会丢失数据	大量数据	需要连接	http，telnet，ftp 服务
数据报通信	UDP	不可靠，会丢失数据	少量数据	无连接，每个数据报包括源地址和目标地址	时间服务，ping 程序

流式通信，主要应用于大量数据的可靠传输。数据报通信，主要用于不需要保证传输正确性的情况。用户数据报协议 UDP 是一种不需要建立连接的协议，其中每个数据包括完整的源地址或目的地址，是一个独立的信息。在发送到目的地的路径上，该数据报是不确定的、随意的。因此无法保证报文到达目的地的时间以及传送内容的正确性和完整性，甚至不能保证一定能够到达目的地。

总之，两种协议各有特点，适用场合也不同，是互补的两个协议，在 TCP/IP 协议中占有同样重要的地位，要学好网络编程，两者缺一不可。

11.4.2 数据报通信的表示方法

数据报通信的表示方法有 DatagramSocket 和 DatagramPacket。

这两个类 DatagramSocket 和 DatagramPacket 也是在包 java.net 中定义的，适用于在 java 中编写使用 UDP 协议通信的网络程序。两者的用途不相同，如果程序之间建立了一个通信连接，用来传送数据报，此时用到的是类 DatagramSocket，而 DatagramPacket 用来表示一个数据报。

DatagramSocket 类的构造器和使用方法如下。

（1）Public DatagramSocket()，创建一个 DatagramSocket 类的对象，并绑定到本地主机上指定的可用端口。

（2）Public DatagramSocket(int port)，创建一个 DatagramSocket 类的对象，并绑定到本地主机上某个可用的端口。

（3）Public DatagramSocket(int port,InetAddress laddr)，创建一个与本地地址绑定的 DatagramSocket 类的对象。

（4）Public void disconnect()，断开连接。

（5）Public InetAddress getAddress()，连接的目的端的 IP 地址。

（6）Public InetAddress getLocalAddress()，本地的 IP 地址。

（7）Public int getLocalPort()，本地端口。

（8）Public int getPort()，连接目的端的端口。

（9）Public int getReceiveBufferSize()，接收端数据缓冲区的大小，对应还有 setSendBufferSize(int)。

（10）Public void receive(DatagramPacket p)，接收数据包并将数据保存在 DatagramPacket 中，实际是 DatagramPacket 指定了一个数据缓存。

（11）Public void send(DatagramPacket p)，发送数据包。

（12）Public void close()，关闭 DatagramPacket。在应用程序退出时，通常会主动释放资源，关闭 Socket。但是由于异常的退出可能造成资源无法回收，所以应该在程序完成时，主动使用此方法关闭 Socket，或在捕获到抛出异常后关闭 Socket。

DatagramPacket 类用于处理报文，它将 Byte 数组、目标地址、目标端口等数据包装成报文或者将报文拆卸成 Byte 数组。DatagramPacket 类的构造器和使用方法如下。

（1）Public DatagramPacket(byte ibuf[],int ilength)，创建一个带有指定长度为 ilength 的字节数组的数据包。

（2）Public DatagramPacket(byte ibuf[],int ilength,InetAddress iaddr,int iport)，创建一个用于发送的 DatagramPacket 类对象，它指定了发送数据的长度、接收端的 IP 地址和端口号。

（3）Public synchronized InetAddress getAddress()，返回发送数据包的主机 IP 地址。

（4）Public synchronized int getPort()，返回发送数据包的主机的端口号。

（5）Public synchronized byte[] getData()，取得发送或者接收的数据包的数据信息，这个方法很重要。

（6）Public synchronized int getLength()，取得数据包的长度。

（7）Public synchronized void setAddress(InetAddress iaddr)，设置数据包的 IP 地址

（8）Public synchronized void setPort(int iport)，设置数据包发送目的端的端口号。

（9）Public synchronized void setData(byte ibuf[])，设置数据缓冲区的数据。

（10）Public synchronized void setLength(int ilength)，设置数据包的长度。

与面向连接的 Socket 类不同，数据包的客户端和服务器端类在表面上是一样的。下面的程序建立了一个客户端和服务器端的数据包 sockets。

```
DatagramSocket serverSocket = new DatagramSocket(8888);
DatagramSocket clientSocket = new DatagramSocket();
```

在 DatagramSocket 的构造器中，服务器用参数 8888 来指定端口号，由于客户端是主动向服务器发送会话请求的一方，所以客户端使用的端口可以和服务器使用的端口不相同，它可以使用系统中非保留的端口。在第 2 种形式的构造器中没有指定端口，程序会让操作系统自动分配一个供通信用的可用的端口。

值得注意的是：客户端也可以自行请求一个指定的端口，但如果这个端口已经被其他应用程序绑定，则会抛出一个异常 SocketException，表示请求失败，此时程序非法终止。因此必须注意捕获这个异常，如果并不想构建一个服务器，建议最好不要指定端口。

11.4.3　数据报通信的一般过程

与 TCP 套接字的通信过程相似，UDP 套接字也分为服务器端和客户端两个部分。

1．服务器端的步骤

（1）创建 UDP 套接字。

（2）绑定套接字到特定地址。

（3）等待并接收客户端信息。

（4）处理客户端请求。

（5）发信息回客户端。

（6）关闭套接字。

2．客户端步骤

（1）创建 UDP 套接字。

（2）发送信息给服务器。

（3）接收来自服务器的信息。

（4）关闭套接字。

UDP 套接字的服务器端和客户端之间进行通信的过程如图 11-2 所示。

比较图 11-2 的 UDP 通信流程和图 11-1 的 TCP 通信流程，可以明显地看出，TCP 通信时先建立连接，通信结束后断开连接；在 UDP 通信中，发送的数据包只是按照包内的地址和端口发送，减少了客户端与服务器的握手次数，减轻了网络负担。

11.4.4　基于 UDP 的广播通信

刚刚介绍过的 DatagramSocket 类只允许数据报发送到一个指定的目的地址，但在现实通信模

型中，经常需要向多个目的地址传送数据。当在网络中进行视频点播时，如果不是采用了点对点技术，而是仍然采用服务器作为数据源播放，当有大量用户提出请求的情况下，服务器程序就要传送大量的数据给客户端程序。这种单点传送方式，每个客户程序都需要得到一份数据的复制，服务器程序要重复发送同一个数据包到多个不同客户机，可能导致网络拥塞，影响网络的传输效率。java.net 包中的 MulticastSocket 类提供了广播的通信能力，可以允许数据报以广播方式发送到多个客户端。

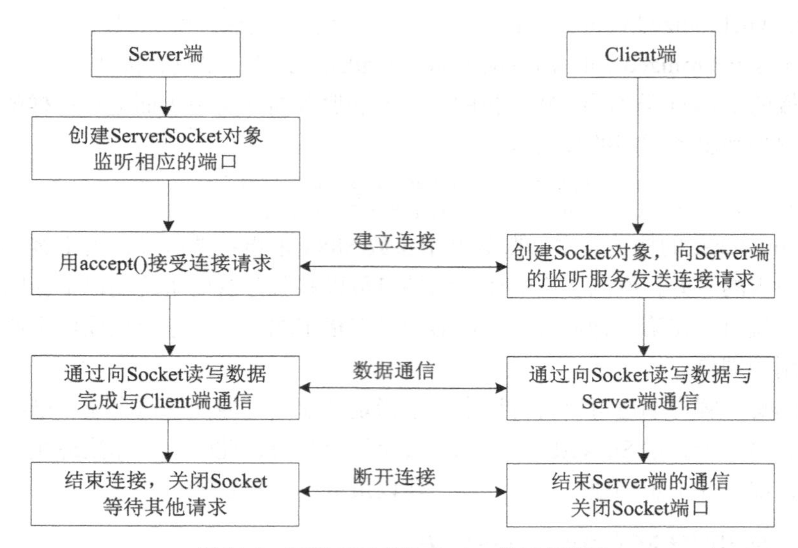

图 11-2　面向无连接的 Socket 的工作流程

如果把通过 DatagramSocket 类通信比作手机对单用户发送短信，那用 MulticastSocket 类通信可以看作是短信群发。服务器程序要将同一信息发送给多个客户端，可以利用广播方式进行通信。这种多点传送就是服务程序对专用的多点传送组的 IP 地址和端口发送一系列自寻址数据包。在 IP 地址分类方案中，D 类 IP 地址（范围从 224.0.0.1 到 239.255.255.255）为保留的广播通信地址。

MulticastSocket 类的构造方法如下。

（1）PublicMulticastSocket()，创建多播套接字。

（2）PublicMulticastSocket(int port)，创建多播套接字并将其绑定到特定端口。

（3）MulticastSocket(SocketAddress bindaddr)，创建绑定到指定套接字地址的 MulticastSocket。

构造方法可以绑定到端口上，也可以绑定到套接字地址上。为了能够对多个地址提供广播服务，需要绑定多个地址，MulticastSocket 类提供了一系列方法支持多个目的地址。参考如下方法。

（1）void joinGroup(InetAddress mcastaddr)：加入多播组。

（2）void joinGroup(SocketAddress mcastaddr, NetworkInterface netIf)：加入指定网络接口上的指定多播组。

（3）void leaveGroup(InetAddress mcastaddr)：离开多播组。

（4）void leaveGroup(SocketAddress mcastaddr, NetworkInterface netIf)：离开指定本地接口上的多播组。

11.4.5　基于 UDP 的简单的客户/服务器程序设计

【例 11-5】基于 UDP 的客户/服务器网络传输模型。源程序如下。

```
//客户端代码，Ex11_5_UdpClient.java
import java.io.*;
import java.net.*;
class Ex11_5_UdpClient{
public static void main(String[] args){
String host = "localhost";//指定本机为主机
DatagramSocket datagramSocket = null;//定义数据包套接字
try{
datagramSocket = new DatagramSocket();
//客户端创建一个数据报套接字，由系统自动分配端口号
byte[] sendBuffer;
sendBuffer = new String("This is a datagram").getBytes();
//创建一个字节数组，用来保存数据包信息的数据部分
//这个信息最初是字符串对象，在调用 getBytes()方法之后，可以转换成字节序列
InetAddress address = InetAddress.getByName(host);
//将主机名转换成 InetAddress 对象
DatagramPacket datagramPacket = new DatagramPacket(sendBuffer,sendBuffer.length,address,5555);
//创建一个 DatagramPacket 对象，它封装了对字节数组的引用和目标地址信息
datagramSocket.send(datagramPacket);
//通过 socket 发送数据包
byte[] receiveBuffer = new byte[200];
//创建一个字节数组保存服务器的返回
datagramPacket = new DatagramPacket(receiveBuffer,sendBuffer.length,address,5555);
//创建一个 DatagramPacket 对象，这个对象保存了服务器的返回值
datagramSocket.receive(datagramPacket);
//通过 socket 接受的数据包
System.out.println(new String(datagramPacket.getData()));
//打印服务器返回并保存在数据包中的值
}
catch (IOException e){
System.out.println(e.toString());
//打印出错信息
}
finally{
if (datagramSocket !=null){
datagramSocket.close();
}
}
}
}
//服务端程序，Ex11_5_UdpServer.java
import java.io.*;
import java.net.*;
class Ex11_5_UdpServer{
public static void main(String[] args) throws IOException{
 System.out.println("Server starting…\n");
DatagramSocket s = new DatagramSocket(5555);
//创建一个绑定到 5555 端口的数据报套接字
byte[] data = new byte[200];
//创建一个用于保存数据包的字节数组
DatagramPacket dgp = new DatagramPacket(data,data.length);
```

```
//创建一个 DatagramPacket 对象封装了一个指向字节数组和目标的地址
//信息，这个 DatagramPacket 对象没有初始化地址是因为它包含了来自客户端的地址信息
while(true){
s.receive(dgp);
//从客户端接受数据包
System.out.println(new String(data));
//显示数据包的内容
s.send(dgp);
//回应一个信息给客户端
}
}
}
```

可以看出在网络编程上，使用 UDP 和使用 TCP 还是有很大区别的。其中有一个较为明显的不同，UDP 的 Socket 编程不提供监听功能，也就是通信双方采用的是完全相同的接口，它们是平等的。在使用 UDP 编程时，同样也可以实现类似于监听的功能，即使用 DatagramSocket.receive()，达到客户/服务器结构的要求。因为 receive()是阻塞的函数，当它返回时，接收方的缓冲区已经接收到了一个包含发送方各种信息的数据报，这一点与 accept()很相似，所以下一步如何动作取决于读入的数据报，这就达到了跟网络监听相似的效果。

本章小结

Java 网络编程有两种基本方法：一种是通过 URL 类和 URLConnection 类访问 WWW 网络资源；另一种则是通过 Socket 接口和客户/服务器网络编程模型来实现对网络资源的访问。

Java 中的网络编程可以采用面向连接或者面向无连接的方法，至于选用哪种方法是由应用程序的需要决定的。如果要求可靠性高一点，用面向连接的 TCP 操作更好，因为它可以确保数据完整性和到达的有序性，而面向无连接的 UDP 则更适合于对实时性要求比较高，对数据完整性要求不太严格的场合。

习　　题

1．常见网络端口有哪些？

2．如何连接和读取 URL 中的资源？

3．什么是套接字？有哪几种套接字？

4．简述 TCP 套接字的实现过程。

5．UDP 套接字读写函数与 TCP 的有何区别？

6．UDP 数据报通信中如何实现监听？

7．基于 TCP 协议和 UDP 协议的通信方式的区别是什么？分别适用于哪些场合？

8．参照书中例子，编程实现一个简单的 TCP 通信过程。

9．参照书中例子，使用 Socket 编程来获取 E-mail。

10．参照书中例子，编程实现一个简单的 UDP 通信过程。

第 12 章 JDBC 与数据库访问

本章主要内容：

- SQL 语言简介
- JDBC 基本概念
- JDBC 访问数据库方法
- 综合案例分析

Java 语言通过 JDBC 访问数据库，JDBC 是一种用于执行 SQL 语句的 Java API，可以为多种关系数据库提供统一访问接口。数据库访问需要通过 JDBC 驱动程序，用于向数据库提交各类 SQL 请求。使用 JDBC 访问数据库需要 5 个基本步骤：加载驱动程序、打开数据库连接、获取 Statement 对象、执行 SQL 语句和处理结果集。

12.1 SQL 语言

SQL 语言是一种关系数据库操作语言，广泛用于关系型数据库的访问。SQL 语言使得对于数据库的各类操作变得容易实现。本节的内容将为 JDBC 数据库访问操作奠定基础。

12.1.1 SQL 语言简介

SQL（Structured Query Language，结构化查询语言）是一种数据库查询和程序设计语言，用于存取数据以及查询、更新和管理关系数据库系统。SQL 是用于访问和处理数据库的标准的计算机语言。它具有极大的灵活性和强大的功能，其他语言需要一大段程序实现的功能可能只需要一个简单的 SQL 语句就可以实现。SQL 语言结构简洁、功能强大，而且简单易学，自从 IBM 公司 1981 年推出以来，就得到了广泛的应用，目前大部分的数据库管理系统都支持 SQL 语言。

12.1.2 SQL 的基本用法

下面以 Microsoft Access 为例说明常见的 SQL 基本语法。

1. SQL 中的数据类型

数据类型用来设定数据库表中某一个具体列中数据的类型。例如，在“姓名”列中采用文本类型，而不能使用数字类型。不同的数据库支持的数据类型是有区别的。下面列举部分 Microsoft Access 支持的数据类型。

（1）TEXT(size)：文本类型，固定长度字符串，其中括号中的 size 用来设定字符串的最大长度。

（2）INTEGER：数字类型，长整型数。

（3）FLOAT：数字类型，双精度浮点数。

（4）DATETIME：日期/时间类型，介于 100 到 9999 年的日期或时间数值。

（5）MONEY：货币类型，有符号整数。

2. 创建表格

创建表格的 SQL 语句为 CREATE TABLE 命令，该命令的使用格式如下。

```
CREATE TABLE tablename (column1 type[, column2 type, …])
```

其中[ ] 表示可选项。举例如下。

```
CREATE TABLE student(name TEXT(15),age INTEGER,address TEXT(30),city TEXT(20))
```

简单来说，创建新表格时，在关键词 CREATE TABLE 后面加入所要建立的表格的名称，然后在括号内顺次设定各列的名称、数据类型以及可选的限制条件等。

3. 数据查询

在众多的 SQL 命令中，SELECT 语句是使用最频繁的语句之一。SELECT 语句主要被用来对数据库进行查询并返回符合用户查询标准的结果数据。SELECT 语句的语法格式如下。

```
SELECT column1 [, column2, etc] FROM tablename [WHERE condition]
```

SELECT 语句中位于 SELECT 关键词之后的列名用来决定哪些列将作为查询结果返回。用户可以按照自己的需要选择任意列，还可以使用通配符“*”来设定返回表格中的所有列。SELECT 语句中位于 FROM 关键词之后的表格名称用来决定将要进行查询操作的目标表格。SELECT 语句中的 WHERE 可选从句用来规定哪些数据值或哪些行将被作为查询结果返回或显示。在 WHERE 条件从句中可以使用关系运算符来设定查询标准，例如，=（等于）、>（大于）、<（小于）、>=（大于等于）、<= （小于等于）、<>（不等于）等。举例如下。

```
SELECT * FROM student WHERE name = '张三'
```

其功能是查询所有姓名为张三的记录。

4. 向表格中添加、更新、删除记录

（1）添加新记录。

SQL 语言使用 INSERT 语句向数据库表格中插入新的数据行。INSERT 语句的使用格式如下。

```
INSERT INTO tablename(first_column,...,last_column)VALUES (first_value,...,last_value)
```

举例如下。

```
INSERT INTO student(name, age, address, city)VALUES ('张三', 45, '迎泽西大街 79 号', '
太原市')
```

简单来说，当向数据库表格中添加新记录时，首先在关键词 INSERT INTO 后面输入所要添加的表格名称，然后在括号中列出将要添加新值的列的名称，最后在关键词 VALUES 的后面按照前面输入的列的顺序对应的输入所有要添加的记录值。

（2）更新记录。

SQL 语言使用 UPDATE 语句更新满足规定条件的现有记录。UPDATE 语句的格式如下。

```
UPDATE tablename SET columnname1 = newvalue1 [,columnname2 = newvalue2,...]
WHERE condition
```

举例如下。

```
UPDATE student SET age = age+1 WHERE name= '张三' AND  city='太原市'
```

使用 UPDATE 语句时，关键是要设定好用于进行判断的 WHERE 条件从句。

（3）删除记录。

SQL 语言使用 DELETE 语句删除数据库表格中记录。DELETE 语句的格式如下。

```
DELETE FROM tablename WHERE condition
```

举例如下。

```
DELETE FROM student WHERE name = '张三'
```

简单来说，当需要删除满足条件的记录时，在 DELETE FROM 关键词之后输入表格名称，然后在 WHERE 从句中设定删除记录的判断条件。需要注意的是，如果用户在使用 DELETE 语句时不设定 WHERE 从句，表格中的所有记录将全部被删除。

5. 删除数据库表格

在 SQL 语言中使用 DROP TABLE 命令删除某个表格以及该表格中的所有记录。DROP TABLE 命令的使用格式如下。

```
DROP TABLE tablename
```

举例如下。

```
DROP TABLE student
```

如果用户希望将某个数据库表格完全删除，只需要在 DROP TABLE 命令后输入希望删除的表格名称即可。

12.1.3 创建 ODBC 数据源

ODBC（Open DataBase Conectivity，开放数据库互连）是微软公司制定的标准编程接口，只要有相应的 ODBC 驱动程序，就可以通过 ODBC 连接并操作各种不同的数据库。所谓 ODBC 数据源就是命名的一组信息，包括需要连接的数据库所在位置、对应的 ODBC 驱动程序以及访问数据库所需的其他相关信息，用户可以通过数据源的名称（Data Source Names，DSNs）来指定所需的 ODBC 连接。ODBC 数据源通常可以通过控制面板中的 ODBC 数据源管理器来配置。

下面以 Access2007 数据库为例说明如何建立 ODBC 数据源。建立 ODBC 数据源之前，首先通过 Access 建立名为 university.accdb 的数据库。

在 Windows 操作系统下，建立 ODBC 数据源的过程如下。

（1）打开控制面板。

（2）打开管理工具。

（3）打开数据源（ODBC）。

（4）选择用户 DNS 或系统 DNS，单击添加按钮（如图 12-1 所示）。

（5）选择驱动程序 Microsoft Access Driver（*.mdb，*.accdb）（如图 12-2 所示）。

（6）输入数据源名，本例为 student（如图 12-3 所示）。

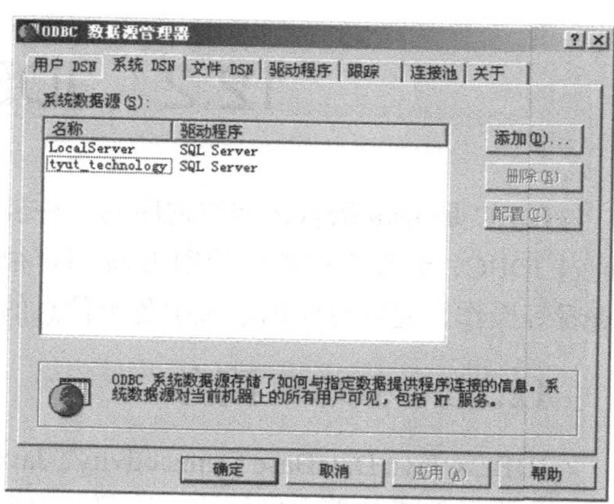

图 12-1 选择用户 DNS 或系统 DNS

（7）单击选择按钮，选择数据库（如图 12-4 所示），选择前面建立的 university.accdb。

这样 ODBC 数据源 student 就建立好了（如图 12-5 所示）。通过该 ODBC 数据源就可以连接到 university.accdb 数据库，再使用 SQL 语句就能够对该数据库进行访问。

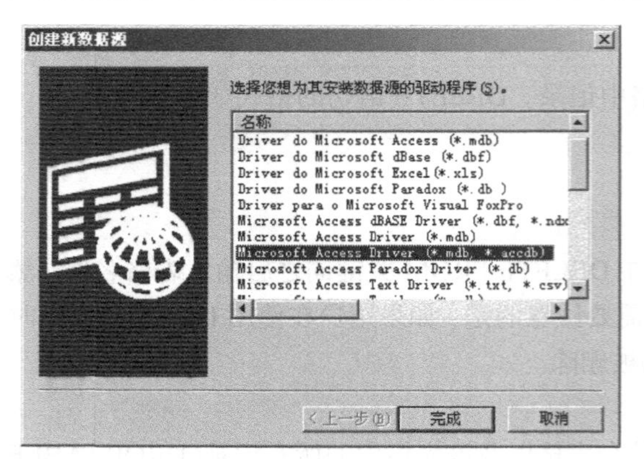

图 12-2 选择驱动程序

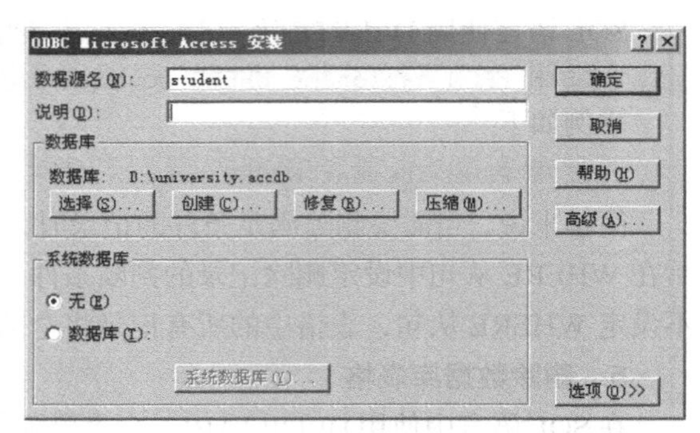

图 12-3 输入数据源名

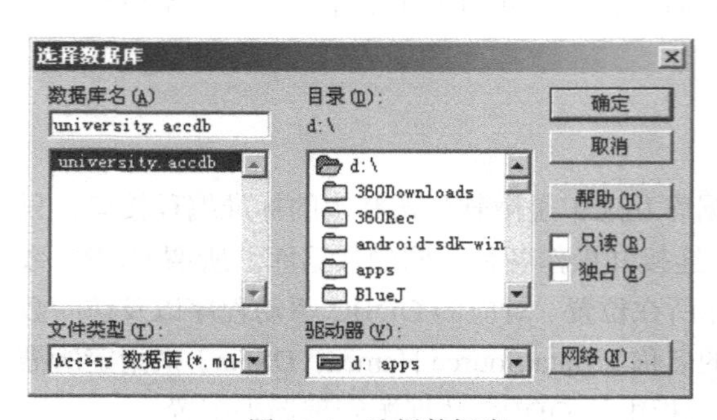

图 12-4 选择数据库

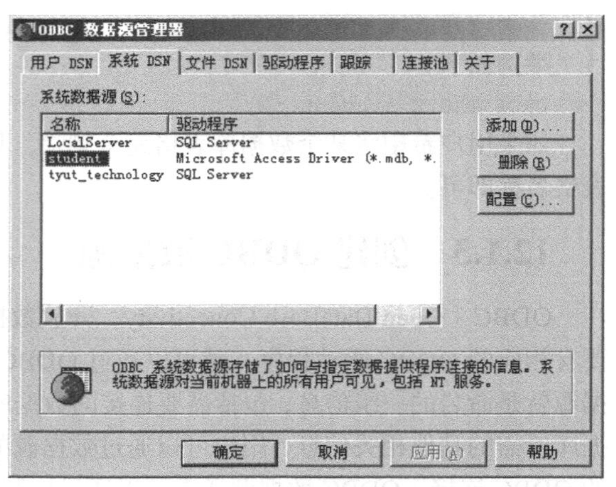

图 12-5 数据源 student 被建立

12.2 JDBC 数据库访问

JDBC 是 Java 语言访问数据库的一种机制，是 Java 程序和数据库管理系统之间的编程接口。通过 JDBC，编程人员可以使用 Java 语言很方便地对各种类型的数据库进行增加、删除、修改、查看等操作，完成对应用系统中各类信息的管理。

12.2.1 JDBC 简介

JDBC（Java DataBase Connectivity，Java 数据库连接）是一种用于执行 SQL 语句的 Java API，可以为多种关系数据库提供统一访问，它由一组用 Java 语言编写的类和接口组成。JDBC 为开发人员提供了一个标准的 API，使开发人员能够方便地编写数据库应用程序。JDBC 和微软公司提出的 ODBC 功能是类似的，它们都可以让程序员编写独立于数据库的代码。

JDBC 扩展了 Java 的功能。随着越来越多的程序员开始使用 Java 编程语言，对从 Java 中便捷地访问数据库的要求也在日益增加。程序员使用 Java 语言编写应用程序，通过 JDBC API 访问相关数据库，实现对信息的各类操作，其方式如图 12-6 所示。

JDBC API 对数据库所做的操作包括连接数据库、建立 SQL Statement 对象、在数据库中执行 SQL 查询、查看和修改结果记录等。

本质上 JDBC 提供了访问底层数据库的访问接口，从而使得 Java 可以在很多类型的应用中访问数据库。这些应用通常有 Java 应用程序（Java Applications）、Java 小应用程序（Java Applets）、Java Servlets、JSP（Java Server Pages）和 EJBs（Enterprise JavaBeans）。

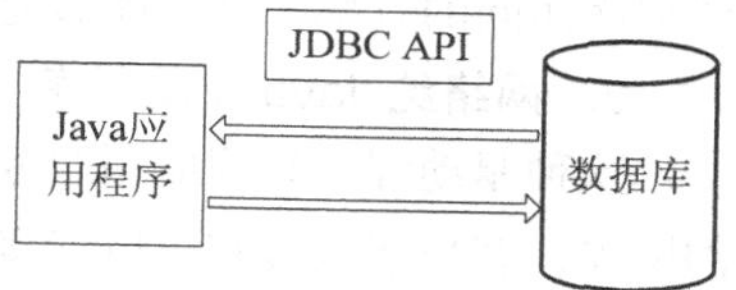

图 12-6 Java 应用程序通过 JDBC API 访问数据库

12.2.2 JDBC 体系结构

JDBC 的体系结构如图 12-7 所示。该体系结构分为 5 层：应用程序、JDBC API、JDBC 驱动管理器、JDBC 驱动程序和数据库。

Java 应用程序调用 JDBC API，JDBC 通过 JDBC 驱动程序管理器（Driver Manager）加载 JDBC 驱动程序（JDBC Driver），由驱动程序和具体的数据库打交道。JDBC 驱动程序管理器为应用程序装载数据库驱动程序。驱动程序与具体的数据库相关，用于向数据库提交 SQL 请求。可以通过替换驱动程序来访问另外一种数据库，数据库访问代码不需要改变。有一类特殊的 JDBC 驱动程序叫做 JDBC-ODBC 桥，这类驱动程序使 Java 语言可以访问任何支持 ODBC 驱动程序的数据库，扩大了 Java 的数据库访问类型。

12.2.3 JDBC 驱动程序

目前比较常见的 JDBC 驱动程序可分为以下 4 个种类。

1. JDBC-ODBC 桥

这种驱动程序把标准的 JDBC 调用转换成相应的 ODBC 调用，并通过 ODBC 库把它们发送给 ODBC 数据源。这种类型访问数据库时需要经过多层调用，效率比较低，适用于快速的原型系统和没有提供 JDBC 驱动的数据库。其驱动结构如图 12-8 所示。

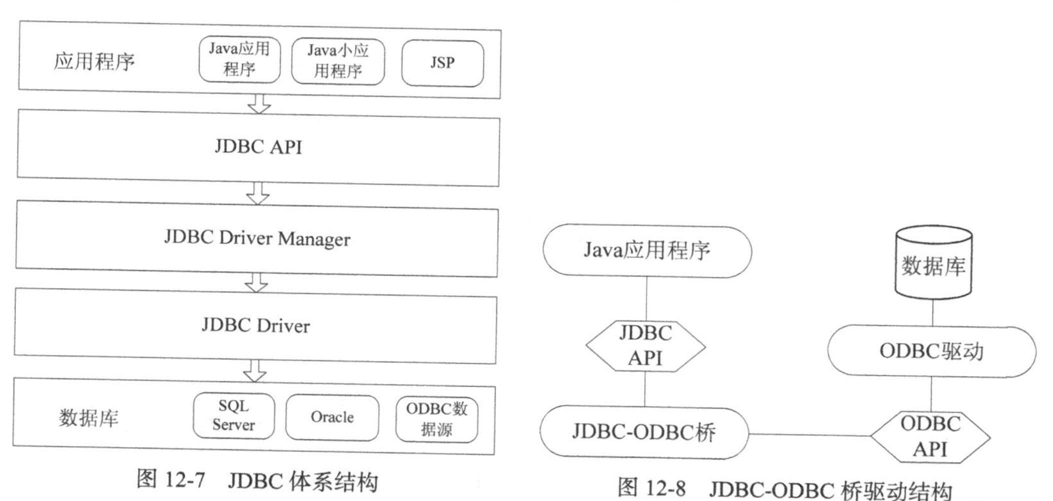

图 12-7 JDBC 体系结构

图 12-8 JDBC-ODBC 桥驱动结构

2. 本地 API

利用本地 API 访问数据库时，JDBC 驱动程序将调用请求转换为数据库厂商提供的本地 API 调用，数据库处理完请求将结果通过这些 API 返回，进而返回给 JDBC 驱动程序，JDBC 驱动程序将结果转化为 JDBC 标准形式，再返回客户程序。这种类型减少了 ODBC 的调用环节，提高了数据库访问的效率，并且能够充分利用厂商提供的本地 API 的功能。其驱动结构如图 12-9 所示。

3. 网络纯 Java 驱动程序

这种驱动程序利用应用服务器作为中间件来访问数据库。应用服务器作为一个到多个数据库的网关，客户端通过它可以连接到不同的数据库。Java 客户程序通过 JDBC 驱动程序将 JDBC 调用发送给应用服务器，应用服务器使用本地驱动程序访问数据库，从而完成请求。其驱动结构如图 12-10 所示。

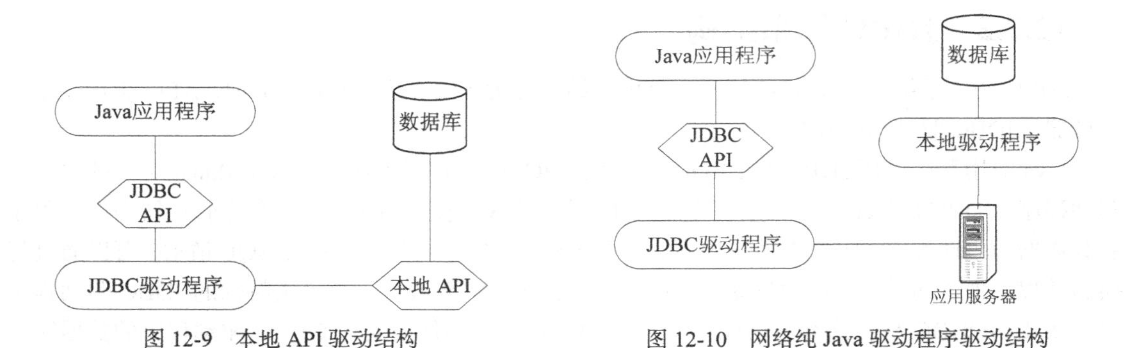

图 12-9 本地 API 驱动结构

图 12-10 网络纯 Java 驱动程序驱动结构

4. 本地协议纯 Java 驱动程序

这种驱动程序由客户程序通过网络直接与数据库进行通信，数据库访问效率最高。其驱动结构如图 12-11 所示。

12.2.4 JDBC 基本组件

在使用 Java 语言面向对象方法编程访问数据库时，会用到 JDBC 提供的各类组件。常用的组件有 DriverManager、Connection、Statement 和 ResultSet，如图 12-12 所示。

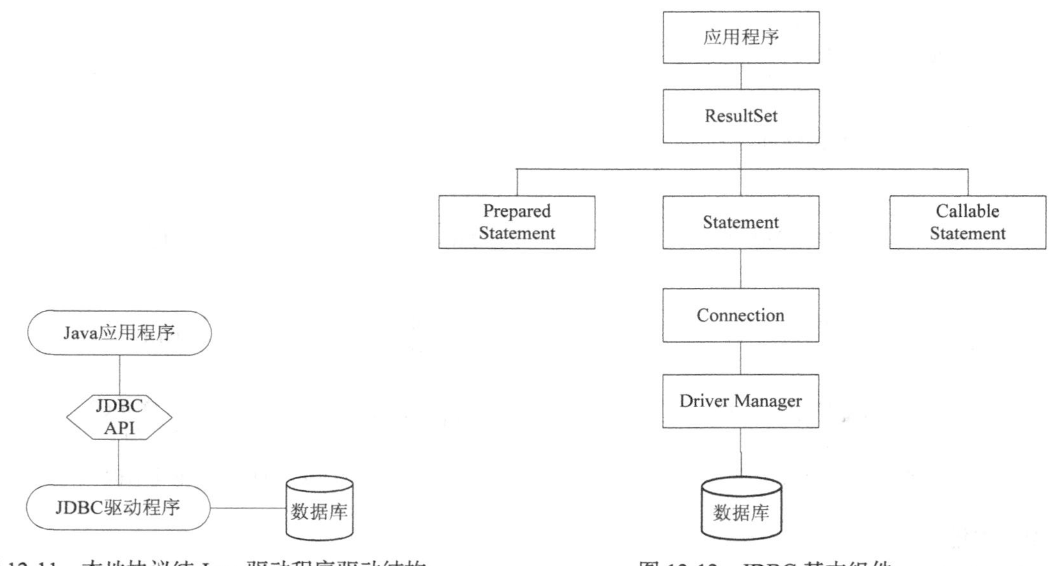

图 12-11 本地协议纯 Java 驱动程序驱动结构

图 12-12 JDBC 基本组件

JDBC API 中对于这些组件的相关描述如表 12-1 所示。

表 12-1　　组件类和作用

组 件 类	作　　用
java.sql.DriverManager	处理驱动程序的加载和建立新数据库连接
java.sql.Connection	处理与特定数据库的连接
java.sql.Statement	在指定连接中处理 SQL 语句
java.sql.ResultSet	处理数据库操作结果集

1. DriverManager

DriverManager 是 java.sql 包中用于数据库驱动程序管理的类，作用于用户和驱动程序之间。它跟踪可用的驱动程序，并在数据库和相应驱动程序之间建立连接。对于简单的应用程序，程序开发人员需要在此类中直接使用的唯一方法是 DriverManager.getConnection( )，该方法用来建立与数据库的连接。

2. Connection

Connection 是用来表示数据库连接的对象，对数据库的一切操作都是在这个连接的基础上进行的。

3. Statement

Statement 是用于在已经建立连接的基础上向数据库发送 SQL 语句的对象。它只是一个接口的定义，其中包括了执行 SQL 语句和获取返回结果的方法。

Statement 实际上有 3 种对象：Statement、PreparedStatement（继承自 Statement）和 CallableStatement（继承自 PreparedStatement）。它们都作为在给定连接上执行 SQL 语句的容器，每个都专用于发送特定类型的 SQL 语句。Statement 对象用于执行不带参数的简单 SQL 语句。PreparedStatement 对象用于执行带或不带 IN 参数的预编译 SQL 语句。CallableStatement 对象用于执行对数据库存储过程的调用。

4. ResultSet

ResultSet 用来暂时存放数据库查询操作获得的结果。它包含了符合 SQL 语句中查询条件的所有行，并且提供了一套 get( )方法对这些行中的数据进行访问。

12.2.5　JDBC 访问数据库

1. 数据库访问的一般步骤

JDBC 的主要优点是为所有的数据库管理系统提供标准的调用接口。概括起来，使用 JDBC 访问数据库大致需要 5 个基本步骤（如图 12-13 所示）。

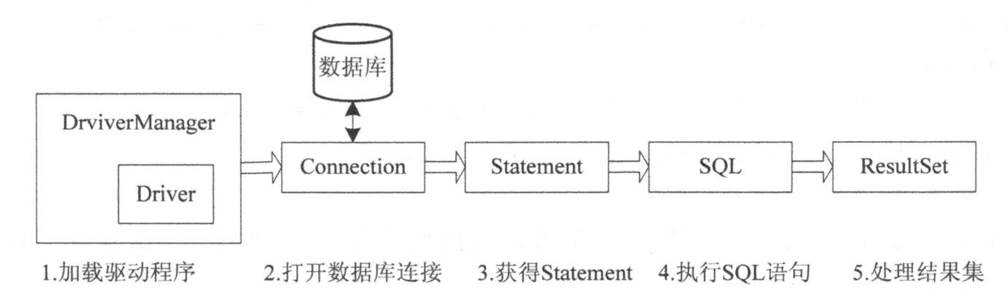

图 12-13　JDBC 操作的基本步骤

各步骤简单描述如下。

（1）加载驱动程序。为数据库管理系统加载一个 JDBC 驱动程序。通过 Class.forName()方法调用来完成这一操作，需要给出驱动类的名称。

（2）打开数据库连接。使用驱动程序打开特定数据库的连接。

（3）获得 Statement 对象。

（4）执行 SQL 语句。通过 Statement 提出 SQL 请求。

（5）处理结果集。如果返回结果集则对结果集进行处理。

2. 数据库访问简单代码

根据以上步骤，给出一个简单的 Java 代码片段如下。

```
Class.forName("sun.jdbc.odbc.JdbcOdbcDriver");//加载驱动程序
Connection con = DriverManager.getConnection("jdbc:odbc:student","user","password");
//打开数据库连接
Statement stmt = con.createStatement();//获取 Statement 对象
ResultSet rs = stmt.executeQuery("SELECT a, b, c FROM Table1");//执行 SQL 语句
while (rs.next( )) {//处理结果集
  int x = rs.getInt("a");
  String s = rs.getString("b");
  float f = rs.getFloat("c");
}
```

上述代码对基于 JDBC 的数据库访问做了经典的总结，下面对数据库访问过程做详细讲述。

3. 数据库访问过程详述

（1）加载驱动程序。

通过类装载器来加载相应的数据库驱动程序，格式如下。

```
Class.forName(driverName)
```

【例 12-1】加载驱动程序，源程序如下。

```
import java.sql.*;
public class EX12_1_StudentSQL {
    public static void main(String[] args) {
        Connection con=null;
        Statement stmt=null;
        String strTemp = "";
        try{
            Class.forName("sun.jdbc.odbc.JdbcOdbcDriver");
            }
        catch(ClassNotFoundException e){}
    }
```

（2）建立连接。

通过 DriverManager：建立连接，格式如下。

```
Connection connection=DriverManager.getConnection(url,user,password);
```

（3）获得 Statement。

Statement 用来发送要执行的 SQL 语句，有以下 3 种 Statement 对象。

①Statement：执行不带参数的 SQL 语句，创建方法如下。

```
connection.createStatement()
```

②PreParedStatement：执行带参数或不带参数的预编译的 SQL 语句，下次执行的时候不需要编译和优化，创建方法如下。

```
connection.prepareStatement()
```

③CallableStatement：调用数据库中的存储过程或函数等，创建方法如下。

```
connection.parpareCall()
```

【例 12-2】建立连接并获取 Statement，源程序如下。

```
import java.sql.*;
public class EX12_2_StudentSQL {
    public static void main(String[] args) {
        Connection con=null;
        Statement stmt=null;
        String strTemp = "";
        try{
            Class.forName("sun.jdbc.odbc.JdbcOdbcDriver");
            }
        catch(ClassNotFoundException e){}
        try{
            con=DriverManager.getConnection("jdbc:odbc:student","","");
            stmt=con.createStatement();
        }catch(SQLException ee){}
    }
```

（4）执行 SQL 语句。

①statement.executeQuery()：返回类型 ResultSet。

②statement.executeUpdate()：返回类型 int，表示执行此 SQL 语句所影响的记录数。

③statement.execute()：返回类型 boolean，代表执行此语句是否有 resultset 返回，有就是 ture。

【例 12-3】执行 SQL 语句，源程序如下。

```
import java.sql.*;
public class EX12_3_StudentSQL {
    public static void main(String[] args) {
        Connection con=null;
        Statement stmt=null;
        String strTemp = "";
        try{
            Class.forName("sun.jdbc.odbc.JdbcOdbcDriver");
            }
        catch(ClassNotFoundException e){}
        try{
            con=DriverManager.getConnection("jdbc:odbc:student","","");
            stmt=con.createStatement();
        }catch(SQLException ee){}

        strTemp = "CREATE TABLE student(id TEXT(20) PRIMARY KEY,name TEXT(20),gender
TEXT(2),address TEXT(50),phone TEXT(20),major TEXT(30))";
        try {
            stmt.executeUpdate(strTemp);
        } catch (SQLException e) {
            e.printStackTrace();
        }
    }
```

（5）处理结果集。

只有 SELECT 语句才会有结果集返回。代码片断如下。

```
while(rs.next()){//rs 是一个游标，初始时在第一条记录的上面一行。
//每 next 一次，向下一行。
rs.getString(1);                    //获得第 1 个字段的内容
```

```
    rs.getInt(2);                    //获得第 2 个字段的内容
    }
```

结果集字段可以使用位置标识，也可以使用字段名来标识（当结果集字段比较多的时候用字段名标识法，可以增强程序的可读性）。

【例 12-4】处理结果集，源程序如下。

```
    import java.sql.*;
    /**
     * @author gaobaolu
     * @version 2012 v1.0
     * JDBC 数据库访问测试程序。
     */
    public class EX12_4_StudentSQL {
        public static void main(String[] args) {
            Connection con=null;
            Statement stmt=null;
            ResultSet rs = null;
            String strTemp = "";
          //加载驱动程序
          try{
                Class.forName("sun.jdbc.odbc.JdbcOdbcDriver");
                }
          catch(ClassNotFoundException e){}
          //建立数据库连接
          try{
                con=DriverManager.getConnection("jdbc:odbc:student","","");
                stmt=con.createStatement();
          }catch(SQLException ee){}
          //建立表
          strTemp = "CREATE TABLE student(id TEXT(20) PRIMARY KEY,name TEXT(20),gender
TEXT(2),address TEXT(50),phone TEXT(20),major TEXT(30))";
          try {
              stmt.executeUpdate(strTemp);
          } catch (SQLException e) {
              e.printStackTrace();
          }
          //添加数据
          strTemp = "INSERT INTO student VALUES('2012001','张三','男','太原市迎泽西大街
79号','13803511208','软件工程')";
          try {
              stmt.executeUpdate(strTemp);
          } catch (SQLException e) {
              e.printStackTrace();
          }
          //获取并浏览数据
          strTemp = "SELECT * FROM student";
          try {
              rs = stmt.executeQuery(strTemp);
              while(rs.next())
              {
                  System.out.println(rs.getString("id"));
                  System.out.println(rs.getString("name"));
                  System.out.println(rs.getString("gender"));
```

```
                    System.out.println(rs.getString("address"));
                    System.out.println(rs.getString("phone"));
                    System.out.println(rs.getString("major"));
                }

            } catch (SQLException e) {
                e.printStackTrace();
            }
            //释放资源
        try {
                rs.close();
                stmt.close();
                con.close();
            } catch (SQLException e) {
                // TODO Auto-generated catch block
                e.printStackTrace();
            }
        }
}
```

需要注意的是，释放资源一般写在 finally 语句块中，所释放的资源一般有 ResultSet、Statement 和 Connection。

运行结果如下。

```
2012001
张三
男
太原市迎泽西大街 79 号
13803511208
软件工程
```

12.3　综合应用实例

本节结合 Java GUI 和 JDBC 设计开发一个小型的管理信息系统——学生信息管理系统。

12.3.1　数据库表结构

本节所使用的数据库类型为 Access 2007，数据库的名称为 university，ODBC 数据源名为 student。在 university 数据库中建立表 student，其结构如表 12-2 所示。

表 12-2　　student 表的结构

字 段 名	字段类型	字段长度	描　述	备　注
id	文本	20	学号	主键
name	文本	20	姓名	
gender	文本	2	性别	
address	文本	50	地址	
phone	文本	20	电话	
major	文本	30	专业	

student 表可以使用 Access 可视化环境建立，也可以用本章介绍的 Java 代码建立。需要调用的 SQL 语句如下。

```
    CREATE TABLE student(id TEXT(20) PRIMARY KEY,name TEXT(20),gender TEXT(2),address
TEXT(50),phone TEXT(20),major TEXT(30))
```

其中 PRIMARY KEY 表明 id 字段为主键。

12.3.2　系统功能描述

学生信息管理系统包含信息录入、信息查询、信息修改、信息删除和系统退出等 5 个功能模块，如图 12-14 所示。

12.3.3　实现代码和系统运行界面

【例 12-5】学生信息管理系统主界面，具体内容如下。

学生信息管理系统主界面如图 12-15 所示。相应的类为 EX12_5_StudentManagement，文件名为 EX12_5_StudentManagement.java。该程序中在 JFrame 容器中添加了菜单、菜单项和一个表明系统名称的标签。

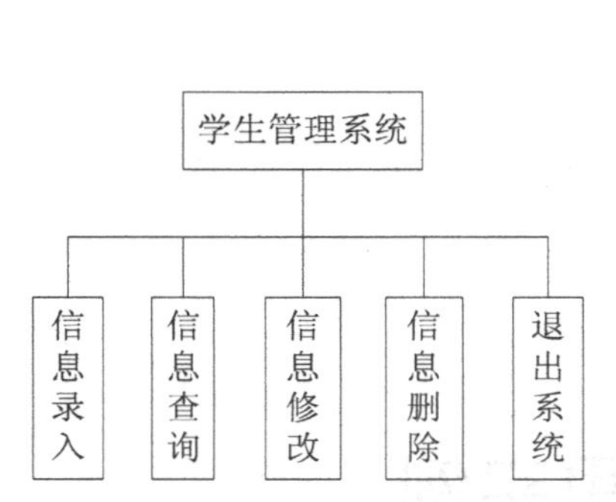

图 12-14　学生信息管理系统功能模块

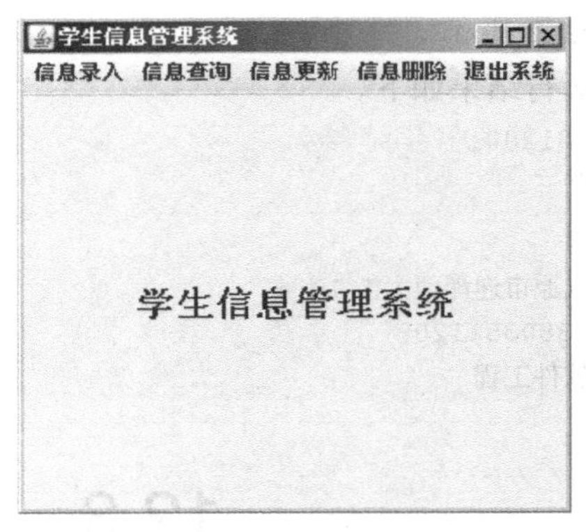

图 12-15　学生信息管理系统主界面

源程序如下。

```
import java.sql.*;
import java.awt.*;
import javax.swing.*;
import java.awt.event.*;
import javax.swing.border.*;
import javax.swing.JOptionPane;

public class EX12_5_StudentManagement extends JFrame implements ActionListener{
  JMenuBar bar=null;
  JMenu menu1,menu2,menu3,menu4,menu5;
  JMenuItem item1,item2,item3,item4,item5;
  EX12_6_StudentAdd zengjia;
  EX12_7_StudentQuery chaxun;
  EX12_8_StudentUpdate gengxin;
  EX12_9_StudentDelete shanchu;

  EX12_5_StudentManagement(){
    super("学生信息管理系统");
```

```
    zengjia=new StudentAdd();
    chaxun=new StudentQuery();
    gengxin=new StudentUpdate();
    shanchu=new StudentDelete();
    bar=new JMenuBar();
    menu1=new JMenu("信息录入");
    menu2=new JMenu("信息查询");
    menu3=new JMenu("信息更新");
    menu4=new JMenu("信息删除");
    menu5=new JMenu("退出系统");
    item1=new JMenuItem("录入");
    item2=new JMenuItem("查询");
    item3=new JMenuItem("更新");
    item4=new JMenuItem("删除");
    item5=new JMenuItem("退出");
    menu1.add(item1);
    menu2.add(item2);
    menu3.add(item3);
    menu4.add(item4);
    menu5.add(item5);
    bar.add(menu1);
    bar.add(menu2);
    bar.add(menu3);
    bar.add(menu4);
    bar.add(menu5);
    setJMenuBar(bar);
    item1.addActionListener(this);
    item2.addActionListener(this);
    item3.addActionListener(this);
    item4.addActionListener(this);
    item5.addActionListener(this);
    JLabel label=new JLabel("学生信息管理系统",JLabel.CENTER);
    String s=" ";
    Font f=new Font(s,Font.BOLD,22);
    label.setFont(f);
    label.setBackground(Color.green);
    label.setForeground(Color.BLUE);
    add(label,"Center");
    setVisible(true);
    setSize(350,300);
  }
  public void actionPerformed(ActionEvent e){
   if(e.getSource()==item1){
     this.getContentPane().removeAll();
     this.getContentPane().add(zengjia,"Center");
     this.getContentPane().repaint();
     this.getContentPane().validate();
   }
   if(e.getSource()==item2){
     this.getContentPane().removeAll();
     this.getContentPane().add(chaxun,"Center");
     this.getContentPane().repaint();
     this.getContentPane().validate();
```

```
    }
    if(e.getSource()==item3){
      this.getContentPane().removeAll();
      this.getContentPane().add(gengxin,"Center");
      this.getContentPane().repaint();
      this.getContentPane().validate();
    }
    if(e.getSource()==item4){
      this.getContentPane().removeAll();
      this.getContentPane().add(shanchu,"Center");
      this.getContentPane().repaint();
      this.getContentPane().validate();
    }
    if(e.getSource()==item5){

      System.exit(0);
    }
  }
  public static void main(String[] args)
  {
    EX12_5_StudentManagement stuM=new EX12_5_StudentManagement();
    stuM.setVisible(true);

    stuM.addWindowListener(new WindowAdapter(){
     public void windowClosing(WindowEvent e){
      System.exit(0);
     }
    });
  }
}
```

【例 12-6】学生信息录入，具体内容如下。

学生信息录入界面如图 12-16 所示。相应的类为 EX12_6_StudentAdd，文件名为 EX12_6_StudentAdd.java。

源程序如下。

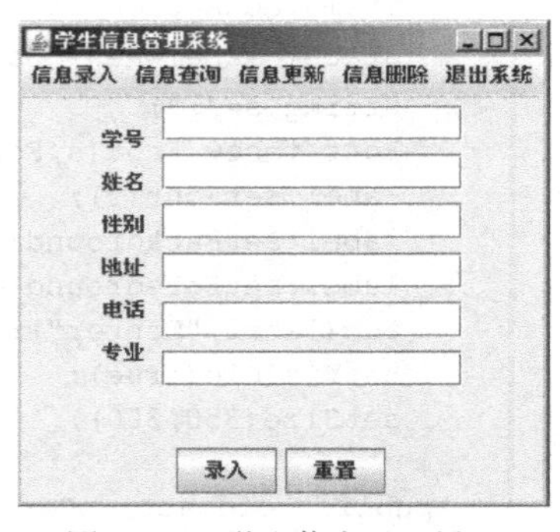

图 12-16　学生信息录入界面

```
import java.sql.*;
import java.awt.*;
import javax.swing.*;
import java.awt.event.*;
import javax.swing.border.*;
import javax.swing.JOptionPane;

public  class  EX12_6_StudentAdd  extends  JPanel
implements ActionListener{
  Connection con;
  Statement sql;
  JButton b1,b2;
  JTextField tf1,tf2,tf3,tf4,tf5,tf6;
  Box baseBox,bv1,bv2;
  EX12_6_StudentAdd(){
   try{
    Class.forName("sun.jdbc.odbc.JdbcOdbcDriver");
    }
   catch(ClassNotFoundException e){}
    try{
```

```
        con=DriverManager.getConnection("jdbc:odbc:student","","");
        sql=con.createStatement();
       }
       catch(SQLException ee){}
      setLayout(new BorderLayout());
      JPanel p1=new JPanel();
      JPanel p2=new JPanel();
      tf1=new JTextField(16);
      tf2=new JTextField(16);
      tf3=new JTextField(16);
      tf4=new JTextField(16);
      tf5=new JTextField(16);
      tf6=new JTextField(16);
      b1=new JButton("录入");
      b2=new JButton("重置");
      b1.addActionListener(this);
      b2.addActionListener(this);
      p1.add(b1);
      p1.add(b2);
      bv1=Box.createVerticalBox();
      bv1.add(new JLabel("学号"));
      bv1.add(Box.createVerticalStrut(8));
      bv1.add(new JLabel("姓名"));
      bv1.add(Box.createVerticalStrut(8));
      bv1.add(new JLabel("性别"));
      bv1.add(Box.createVerticalStrut(8));
      bv1.add(new JLabel("地址"));
      bv1.add(Box.createVerticalStrut(8));
      bv1.add(new JLabel("电话"));
      bv1.add(Box.createVerticalStrut(8));
      bv1.add(new JLabel("专业"));
      bv1.add(Box.createVerticalStrut(8));
      bv2=Box.createVerticalBox();
      bv2.add(tf1);
      bv2.add(Box.createVerticalStrut(8));
      bv2.add(tf2);
      bv2.add(Box.createVerticalStrut(8));
      bv2.add(tf3);
      bv2.add(Box.createVerticalStrut(8));
      bv2.add(tf4);
      bv2.add(Box.createVerticalStrut(8));
      bv2.add(tf5);
      bv2.add(Box.createVerticalStrut(8));
      bv2.add(tf6);
      bv2.add(Box.createVerticalStrut(8));
      baseBox=Box.createHorizontalBox();
      baseBox.add(bv1);
      baseBox.add(Box.createHorizontalStrut(10));
      baseBox.add(bv2);
      p2.add(baseBox);
      add(p1,"South");
      add(p2,"Center");
      setSize(350,300);
      setBackground(Color.pink);
```

```
    }
    public void actionPerformed(ActionEvent e){
     if(e.getSource()==b1){
      try{ insert();}
      catch(SQLException ee){}
      JOptionPane.showMessageDialog(this,"数据已入库！","提示对话框",JOptionPane.
INFORMATION_MESSAGE);
     }
     else if(e.getSource()==b2){
         tf1.setText(" ");
         tf2.setText(" ");
         tf3.setText(" ");
         tf4.setText(" ");
         tf5.setText(" ");
         tf6.setText(" ");
     }
    }
    public void insert() throws SQLException{
     String s1="'"+tf1.getText().trim()+"'";
     String s2="'"+tf2.getText().trim()+"'";
     String s3="'"+tf3.getText().trim()+"'";
     String s4="'"+tf4.getText().trim()+"'";
     String s5="'"+tf5.getText().trim()+"'";
     String s6="'"+tf6.getText().trim()+"'";
     String temp="INSERT INTO student VALUES ("+s1+","+s2+","+s3+","+s4+","+s5+","+s6+")";
      con=DriverManager.getConnection("jdbc:odbc:student","","");
      sql.executeQuery(temp);
     con.close();
    }
  }
```

【例 12-7】学生信息查询，具体内容如下。

学生信息查询界面如图 12-17 所示。相应的类为 EX12_7_StudentQuery，文件名为 EX12_7_StudentQuery.java。

源程序如下。

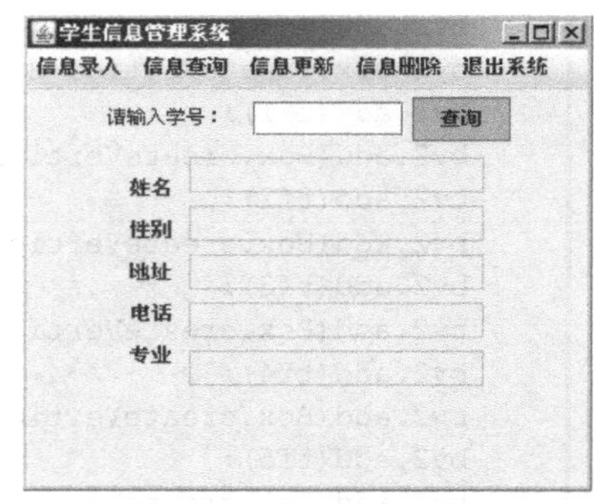

图 12-17　学生信息查询界面

```
  import java.sql.*;
  import java.awt.*;
  import javax.swing.*;
  import java.awt.event.*;
  import javax.swing.border.*;
  import javax.swing.JOptionPane;

  public class EX12_7_StudentQuery extends JPanel
implements ActionListener{
    Connection con;
    Statement sql;
    JTextField t1,t2,t3,t4,t5,t6;
    JButton b;
    Box baseBox,bv1,bv2;
    int flag=0;
    EX12_7_StudentQuery(){
     try{
      Class.forName("sun.jdbc.odbc.JdbcOdbcDriver");
      }
     catch(ClassNotFoundException e){}
```

```
    try{
     con=DriverManager.getConnection("jdbc:odbc:student","","");
     sql=con.createStatement();
    }
    catch(SQLException ee){}

    setLayout(new BorderLayout());
    b=new JButton("查询");
    b.setBackground(Color.orange);
    b.addActionListener(this);
    t1=new JTextField(8);
    t2=new JTextField(16);
    t3=new JTextField(16);
    t4=new JTextField(16);
    t5=new JTextField(16);
    t6=new JTextField(16);
    t2.setEditable(false);
    t3.setEditable(false);
    t4.setEditable(false);
    t5.setEditable(false);
    t6.setEditable(false);
    JPanel p1=new JPanel(),p2=new JPanel();
    p1.add(new Label("请输入学号："));
    p1.add(t1);
    p1.add(b);
    bv1=Box.createVerticalBox();
    bv1.add(new JLabel("姓名"));
    bv1.add(Box.createVerticalStrut(8));
    bv1.add(new JLabel("性别"));
    bv1.add(Box.createVerticalStrut(8));
    bv1.add(new JLabel("地址"));
    bv1.add(Box.createVerticalStrut(8));
    bv1.add(new JLabel("电话"));
    bv1.add(Box.createVerticalStrut(8));
    bv1.add(new JLabel("专业"));
    bv1.add(Box.createVerticalStrut(8));
    bv2=Box.createVerticalBox();
    bv2.add(t2);
    bv2.add(Box.createVerticalStrut(8));
    bv2.add(t3);
    bv2.add(Box.createVerticalStrut(8));
    bv2.add(t4);
    bv2.add(Box.createVerticalStrut(8));
    bv2.add(t5);
    bv2.add(Box.createVerticalStrut(8));
    bv2.add(t6);
    bv2.add(Box.createVerticalStrut(8));
    baseBox=Box.createHorizontalBox();
    baseBox.add(bv1);
    baseBox.add(Box.createHorizontalStrut(10));
    baseBox.add(bv2);
    p2.add(baseBox);
    add(p1,"North");
    add(p2,"Center");
```

```
        setSize(350,300);
        setBackground(Color.white);
       }
       public void actionPerformed(ActionEvent e){
        flag=0;
        try{query();}
        catch(SQLException ee){}
       }
       public void query() throws SQLException{
        String num,name,gender,address,phone,major;
        con=DriverManager.getConnection("jdbc:odbc:student","","");
        num=t1.getText().trim();
        ResultSet rs=sql.executeQuery("SELECT * FROM student WHERE id='"+num+"'");

        if(rs.next()){
         name=rs.getString("name");
         gender=rs.getString("gender");
         address=rs.getString("address");
         phone=rs.getString("phone");
         major=rs.getString("major");
          t2.setText(name);
          t3.setText(gender);
          t4.setText(address);
          t5.setText(phone);
          t6.setText(major);
          flag=1;
        }else
        {
              JOptionPane.showMessageDialog(this,"没有该学生!","提示对话框",JOptionPane.
INFORMATION_MESSAGE);
        }
        con.close();
        if(flag==0){t1.setText("没有该学生");}
       }
     }
```

篇幅所限，信息更新和信息删除请根据所给思路自行完成，参考代码见本书附带资料。

本章小结

SQL 语言是用于访问和处理数据库的标准的计算机语言。使用 SQL 语言可以方便地实现数据库的创建表格、数据查询、添加数据、更新数据、删除数据以及删除表格等操作。

ODBC 是微软公司制定的标准编程接口，只要有相应的 ODBC 驱动程序，就可以通过 ODBC 连接并操作各种不同的数据库。通过 ODBC 访问数据库是 JDBC 访问数据库的方式之一。JDBC 是一种用于执行 SQL 语句的 Java API，可以为多种关系数据库提供统一访问，它由一组用 Java 语言编写的类和接口组成。JDBC 的体系结构分为应用程序、JDBC API、JDBC 驱动管理器、JDBC 驱动程序和数据库 5 层。

驱动程序是与具体的数据库相关的，用于向数据库提交 SQL 请求。JDBC 驱动程序可分为 JDBC-ODBC 桥、本地 API、网络纯 Java 驱动程序和本地协议纯 Java 驱动程序 4 个种类。

Java 语言访问数据库时，常用的组件有 DriverManager、Connection、Statement 和 ResultSet。使用 JDBC 访问数据库需要的 5 个基本步骤为加载驱动程序、打开数据库连接、获得 Statement 对象、执行 SQL 语句和处理结果集。使用该方法可以完成一般的管理信息系统。

习　题

1. SQL 语言的作用是什么？请列举常见的 SQL 语句格式。
2. 什么是 JDBC，它和 ODBC 有何联系和区别？
3. 通过 JDBC 访问数据库的一般步骤是什么？
4. 完善本章综合应用案例“学生信息管理系统”。
5. 建立教师表，编写 Java 程序实现一个教师信息管理系统。

第 13 章 Java Web 开发技术

本章主要内容：

- Web 开发技术
- JSP 基本概念
- JSP 访问数据库方法
- 综合案例研究

Web 是一种浏览器/服务器技术，Web 服务器和浏览器之间通过 HTTP 协议传递信息。JSP 技术是一种常用的服务器端开发技术，实现了普通静态 HTML 和动态 HTML 混合编码。服务器接收客户端请求后执行相应的 JSP 文件，将生成的 HTML 页面返回给客户端的浏览器。JSP 基础语法包括注释、指令、脚本以及动作元素。JSP 还提供了一些由容器实现和管理的内置对象，可以方便地完成很多 Web 应用的重要功能。JSP 中的数据库访问是通过 JDBC 来完成的。远程用户通过浏览器就可以访问服务器端的程序并完成对数据库的添加、修改、查询和删除等操作。

13.1 Web 开发技术

随着网络的日益普及，用户越来越习惯于通过 Web 和各类应用系统打交道。Web 开发技术也成为一项重要的技术，被广大应用程序开发者学习、使用和研究。本节主要讲解 Web 的基本概念和原理、Web 开发技术的内容以及本书所用到的 Web 开发环境。

13.1.1 Web 的工作原理

Web 是一种浏览器/服务器技术。Web 是数以百万计的独立计算机的集合，它们一起来提供 Internet 服务。这些计算机被称作 Web 服务器，分布在世界各地，存储着各种各样的信息。Web 的客户机（也称作 Web 客户端，通常是指浏览器，即 Browser），浏览器用来请求任何服务器上的信息，并负责显示这些信息。Web 服务器和浏览器之间通过 HTTP 协议传递信息，信息以 HTML 格式编写，浏览器可以显示 HTML 信息。如图 13-1 所示。

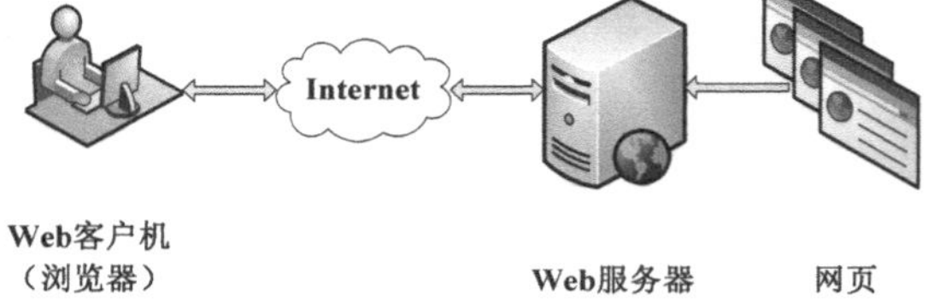

图 13-1 Web 的工作原理

Web 工作流程具体如下。

（1）用户在浏览器（客户机）中输入要访问网页的 URL，向服务器发送浏览请求。

（2）Web 服务器接收到请求后，把响应结果返回到浏览器。

（3）通信完成，关闭连接。

13.1.2 Web 开发技术

Web 开发技术包罗万象，本节只介绍一些常用技术。总体来讲，Web 开发技术从最初的静态页面显示到众多的动态技术，让 Web 的即时交互成为可能。Web 是一种典型的分布式应用结构。Web 应用中的每一次信息交换都要涉及客户端和服务器端。因此，Web 开发技术大体上也可以被分为客户端技术和服务器端技术两大类。如果要构建一个 Web 应用程序就离不开这两类技术。

Web 客户端的主要任务是展现信息内容。Web 客户端设计技术主要包括 HTML 语言、Java Applets、JavaScript、CSS、DHTML、插件技术以及 VRML 技术等。Web 服务器端技术主要包括 CGI、PHP、ASP、ASP.NET、Servlet 和 JSP 技术等。使用服务器端技术时要理解的一个要点是一切都在服务器上进行，结果会发送给浏览器。

Web 开发技术的完善使开发复杂的 Web 应用成为了可能，为了给最终用户提供更可靠、更完善的信息服务。开发者通常选用两个重要的企业级开发平台——甲骨文公司的 Java EE 和微软公司的.Net。本书使用的是基于 Java 语言的 Java EE 开发平台，介绍的服务器端开发技术是 JSP 技术。

13.1.3 Web 开发环境和开发步骤

进行基于 Java 语言的 Web 开发需要的开发环境通常包括 Dreamweaver、Eclipse（MyEclipse）、NetBeans、JBoss 和 Tomcat 等。本书采用了 Tomcat 作为 Web 服务器来发布网页，Eclipse4.0 作为开发工具。

1. Tomcat 的安装

Tomcat 是一个轻量级应用服务器，在中小型系统和并发访问用户不是很多的场合下被普遍使用，是开发和调试 JSP 程序的首选。可以到官方网站（http://tomcat.apache.org/）下载 Tomcat 6.0 并安装，安装后文件目录如图 13-2 所示。安装正确后可以启动 Tomcat，在浏览器地址栏中输入 http://1:8080，就可以看到 Tomcat 6.0 的默认首页，如图 13-3 所示。

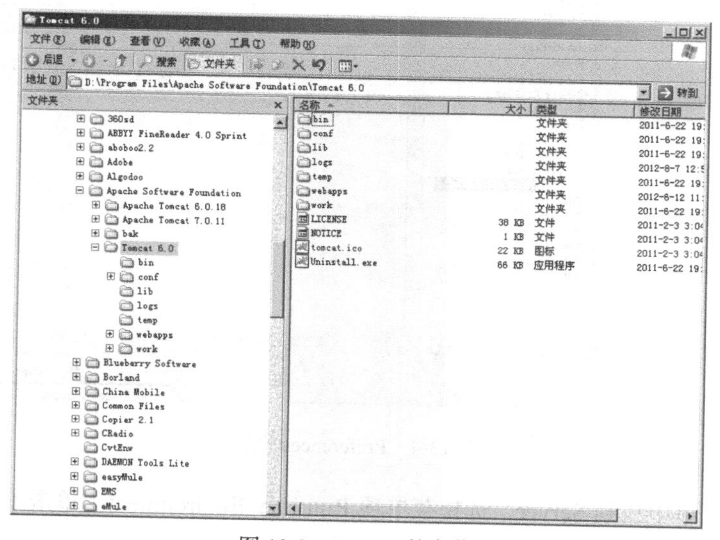

图 13-2 Tomcat 的安装

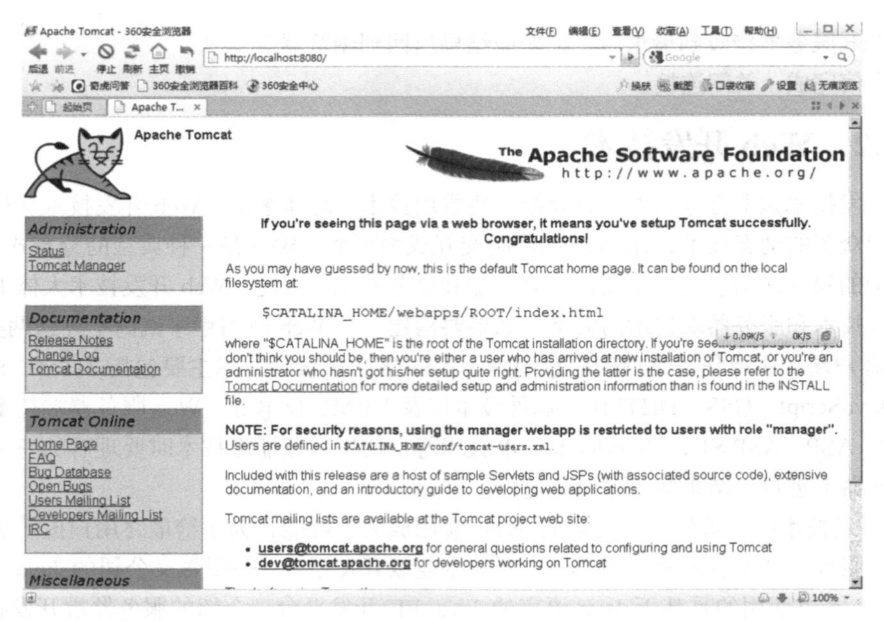

图 13-3　Tomcat 默认首页

2. Eclipse 的配置

Eclipse 的安装过程见本书前面的章节。下面介绍如何在 Eclipse 下配置 Tomcat 服务器。在 Eclipse 的 Window 菜单中单击 Preferences 菜单项，结果如图 13-4 所示。

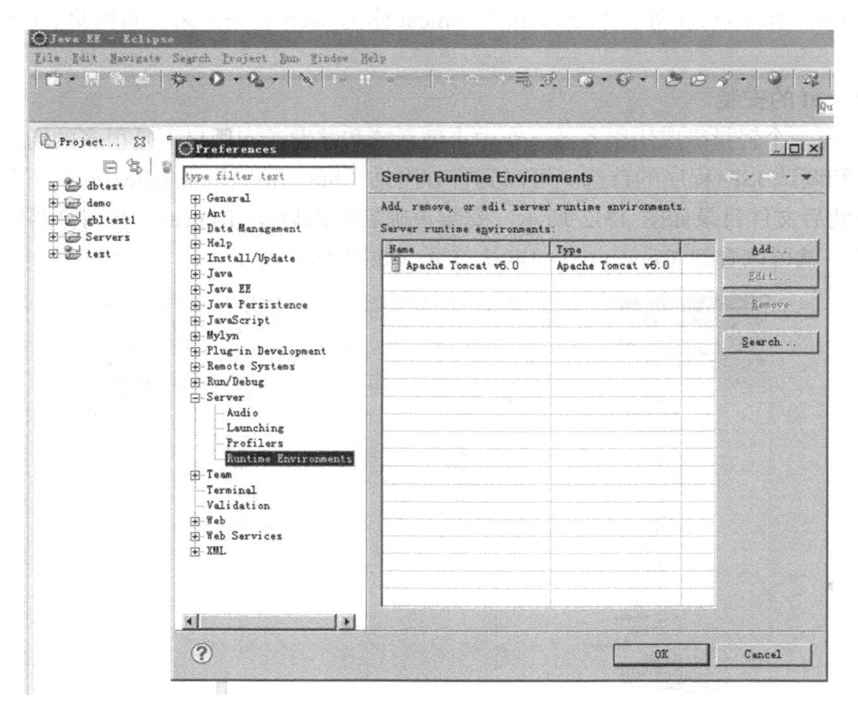

图 13-4　Preferences 设置

在左侧树型菜单中找到 Server，选择菜单项 Runtime Environment。单击【Add】按钮，如图 13-5 所示。

在运行时环境类型选择框中找到 Apache，选择 Apache Tomcat v6.0（需要和系统安装的 Tomcat 版本相一致）。单击【Next】按钮，结果如图 13-6 所示。

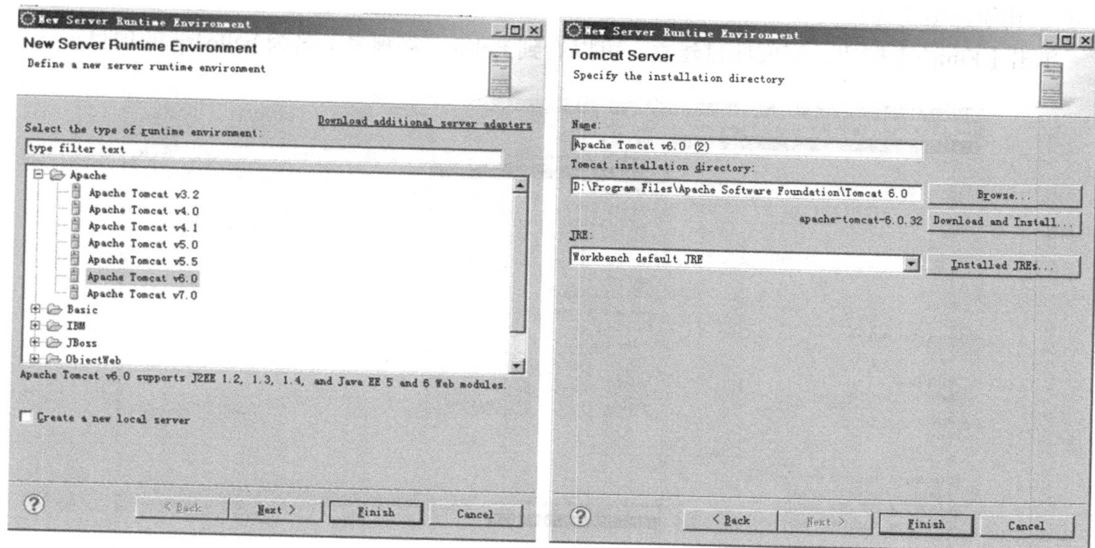

图 13-5　选择 Tomcat 版本

图 13-6　确认 Tomcat 的安装位置

单击【Browse】按钮找到 Tomcat 的安装目录。单击【Finish】按钮，安装完毕。此时可以在运行界面中的 Server 标签页中看到 Tomcat 服务器，可以在此界面中对服务器执行启动、停止和重启动等操作（如图 13-7 所示）。

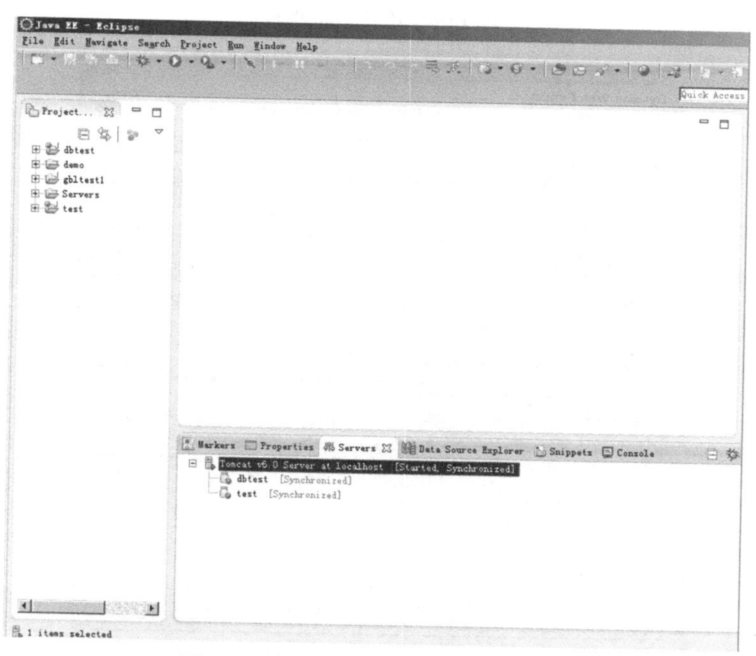

图 13-7　Eclipse 中的 Tomcat 操作界面

3. 创建 Web 项目

运行 Eclipse，选择菜单 File，再选择 New，然后选择 Dynamic Web Project，如图 13-8 所示，

结果如图 13-9 所示。

输入项目名称（Project name）为“Ch13”，目标运行时环境（Target runtime）为“Apache Tomcat v6.0”，其他选项均为默认。

单击【Finish】按钮，完成项目建立，可以看到 Eclipse 左侧多了名为 helloJsp 的项目。

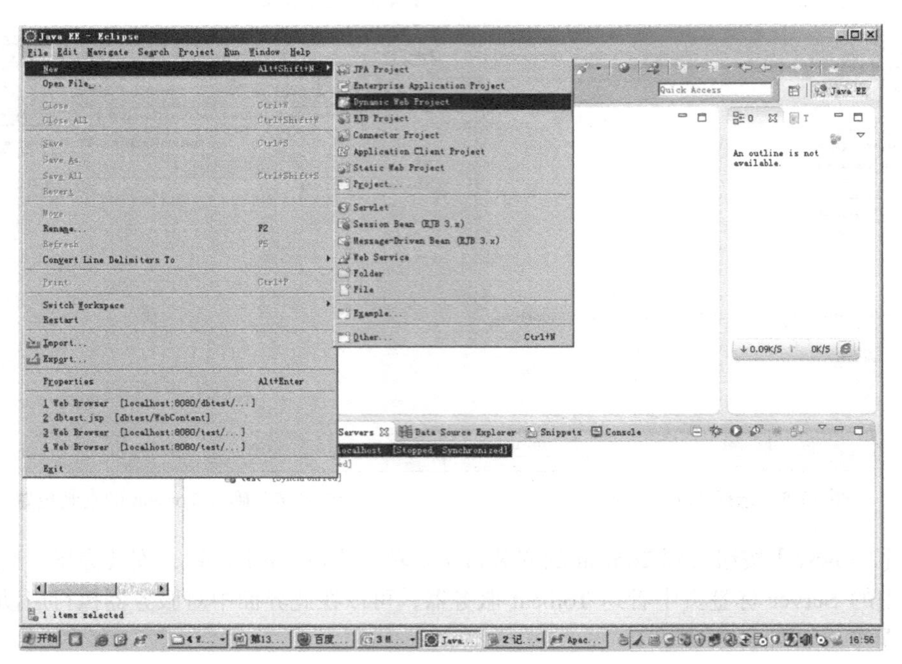

图 13-8 建立 Web 项目

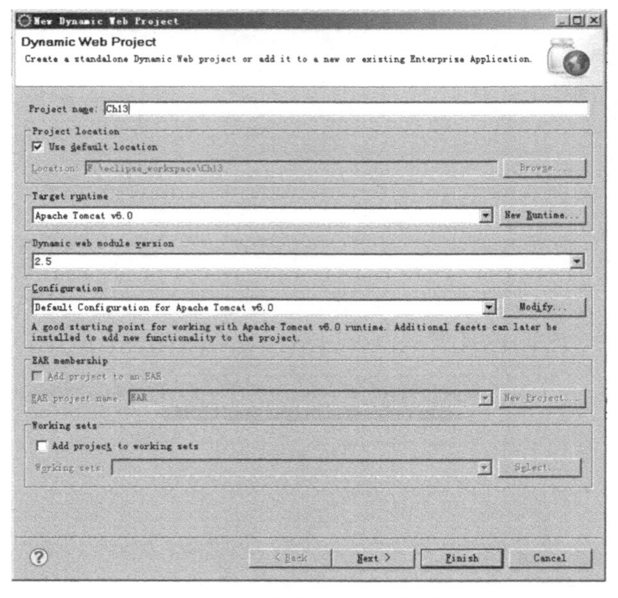

图 13-9 设置 Web 项目信息

4. 创建 JSP 文件

在项目 Ch13 上单击右键，选择菜单 New，选择并单击菜单项 JSP File，如图 13-10 所示，结果如图 13-11 所示。输入文件名为“EX13_1_HelloJsp”，单击【Finish】按钮，结果如图 13-12 所示。

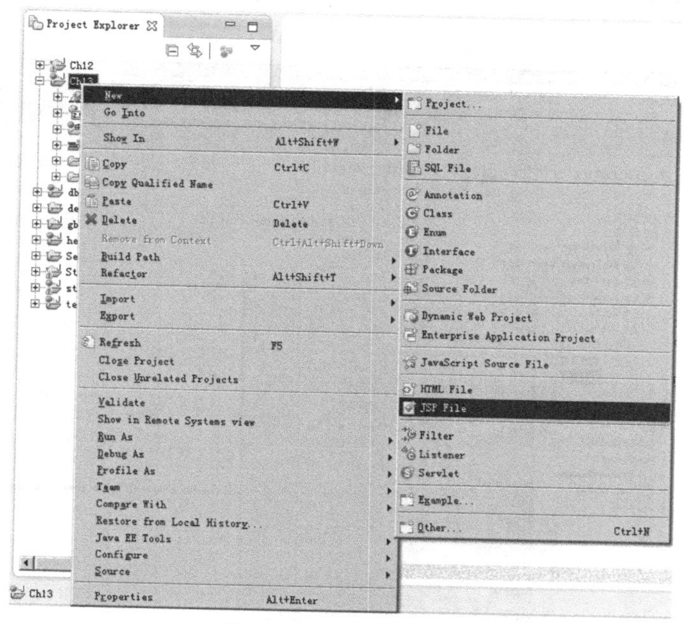

图 13-10　创建 JSP 文件

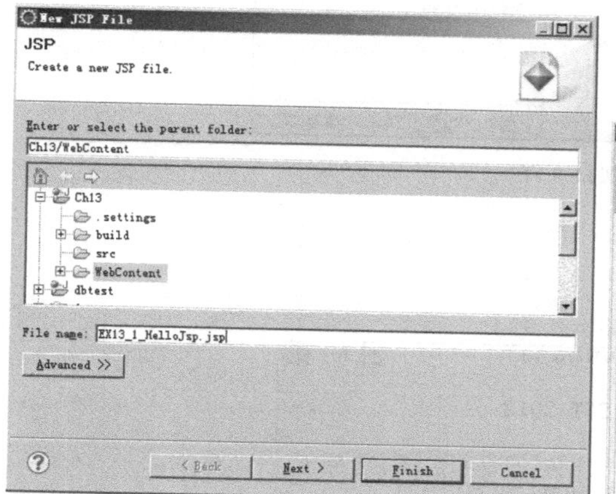

图 13-11　录入 JSP 文件名

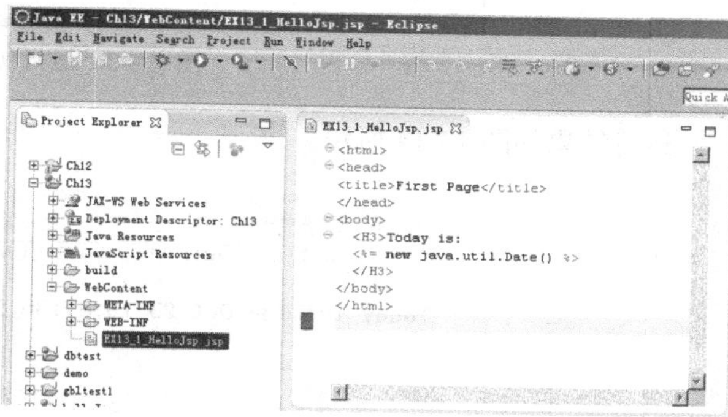

图 13-12　JSP 文件编辑

先建立一个显示目前日期与时间的网页并且将它储存成 EX13_1_HelloJsp.jsp。

【例 13-1】一个简单的 JSP 程序。

文件名称为 EX13_1_HelloJsp.jsp。源程序如下。

```
<html>
<head>
<title>First Page</title>
</head>
<body>
  <H3>Today is:
  <%= new java.util.Date() %>
  </H3>
</body>
</html>
```

右键单击 EX13_1_HelloJsp，选择菜单 Run as,单击菜单 Run on Server，运行程序，如图 13-13 所示。

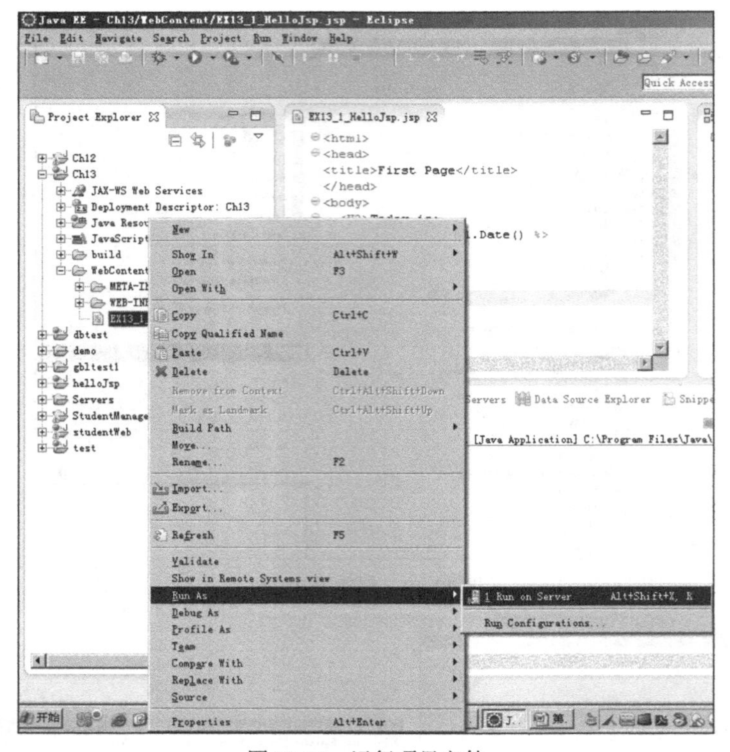

图 13-13　运行项目文件

运行结果如图 13-14 所示。

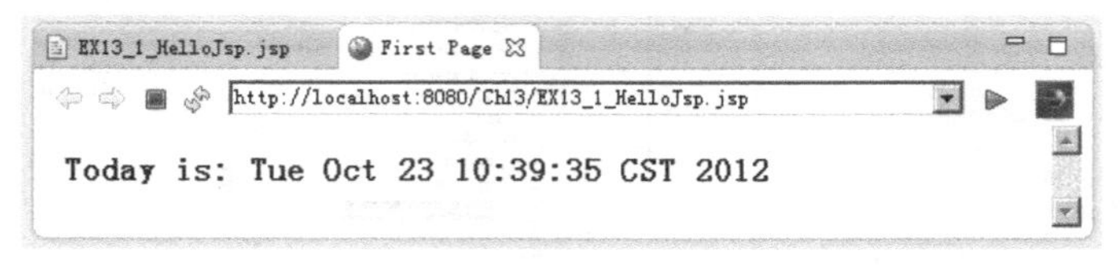

图 13-14　运行结果

13.2　JSP Web 开发方法

JSP 是一种实现普通静态 HTML 和动态 HTML 混合编码的技术。在服务器端接收客户端的请求并完成一定的工作，将结果返回到客户端。JSP 页面主要由 JSP 元素和 HTML 代码构成，其中 JSP 代码完成相应的动态功能。JSP 基础语法包括注释、指令、脚本以及动作元素，此外，JSP 还提供了一些由容器实现和管理的内置对象。

本节在讲解 JSP 的工作原理的基础上，首先介绍了 JSP 的基本语法，然后介绍 JSP 内置对象的一般使用方法，最后介绍如何使用 JSP 访问数据库。

13.2.1 JSP 工作原理

JSP 是一种实现普通静态 HTML 和动态 HTML 混合编码的技术。JSP 设计的目的在于简化表示层的表示。JSP 最终会被转换成标准的 Servlet。JSP 与 Servlet 一样，是在服务器端执行的，通常返回给客户端的就是一个 HTML 文本，因此客户端只要有浏览器就能浏览。

JSP 页面由 HTML 代码和嵌入其中的 Java 代码所组成。服务器被客户端请求以后对这些 Java 代码进行处理，然后将生成的 HTML 页面返回给客户端的浏览器。Servlet 是 JSP 的技术基础，而大型的 Web 应用程序的开发需要 Servlet 和 JSP 配合才能完成。JSP 具备了 Java 技术的简单易用，完全的面向对象，具有平台无关性且安全可靠，主要面向 Internet 的所有特点。JSP 的工作原理如图 13-15 所示。

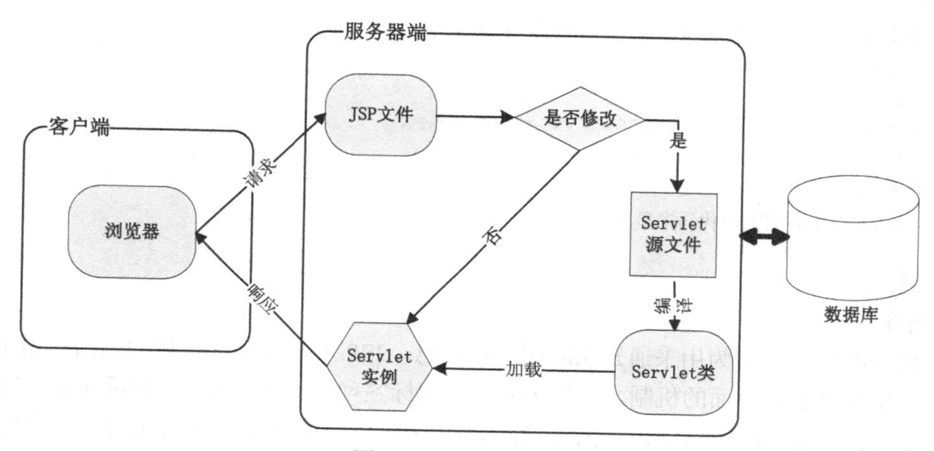

图 13-15　JSP 工作原理

具体过程如下。

（1）当一个 JSP 页面第一次被请求时，服务器首先会把 JSP 页面转换成 Servlet。在转换时，所有 HTML 标签被包含在 println()语句中，所有 JSP 元素被转换成 Java 代码。

（2）在转换的过程中，若 JSP 页面存在语法错误，转换会被终止，并向服务器和客户端输出错误信息。如果转换成功，转换后的 Servlet 被编译成相应的 class 文件。

（3）在调用 Servlet 时，首先执行 jspInit()方法，然后调用 jspService()方法处理客户端的请求。对客户端发送的每一个请求，服务器都会创建一个新的线程来处理。如果有多个客户端同时请求该 JSP 文件，服务器会为每个客户端请求创建一个对应线程。

（4）如果 JSP 文件被修改，服务器将根据设置决定是否对该文件进行重新编译。如果重新编译，内存中的 Servlet 会被新的编译结果取代。

（5）Servlet 被处理完毕以后，会调用 jspDestroy()方法结束它的生命周期，同时被 JVM（Java 虚拟机）的垃圾回收器回收。

13.2.2 JSP 基本语法

一个 JSP 页面主要由注释、指令、脚本元素、动作元素等内容组成。

1. 注释

通常有如下 2 种类型的注释。

（1）HTML 的注释方法。

注释内容在客户端浏览器里是看不见的，但是查看源代码时，客户端可以看到这些注释内容。JSP 语法如下。

```
<!-- comment [ <%= expression %> ] -->
```

举例如下。

```
<!-- This file displays the user login screen -->
```

（2）JSP 注释标记。

在客户端通过查看源代码时看不到注释中的内容。这种注释在希望隐藏或注释的 JSP 程序时是很有用的。JSP 语法如下。

```
<%-- comment --%>
```

【例 13-2】 JSP 注释。

文件名称：EX13_2_Comment.jsp。源程序如下。

```
<%@ page language="java" %>
<html>
<head><title>A Comment Test</title></head>
<body>
<h2>注释测试</h2>
<%-- 该注释不会在页面源代码中显示 --%>
</body>
</html>
```

2. 指令

可以把 JSP 指令理解为用来通知 JSP 引擎的消息。JSP 不直接生成可见的输出，用 JSP 指令设置 JSP 引擎处理 JSP 页面的机制。一般 JSP 指令用标签<%@…%>表示，包括 page、include 和 taglib。page 指令是针对当前页面的指令，而 include 指令用来指定如何包含另外一个文件，taglib 指令用来定义和访问自定义标记库。由于本书不涉及自定义标记的访问，所以只对 page 指令和 include 指令作介绍。

（1）page 指令

page 指令的设置语法格式如下。

```
<%@ page attribute1="value1" attribute2="value2"…%>
```

下面介绍指令中包括的几个常用属性，并作简要说明。

①import 属性。

import 属性是所有 page 指令中唯一可以多次设置的属性，而且累加每个设置。它用来指定 JSP 网页中所需要使用到的一些类。举例如下。

```
<%@ page import="java.io.*,java.util.Date"%>
```

②contentType 属性。

这种属性设置 JSP 网页输出数据时所使用的字符压缩方式以及所使用的字符集。当编写中文网页时，设置如下。

```
<%@page contentType="text/html;charset=Gb2312"%>
```

此属性的默认值为“text/html;charset=ISO-8859-1”。

（2）include 指令

使用 include 指令可以把其他的文本文件加入到当前的 JSP 页面，格式如下。

```
<%@ include file="header.inc"%>
```

这样就在当前页面中加入了 header.jsp 源代码，然后再编译整个文件。使用 include 指令可以把一个页面分成不同的部分，最后合成一个完整的文件，有助于实现 JSP 页面的模块化。

3. 脚本元素

JSP 脚本元素用来插入 Java 代码，这些 Java 代码将出现在由当前 JSP 页面生成的 Servlet 中。脚本元素有 3 种格式：声明（Declaration），其作用是把声明加入到 Servlet 类（在任何方法之外）；表达式（Expression），其作用是计算表达式并输出其结果；脚本段（Scriptlet），其作用是把代码插入到 Servlet 的 service 方法中。

（1）声明。

JSP 声明用于声明变量、方法和内部类。实际上，JSP 声明会转换成 Servlet 的成员变量或成员方法，因此 JSP 声明依然符合 Java 语法。

JSP 声明的语法格式如下。

```
<%! 声明部分 %>
```

下面是使用 JSP 声明的示例页面。

【例 13-3】JSP 声明

文件名称：EX13_3_Declare.jsp。源程序如下。

```
<HTML>
<%! int count=0; %>
<BODY>
<%
    //将 count 的值输出后再加 1
    out.println(count++);
%>
<br>
</BODY>
</HTML>
```

在浏览器中测试该页面时，可以看到正常输出了 count 值，每刷新一次页面，count 值将加 1。

（2）表达式。

JSP 表达式的作用是定义 JSP 的输出。表达式基本语法如下所示。

```
<%=变量/返回值/表达式%>
```

JSP 表达式的作用是将其里面内容所运算的结果输出到客户端。

【例 13-4】JSP 表达式

文件名称：EX13_4_Expression.jsp。源程序如下。

```
<%@ page language="java" contentType="text/html; charset=Gb2312"%>
<html>
    <body>
        <%
           String msg="欢迎访问！";
        %>
        <br>
        <%=msg%>
    </body>
</html>
```

部署 EX13_4_Expression.jsp 程序，表达式向客户端输出了其中的字符串变量，并在浏览器中显示出来。需要注意的是 JSP 表达式里的内容一定是字符串类型，或者能通过 toString 函数转换成字符串的形式。

（3）脚本段。

脚本段中可以包含有效的程序片段，只要是合乎 Java 本身的标准语法即可，核心程序通常都写在这里，因此它是 JSP 程序的主要部分。

JSP 脚本段的语法如下。

```
<% Java Code %>
```

脚本段中可以访问所有内置对象，例如，如果要向结果页面输出内容，可以使用 out 变量。举例如下。

```
<%
  String str="Hello";
  out.println(str);
%>
```

4. 动作元素

JSP 动作利用 XML 语法格式的标记来控制 Servlet 引擎的行为。动作组件用于执行一些标准的常用的 JSP 页面功能。利用 JSP 动作可以动态地插入文件、重用 JavaBean 组件、把用户重定向到另外的页面、为 Java 插件生成 HTML 代码。下面介绍常用的 JSP 动作元素。

（1）include 动作元素。

include 动作元素表示在 JSP 文件被请求时包含一个静态的或者动态的文件。语法如下。

```
<jsp:include page="path"/>
```

其中，page="path"表示相对路径，或者为相对路径的表达式。

【例 13-5】包含文件。

文件名称 1：EX13_5_inc.jsp。源程序如下。

```
<%= 2 + 2 %>
```

文件名称 2：EX13_5_test.jsp。源程序如下。

```
Header
<jsp:include page=" EX13_5_inc.jsp"/>
Footer
```

运行结果如下。

```
4
```

（2）forword 动作元素。

forward 动作元素将客户端所发出来的请求，从一个 JSP 页面转交给另一个页面。语法如下。

```
<jsp:forward page={"relativeURL"|"<%= expression %>"}/>
```

page 属性包含的是一个相对 URL。page 的值既可以直接给出，也可以在请求的时候动态计算，如下面的例子所示。

```
<jsp:forward page="/utils/errorReporter.jsp" /.>
```

【例 13-6】forword 动作元素的使用。该实例需要 4 个文件：EX13_6_login.jsp，EX13_6_test.jsp，EX13_6_hello.htm，EX13_6_sorry.htm。

EX13_6_login.jsp 文件的源程序如下。

```
<%@ page contentType="text/html; charset=gb2312" language="java"  errorPage="" %>
<html>
<head>
<meta http-equiv="Content-Type" content="text/html; charset=gb2312" />
</head>
<body>
<center>
<form method="get" action="test.jsp">
用户名：<input type="text" name="username">
```

```
<br><br>
密码：<input type="password" name="password">
<br><br>
<input type="submit" value="确定">
</form>
</center>
</body>
</html>
```

EX13_6_test.jsp 文件的源程序如下。

```
<html>
<%
string username=request.getparameter("username");
if(username.trim().equals("guest"))
{%>
<jsp:forward page=" EX13_6_ok.html" />
<%}
else
{%>
<jsp:forward page=" EX13_6_no.html" />
<%}
%>
</html>
```

EX13_6_hello.htm 文件的源程序如下。

```
<html>Hello</html>
```

EX13_6_sorry.htm 文件的源程序如下。

```
<html>Sorry</html>
```

运行效果是当输入用户名为 guest 时，页面会自动跳转到 EX13_6_hello.htm 页面，否则跳到 EX13_6_sorry.htm 页面。

13.2.3 JSP 内置对象

所谓 JSP 内置对象是可以不加声明就在 JSP 页面脚本中使用的成员变量。下面介绍常见的内置对象。

1. request 对象

该对象封装了用户提交的信息，通过调用该对象相应的方法可以获取封装的信息，即使用该对象可以获取用户提交信息。它是 HttpServletRequest 的实例。

request 对象的常用方法如下。

（1）getParameter( )：指定请求参数名称，以取得对应的设定值。

（2）setAttribute( )：设置指定名字参数的值。

（3）getAttribute( )：返回指定的属性值，若不存在，则返回 null 值。

（4）removeAttribute( )：移除指定名字参数的值。

（5）getRemoteAddr( )：返回发出请求的客户机 IP 地址。

2. response 对象

response 对象对客户的请求做出动态的响应，向客户端发送数据。

response 的常用方法有：

```
SendRedirect ( );
```

3. session 对象

session 对象是一个 JSP 内置对象，它在第一个 JSP 页面被装载时自动创建，完成会话期管理。从一个客户打开浏览器并连接到服务器开始，到客户关闭浏览器离开这个服务器结束，被称为一个会话。当一个客户访问一个服务器时，可能会在这个服务器的几个页面之间反复连接，反复刷新一个页面，服务器应当通过某种办法知道这是同一个客户，这就需要 session 对象。

session 对象的常用方法如下。

（1）setAttribute( )：设置 session 属性。

（2）getAttribute( )：返回 session 属性。

（3）removeAttribute( )：移除 session 属性。

4. application 对象

当服务器启动后就产生了 application 对象，客户在所访问的网站的各个页面之间浏览时，这个 application 对象都是同一个，直到服务器关闭。但是与 session 不同的是，所有客户的 application 对象都是同一个，即所有客户共享这个内置的 application 对象。

application 对象的常用方法如下。

（1）setAttribute( )：设置属性，指定属性名称和属性值。

（2）getAttribute( )：返回指定名称的属性。

（3）removeAttribute( )：移除指定名称的属性。

5. out 对象

out 对象是一个输出流，用来向客户端输出数据。out 对象用于各种数据的输出。

out 对象的常用方法如下。

println( )：换行输出数据。

13.2.4 JSP 数据库访问

JSP 中的数据库访问也是通过 JDBC 来完成的。在上一章内容的基础上通过修改部分代码就可以实现 Web 下的数据库访问。不同的是该应用程序运行在服务器端，数据库也放在服务器端，远程用户通过浏览器就可以访问程序，从而完成对数据库的添加、修改、查询和删除等操作。

1. JSP 数据库访问原理

JSP 数据库访问原理如图 13-16 所示。这种访问方式是一种 B/S（浏览器/服务器）架构。客户端只要有浏览器就可以，服务器端存放有 JSP 文件和数据库。

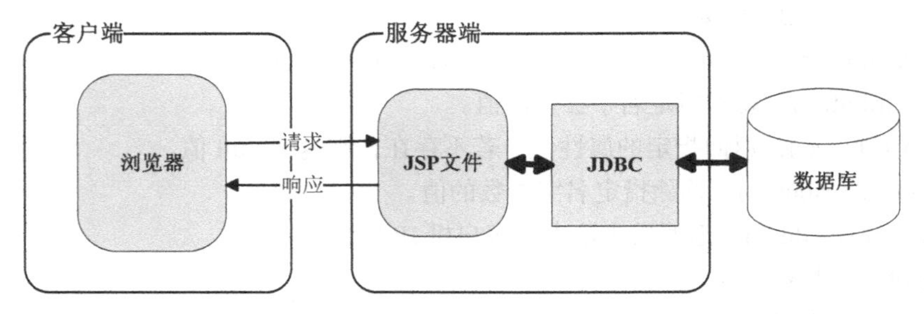

图 13-16　JSP 数据库访问原理

用户使用浏览器发出的请求由服务器交给相应的 JSP 文件来处理，JSP 文件通过 JDBC 和数据库连接并获得需要的数据。服务器把数据结果转换成 HTML 文件形式通过 HTTP 协议发给客户端浏览器（获得响应）。

2. 创建数据库

使用 Microsoft Office Access 2007 建立一个名称为 university 的数据库。创建步骤见本书前一章节的内容，这里不再赘述。

3. 建立数据源

建立名为 student 的 ODBC 数据源，步骤见本书前一章节。

4. 创建 Web 项目

在 Eclipse 中建立一个名为 dbtest 的 Web 项目，设置向导如图 13-17 所示。

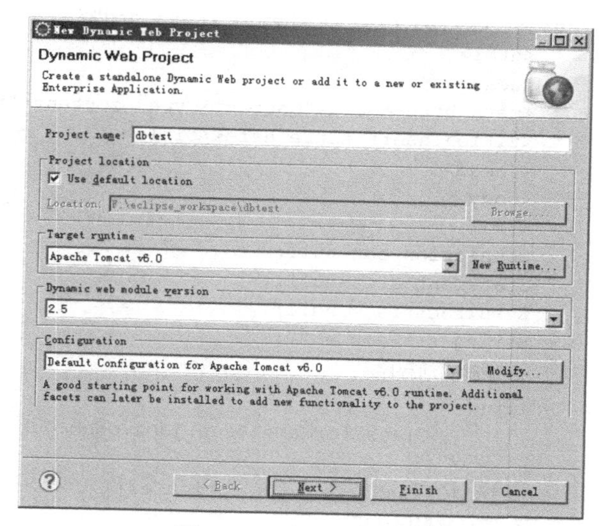

图 13-17　建立 Web 项目

5. 数据库访问代码

在该项目中创建一个名为 EX13_7_dbtest.jsp 的文件，开发界面如图 13-18 所示。

在开发界面中输入例 13-7 所示的代码。该程序首先通过 JDBC 建立一个叫 student2 的表，然后增加一条记录，最后访问数据库，获得并显示当前表 student2 的数据。

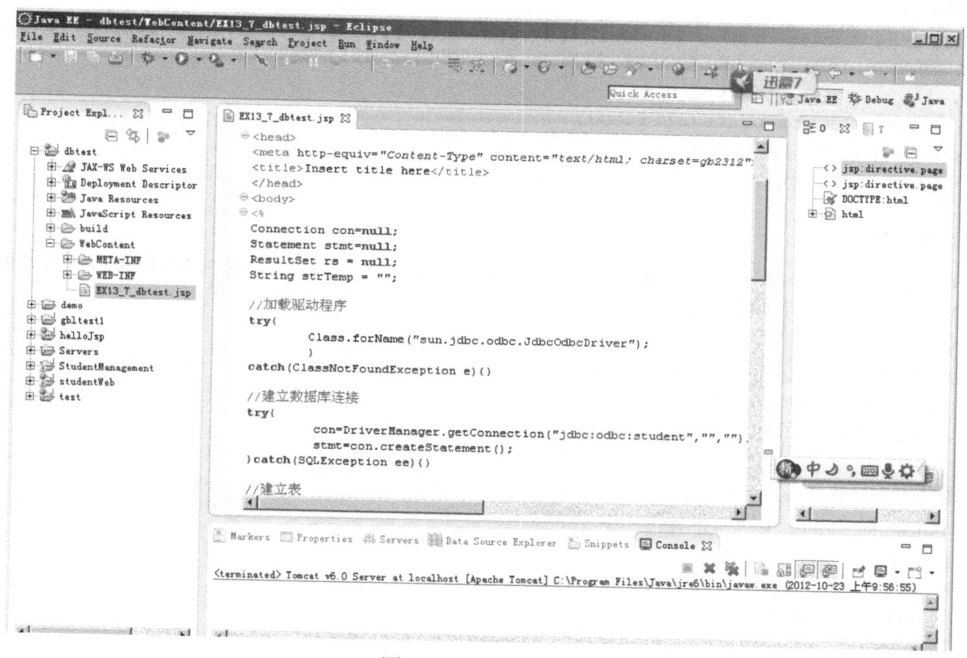

图 13-18　新建文件

【例 13-7】 JSP 数据库访问。

文件名称：EX13_7_dbtest.jsp。源程序如下。

```
<%@ page language="java" contentType="text/html; charset=gb2312"
   pageEncoding="gb2312"%>
<%@ page import="java.sql.*"%>
<!DOCTYPE html PUBLIC "-//W3C//DTD HTML 4.01 Transitional//EN"
```

```
"http://www.w3.org/TR /html4/loose.dtd">
    <html>
    <head>
    <meta http-equiv="Content-Type" content="text/html; charset=gb2312">
    <title>Insert title here</title>
    </head>
    <body>
    <%
    Connection con=null;
    Statement stmt=null;
    ResultSet rs = null;
    String strTemp = "";
    //加载驱动程序
    try{
           Class.forName("sun.jdbc.odbc.JdbcOdbcDriver");
       }
    catch(ClassNotFoundException e){}
    //建立数据库连接
    try{
           con=DriverManager.getConnection("jdbc:odbc:student","","");
           stmt=con.createStatement();
    }catch(SQLException ee){}

    //建立表
    strTemp = "create table student2(id varchar(20),name varchar(20),gender varchar(2),
address varchar(50),phone varchar(20),major varchar(30))";
    try {
        stmt.executeUpdate(strTemp);
    } catch (SQLException e) {
        e.printStackTrace();
    }
    //添加数据
    strTemp = "insert into student2 values('2012001','张三','男','太原市迎泽西大街 79 号
','13803511208','软件工程')";
    try {
        stmt.executeUpdate(strTemp);
    } catch (SQLException e) {
        e.printStackTrace();
    }
    //获取并浏览数据
    strTemp = "select * from student2";
    try {
        rs = stmt.executeQuery(strTemp);
        while(rs.next())
        {
            out.println(rs.getString("id"));
            out.println(rs.getString("name"));
            out.println(rs.getString("gender"));
            out.println(rs.getString("address"));
            out.println(rs.getString("phone"));
            out.println(rs.getString("major"));
        }
    } catch (SQLException e) {
        e.printStackTrace();
```

```
    }
    //释放资源
    try {
        rs.close();
        stmt.close();
        con.close();
    } catch (SQLException e) {
        // TODO Auto-generated catch block
        e.printStackTrace();
    }
%>
</body>
</html>
```

6. 运行项目

运行该项目，在浏览器地址栏中输入 http: // localhost: 8080/ dbtest/ dbtest.jsp，可以获得如图 13-19 所示的结果。浏览器中显示了表 student2 中的数据，正是代码中使用 JDBC 接口通过 SQL 语句添加的数据，这就表明成功建立数据库和添加数据。

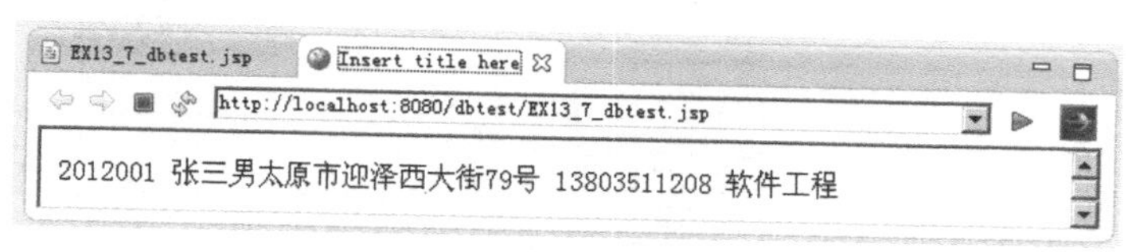

图 13-19　JSP 数据库访问运行结果

13.3　综合应用案例（JSP 学生信息管理）

本节结合 JSP 和 JDBC 设计、开发一个小型的管理信息系统——学生信息管理系统。

13.3.1　数据库表结构

本节所使用的数据库类型为 Access 2007，数据库的名称为 university，ODBC 数据源名为 student。在 university 数据库中建立表 student2，其结构如表 13-1 所示。

表 13-1　student2 表的结构

字 段 名	字段类型	字段长度	描　　述	备　　注
id	文本	20	学号	主键
name	文本	20	姓名	
gender	文本	2	性别	
address	文本	50	地址	
phone	文本	20	电话	
major	文本	30	专业	

student 表可以使用 Access 可视化环境建立，也可以用本章介绍的 Java 代码建立。需要调用的 SQL 语句如下。

```
CREATE TABLE student2(id TEXT(20) PRIMARY KEY,name TEXT (20),gender TEXT (2),address
```

```
TEXT (50),phone TEXT (20),major TEXT (30))
```

13.3.2 系统功能描述

学生信息管理系统包含信息录入、信息查询、信息修改、信息删除和系统退出 5 个功能模块。如图 13-20 所示。

13.3.3 建立项目

在 Eclipse 中建立名为 studentWeb 的项目。该项目的开发界面如图 13-21 所示。

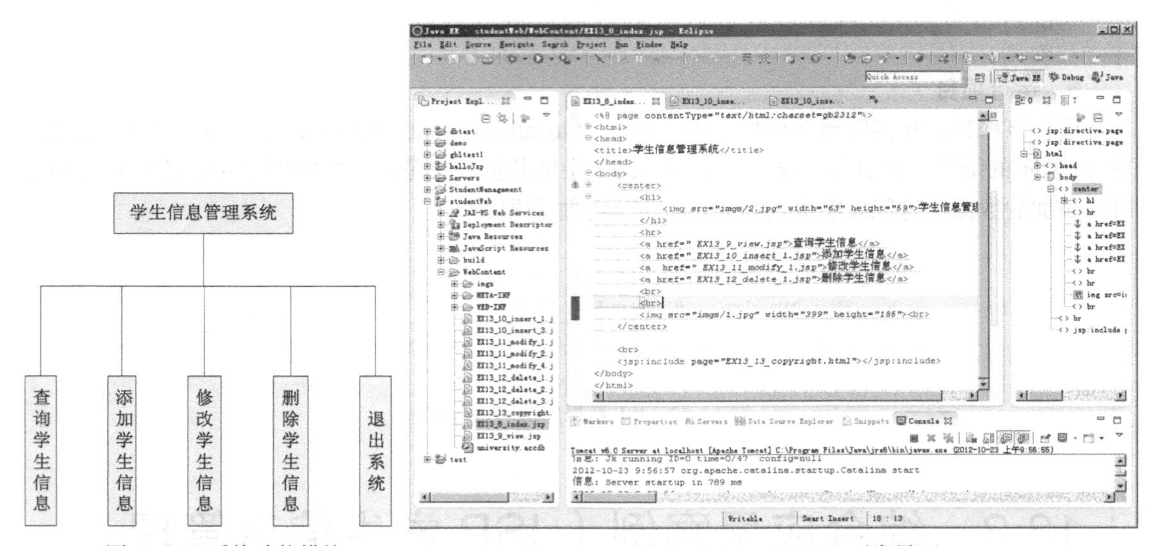

图 13-20 系统功能模块

图 13-21 studentWeb 开发界面

13.3.4 系统运行界面和代码实现

系统运行主界面如图 13-22 所示。

图 13-22 系统运行主界面

【例 13-8】JSP 学生信息管理系统主界面。文件名称：EX13_8_index.jsp。源程序如下。

```
    <%@ page language="java" import=
"java.sql.*"%>
    <%@ page contentType="text/html;
charset=gb2312"%>
    <html>
    <head>
    <title>学生信息管理系统</title>
    </head>
    <body>
        <center>
            <h1>
                <img src="imgs/2.jpg" width="63" height="59">学生信息管理系统
            </h1>
            <hr>
```

```
        <a href=" EX13_9_view.jsp">查询学生信息</a>
        <a href=" EX13_10_insert_1.jsp">添加学生信息</a>
        <a href=" EX13_11_modify_1.jsp">修改学生信息</a>
        <a href=" EX13_12_delete_1.jsp">删除学生信息</a>
        <br>
        <hr>
        <img src="imgs/1.jpg" width="399" height="185"><br>
    </center>

    <br>
    <jsp:include page="EX13_13_copyright.html"></jsp:include>
</body>
</html>
```

【例 13-9】查询学生信息。

查询学生信息界面如图 13-23 所示。

文件名称：EX13_9_view.jsp。源程序如下。

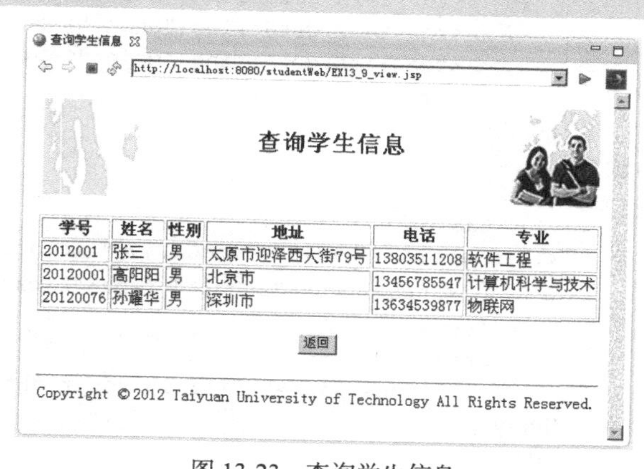

图 13-23 查询学生信息

```
<%@page language="java" import="java.sql.*"%>
<%@page contentType="text/html;charset=gb2312"%>
<%
        request.setCharacterEncoding("gb2312");
    %>
    <html>
    <head>
    <title>查询学生信息</title>
    </head>
    <body>
        <table width="100%"><tr>
        <td align="left"><img src="imgs/left.gif" /></td>
        <td align="center"><h2>查询学生信息</h2></td>
        <td align="right"><img src="imgs/right.gif" /></td>
        </tr>
        </table>
        <br>
        <%
            Connection con = null;
            Statement stmt = null;
            ResultSet rs = null;
            //加载驱动程序
            try {
                Class.forName("sun.jdbc.odbc.JdbcOdbcDriver");
            } catch (ClassNotFoundException e) {
            }
            //建立数据库连接
            try {
                con = DriverManager.getConnection("jdbc:odbc:student", "", "");
                stmt = con.createStatement();
            } catch (SQLException ee) {
            }
```

```
        %>
        <center>
        <table width="100%" border="1">
        <tr><th>学号</th><th>姓名</th><th>性别</th><th>地址</th><th>电话</th><th>专业
</th></tr>
        <%
            rs = stmt.executeQuery("select * from student2");
            while (rs.next()) {
        %>
           <tr>
            <td><%=rs.getString("id")%></td>
            <td><%=rs.getString("name")%></td>
            <td><%=rs.getString("gender")%></td>
            <td><%=rs.getString("address")%></td>
            <td><%=rs.getString("phone")%></td>
            <td><%=rs.getString("major")%></td>
           </tr>
        <%
            }
        %>
        </table>
      <form action=" EX13_8_index.jsp" method="post">
            <input type="submit" name="back" value="返回">
        </form>
       </center>
       <jsp:include page=" EX13_13_copyright.html"></jsp:include>
    </body>
    </html>
```

【例 13-10】添加学生信息。

添加学生信息界面如图 13-24 所示。

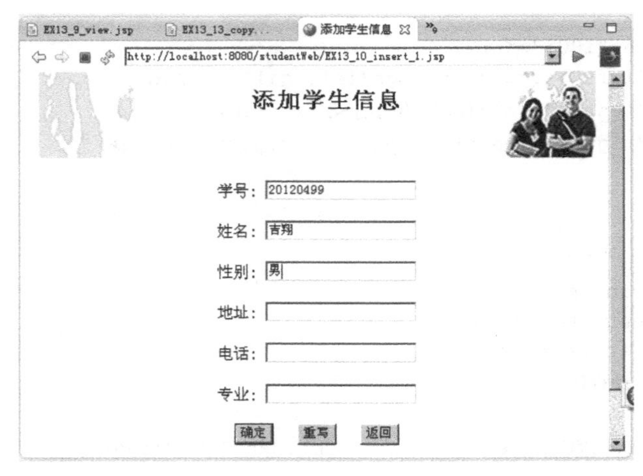

图 13-24 添加学生信息

EX13_10_Insert_1.jsp。源程序如下。

```
    <%@page language="java" import="java.sql.*"%>
    <%@page contentType="text/html;charset=gb2312"%>
    <%
        request.setCharacterEncoding("gb2312");
    %>
```

```
<html>
<head>
<title>添加学生信息</title>
<meta http-equiv="Content-Type" content="text/html; charset=gb2312">
</head>
<body>

    <table width="100%"><tr>
    <td align="left"><img src="imgs/left.gif" /></td>
    <td align="center"><h2>添加学生信息</h2></td>
    <td align="right"><img src="imgs/right.gif" /></td>
    </tr>
    </table>

    <br>

    <center>
        <form action=" EX13_10_insert_3.jsp" method="post">
            <p>
                学号: <input type="text" id="id" name="id">
            <p>
                姓名: <input type="text" id="name" name="name">
            <p>
                性别: <input type="text" id="gender" name="gender">
            <p>
                地址: <input type="text" id="address" name="address">
            <p>
                电话: <input type="text" id="phone" name="phone">
            <p>
                专业: <input type="text" id="major" name="major">
            <p>
                <input type="submit" id="confirm" name="confirm" value="确定">
                <input type="reset" id="reinput" name="reinput" value="重写">
                <input type="button" id="reset" name="reset" value="返回"
                    onclick="javascript:history.go(-1)">
            </p>
        </form>
    </center>
   <jsp:include page="EX13_8_copyright.html"></jsp:include>
</body>
</html>
```

处理添加数据的文件 EX13_10_Insert_3.jsp。源程序如下。

```
<%@page language="java" import="java.sql.*"%>
<%@page contentType="text/html;charset=gb2312"%>
<%
    request.setCharacterEncoding("gb2312");
%>
<html>
<head>
<title>添加学生信息</title>
</head>
<body>
```

```
    <%
        Connection con = null;
        Statement stmt = null;
        ResultSet rs = null;

        //加载驱动程序
        try {
            Class.forName("sun.jdbc.odbc.JdbcOdbcDriver");
        } catch (ClassNotFoundException e) {
        }
        //建立数据库连接
        try {
            con = DriverManager.getConnection("jdbc:odbc:student", "", "");
            stmt = con.createStatement();
        } catch (SQLException ee) {
        }
    %>
    <%
        String id = null;
        String name = null;
        String gender = null;
        String address = null;
        String phone = null;
        String major = null;

        id = request.getParameter("id");
        name = request.getParameter("name");
        gender = request.getParameter("gender");
        address = request.getParameter("address");
        phone = request.getParameter("phone");
        major = request.getParameter("major");
        String sql_1 = "INSERT into student2 (id,name,gender,address,phone,major)
values('"           + id
                    + "','"
                    + name
                    + "','"
                    + gender
                    + "','"
                    + address
                    + "','" + phone + "','" + major + "')";
        stmt.executeUpdate(sql_1);
    %>
    <table width="100%"><tr>
    <td align="left"><img src="imgs/left.gif" /></td>
    <td align="center"><h2>添加学生信息</h2></td>
    <td align="right"><img src="imgs/right.gif" /></td>
    </tr>
    </table>
    <br>
    <center>
        <br> <font color="blue"><%=name%></font>的信息已添加到数据库!
        <form action="EX13_8_index.jsp" method="post">
            <input type="submit" id="back" name="back" value="返回">
        </form>
     </center>
```

```
    <jsp:include page="EX13_13_copyright.html"></jsp:include>
</body>
</html>
```

由于篇幅所限，修改学生信息和删除学生信息请根据已有思路自行完成。

本章小结

Web 是一种客户机/服务器技术，Web 服务器和浏览器之间通过 HTTP 协议传递信息。Web 开发技术大体上可以被分为客户端技术和服务端技术两大类。JSP 技术是一种常用的服务器端开发技术。在 Eclipse 集成开发环境中可以方便地开发和部署 JSP 应用程序。

JSP 是一种实现普通静态 HTML 和动态 HTML 混合编码的技术。JSP 页面由 HTML 代码和嵌入其中的 Java 代码所组成。服务器在被客户端请求以后对这些 Java 代码进行处理，然后将生成的 HTML 页面返回给客户端的浏览器。

JSP 基础语法包括注释、指令、脚本以及动作元素。JSP 指令包括 page、include 和 taglib。page 指令是针对当前页面的指令，而 include 指令用来指定如何包含另外一个文件，taglib 指令用来定义和访问自定义标记库。脚本元素有 3 种格式：声明、表达式和脚本段，利用 JSP 动作元素可以实现动态地插入文件（include）或把用户重定向到另外的页面（forward）等功能。JSP 还提供了一些由容器实现和管理的内置对象，包括 request、response、out、session 和 application 等。使用这些对象可以方便地完成很多 Web 应用的重要功能。

JSP 中的数据库访问也是通过 JDBC 来完成的。数据库访问程序运行在服务器端，数据库也放在服务器端，远程用户通过浏览器就可以访问程序，从而完成对数据库的添加、修改、查询和删除等操作。

习　　题

1. JSP 的工作原理是什么？
2. JSP 的构成元素有哪些？
3. 什么是内置对象？JSP 的内置对象有哪些？各有何功能？
4. 上机实现并完善本章的综合实例（学生信息管理系统）。

参考文献

[1] 张永常. Java 程序设计实用教程（第 2 版）. 北京：电子工业出版社，2010.
[2] 耿祥义，张跃平. Java 大学实用教程（第 3 版）. 北京：电子工业出版社，2012.
[3] 范立峰，林果园. Java Web 程序设计教程. 人民邮电出版社，2010.
[4] 叶核亚. Java 程序设计实用教程（第 3 版）[M]. 北京：电子工业出版社，2012.
[5] 蔡翠平. Java 程序设计. 北京：北方交通大学出版社、清华大学出版社，2003.
[6] 林邦杰. Java 程序设计入门教程[M]. 北京：中国青年出版社，2001.
[7] 董迎红，张杰敏. Java 语言程序设计实用教程[M]. 北京：中国林业出版社、北京大学出版社，2006.
[8] 王建虹. Java 程序设计[M]. 北京：高等教育出版社，2007.
[9] 施霞萍等. Java 程序设计教程（第 2 版）[M]. 北京：机械工业出版社，2006.
[10] 肖磊，李钟尉. Java 实用教程[M]. 北京：人民邮电出版社，2008.
[11] 聂哲. Java 面向对象程序设计（第二版）[M]. 北京：高等教育出版社，2008.